工程量清单编制实例详解丛书

市政工程工程量清单编制实例详解

贾小东　　王春武　　王景文　　主编

中国建筑工业出版社

图书在版编目（CIP）数据

市政工程工程量清单编制实例详解/贾小东，王春武，王景文
主编. —北京：中国建筑工业出版社，2016.2
（工程量清单编制实例详解丛书）
ISBN 978-7-112-18819-2

Ⅰ.①市… Ⅱ.①贾…②王…③王… Ⅲ.①市政工程-工程造
价 Ⅳ.①TU723.3

中国版本图书馆 CIP 数据核字（2015）第 298373 号

本书依据现行国家标准《建设工程工程量清单计价规范》GB 50500—2013 的规定，
通过对《市政工程工程量计算规范》GB 50857—2013 相对于原国家标准《建设工程工程
量清单计价规范》GB 50500—2008 附录 D 在项目编码、项目名称、项目特征、计量单位、
工程量计算规则、工作内容等六项变化汇总列表，方便读者查阅；同时，通过列举典型的
工程量清单编制实例，强化工程量的计算和清单编制环节，帮助读者学习和应用新规范。

本书包括土石方工程，道路工程，桥涵工程，隧道工程，管网工程、水处理工程与生
活垃圾处理，路灯工程，钢筋工程、拆除工程与措施项目，工程量清单编制综合实例等 8
章内容。

本书可供工程建设施工、工程承包、房地产开发、工程保险、勘察设计、监理咨询、
造价、招投标等单位从事造价工作的人员和相关专业工程技术人员学习参考，也可作为以
上从业人员短期培训、继续教育的培训教材和大专院校相关专业师生的参考用书。

* * *

责任编辑：郦锁林　赵晓菲　周方圆
责任设计：董建平
责任校对：陈晶晶　张　颖

工程量清单编制实例详解丛书
市政工程工程量清单编制实例详解
贾小东　王春武　王景文　主编

*

中国建筑工业出版社出版、发行（北京西郊百万庄）
各地新华书店、建筑书店经销
北京科地亚盟排版公司制版
北京市书林印刷有限公司印刷

*

开本：787×1092 毫米　1/16　印张：19¾　字数：478 千字
2016 年 6 月第一版　　2016 年 6 月第一次印刷
定价：43.00 元
ISBN 978-7-112-18819-2
（28062）

前　言

　　自 2013 年 7 月 1 日起实施的国家标准《房屋建筑与装饰工程工程量计算规范》GB 50854—2013、《仿古建筑工程工程量计算规范》GB 50855—2013、《通用安装工程工程量计算规范》GB 50856—2013、《市政工程工程量计算规范》GB 50857—2013、《园林绿化工程工程量计算规范》GB 50858—2013、《矿山工程工程量计算规范》GB 50859—2013、《构筑物工程工程量计算规范》GB 50860—2013、《城市轨道交通工程工程量计算规范》GB 50861—2013、《爆破工程工程量计算规范》GB 50862—2013 等 9 个专业工程量计算规范，是在原国家标准《建设工程工程量清单计价规范》GB 50500—2008 的基础上修订而成，共设置 3915 个工程量计算项目，新增 2185 个项目，减少 350 个项目；各专业工程工程量计算规范与《建设工程工程量清单计价规范》GB 50500—2013 配套使用，形成工程全新的计价、计量标准体系。该标准体系将为深入推行工程量清单计价，建立市场形成工程造价机制奠定坚实基础，并对维护建设市场秩序、规范建设工程发承包双方的计价行为、促进建设市场的健康发展发挥重要作用。

　　准确理解和掌握该标准体系的变化内容并应用于工程量清单编制实践中，是新形势下造价从业人员做好专业工作的关键，也是造价从业人员入门培训取证考试的重点和难点。为使广大工程造价工作者和相关专业工程技术人员快速查阅、深入理解和掌握以上各专业工程量计算规范的变化内容，满足工程量清单计量计价的实际需要，切实提高建设项目工程造价控制管理水平，中国建筑工业出版社组织编写了本书。

　　本书以工程量清单编制为主线，以实例的详图详解详表为手段，辅以工程量计算依据的变化内容的速查，方便读者学以致用。

　　本书编写过程中，得到了中国建筑工业出版社郦锁林老师的支持和帮助，同时，对本书引用、参考和借鉴的国家标准及文献资料的作者及相关组织、机构，深表谢意。此外，常文见、陈立平、高升、姜学成、姜宇峰、李海龙、吕铮、孟健、齐兆武、阮娟、王彬、王继红、王景怀、王军霞、王立春、魏凌志、杨天宇、于忠伟、张会宾、周丽丽、赵福胜、祝海龙、祝教纯为本书付出了辛勤的劳动，一并致谢。

　　限于编者对 2013 版计价规范和各专业工程量计算规范学习和理解的深度不够和实践经验的局限，加之时间仓促，书中难免有缺点和不足，诚望读者提出宝贵意见或建议（E-mail：edit8277@163.com）。

编者

2015.10

目　　录

1 土石方工程

针对《市政工程工程量计算规范》GB 50857—2013（以下简称"13规范"）、《建设工程工程量清单计价规范》GB 50500—2008（以下简称"08规范"），"13规范"在项目编码、项目名称、项目特征、计量单位、工程量计算规则、工作内容等方面，均有变化。

1. 清单项目变化

"13规范"在"08规范"的基础上，土石方工程减少2个项目，具体如下：

（1）土方工程：删除了"竖井挖土方"清单项目；将原"挖淤泥"清单项目调整为"挖淤泥、流砂"。

（2）回填方及土石方运输：将原"填方"清单项目调整为"回填方"；删除"缺方内运"清单项目。

2. 应注意的问题

（1）"13规范"增加了有关土壤类别和岩石类别判别标准的说明。

（2）"13规范"增加了计算沟槽、基坑土方时工作面、放坡系数等参数的确定原则。实际应用时，还需考虑因工作面、放坡所需增加的工程量是否并入土石方工程量。

（3）"13规范"增加了管沟施工每侧所需工作面宽度的计算说明。

（4）"13规范"增加了隧道石方开挖按附录D隧道工程中相关项目编码列项的说明。

（5）"13规范"增加了废料及余方弃置清单项目中如需发生弃置、堆放费用的，投标人应根据当地有关规定计取相应费用，并计入综合单价中的说明。

（6）挖一般土石方、沟槽、基坑土石方和暗挖土方的工作内容中仅考虑了场内运输，如需场外运输的，还应按余方弃置项目编码列项。而挖淤泥、流砂工作内容中的运输项目，包括了场内、外运输。

1.1 工程量计算依据六项变化及说明

1.1.1 土方工程

土方工程工程量清单项目设置、项目特征描述的内容、计量单位及工程量计算规则等的变化对照情况，见表1-1～表1-4。

土方工程（编号：040101） 表1-1

序号	版别	项目编码	项目名称	项目特征	工程量计算规则	工作内容
1	13规范	040101001	挖一般土方	1. 土壤类别； 2. 挖土深度	按设计图示尺寸以体积计算（计量单位：m³）	1. 排地表水； 2. 土方开挖； 3. 围护（挡土板）及拆除； 4. 基底钎探； 5. 场内运输

1

续表

序号	版别	项目编码	项目名称	项目特征	工程量计算规则	工作内容
1	08规范	040101001	挖一般土方	1. 土壤类别； 2. 挖土深度	按设计图示开挖线以体积计算（计量单位：m³）	1. 土方开挖； 2. 围护、支撑； 3. 场内运输； 4. 平整、夯实
	说明：工程量计算规则将原来的"按设计图示开挖线以体积计算"修改为"按设计图示尺寸以体积计算"。工作内容新增"排地表水"和"基底钎探"，将原来的"围护、支撑"修改为"围护（挡土板）及拆除"，删除原来的"平整、夯实"						
2	13规范	040101002	挖沟槽土方	1. 土壤类别； 2. 挖土深度	按设计图示尺寸以基础垫层底面积乘以挖土深度计算（计量单位：m³）	1. 排地表水； 2. 土方开挖； 3. 围护（挡土板）及拆除； 4. 基底钎探； 5. 场内运输
	08规范	040101002	挖沟槽土方		原地面线以下按构筑物最大水平投影面积乘以挖土深度（原地面平均标高至槽坑底高度）以体积计算（计量单位：m³）	1. 土方开挖； 2. 围护、支撑； 3. 场内运输； 4. 平整、夯实
	说明：工程量计算规则简化说明。工作内容新增"排地表水"和"基底钎探"，将原来的"围护、支撑"修改为"围护（挡土板）及拆除"，删除原来的"平整、夯实"						
3	13规范	040101003	挖基坑土方	1. 土壤类别； 2. 挖土深度	按设计图示尺寸以基础垫层底面积乘以挖土深度计算（计量单位：m³）	1. 排地表水； 2. 土方开挖； 3. 围护（挡土板）及拆除； 4. 基底钎探； 5. 场内运输
	08规范	040101003	挖基坑土方		原地面线以下按构物最大水平投影面积乘以挖土深度（原地面平均标高至坑底高度）以体积计算（计量单位：m³）	1. 土方开挖； 2. 围护、支撑； 3. 场内运输； 4. 平整、夯实
	说明：工程量计算规则简化说明。工作内容新增"排地表水"和"基底钎探"，将原来的"围护、支撑"修改为"围护（挡土板）及拆除"，删除原来的"平整、夯实"						
4	13规范	040101004	暗挖土方	1. 土壤类别； 2. 平洞、斜洞（坡度）； 3. 运距	按设计图示断面乘以长度以体积计算（计量单位：m³）	1. 排地表水； 2. 土方开挖； 3. 场内运输
	08规范	040101005	暗挖土方	土壤类别		1. 土方开挖； 2. 围护、支撑； 3. 洞内运输； 4. 场内运输
	说明：项目特征描述新增"平洞、斜洞（坡度）"和"运距"。工作内容新增"排地表水"，删除原来的"围护、支撑"和"洞内运输"						

续表

序号	版别	项目编码	项目名称	项目特征	工程量计算规则	工作内容
5	13规范	040101005	挖淤泥、流砂	1. 挖掘深度； 2. 运距	按设计图示位置、界限以体积计算（计量单位：m³）	1. 开挖； 2. 运输
	08规范	040101006	挖淤泥	挖淤泥深度	按设计图示的位置及界限以体积计算（计量单位：m³）	1. 挖淤泥； 2. 场内运输

说明：项目名称扩展为"挖淤泥、流砂"。项目特征描述新增"运距"，将原来的"挖淤泥深度"修改为"挖掘深度"。工程量计算规则将原来的"图示的位置及界限"修改为"图示位置、界限"。工作内容将原来的"挖淤泥"修改为"开挖"，"场内运输"简化为"运输"

注：1. 沟槽、基坑、一般方土的划分为：底宽≤7m且底长>3倍底宽为沟槽，底长≤3倍底宽且底面积≤150m² 为基坑。超出上述范围则为一般土方。
　　2. 土壤的分类应按表1-2确定。
　　3. 如土壤类别不能准确划分时，招标人可注明为综合，由投标人根据地勘报告决定报价。
　　4. 土方体积应按挖掘前的天然密实体积计算。
　　5. 挖沟槽、基坑土方中的挖土深度，一般指原地面标高至槽、坑底的平均高度。
　　6. 挖沟槽、基坑、一般土方因工作面和放坡增加的工程量，是否并入各土方工程量中，按各省、自治区、直辖市或行业建设主管部门的规定实施。如并入各土方工程量中，编制工程量清单时，可按表1-3、表1-4规定计算；办理工程结算时，按经发包人认可的施工组织设计规定计算。
　　7. 挖沟槽、基坑、一般土方和暗挖土方清单项目的工作内容中仅包括了土方场内平衡所需的运输费用，如需土方外运时，按040103002"余方弃置"项目编码列项。
　　8. 挖方出现流砂、淤泥时，如设计未明确，在编制工程量清单时，其工程数量可为暂估值。结算时，应根据实际情况由发包人与承包人双方现场签证确认工程量。
　　9. 挖淤泥、流砂的运距可以不描述，但应注明由投标人根据施工现场实际情况自行考虑决定报价。

土壤分类表
表1-2

土壤分类	土壤名称	开挖方法
一、二类土	粉土、砂土（粉砂、细砂、中砂、粗砂、砾砂）、粉质黏土、弱中盐渍土、软土（淤泥质土、泥炭、泥炭质土）、软塑红黏土、冲填土	用锹，少许用镐、条锄开挖。机械能全部直接铲挖满载者
三类土	黏土、碎石土（圆砾、角砾）、混合土、可塑红黏土、硬塑红黏土、强盐渍土、素填土、压实填土	主要用镐、条锄，少许用锹开挖。机械需部分刨松方能铲挖满载者或可直接铲挖但不能满载者
四类土	石土（卵石、碎石、漂石、块石）、坚硬红黏土、超盐渍土、杂填土	全部用镐、条锄挖掘，少许用撬棍挖掘。机械需普遍刨松方能铲挖满载者

注：本表土的名称及其含义按现行国家标准《岩土工程勘察规范》GB 50021—2001（2009年局部修订版）定义。

放坡系数表
表1-3

土类别	放坡起点（m）	人工挖土	机械挖土		
			在沟槽、坑内作业	在沟槽侧、坑边上作业	顺沟槽方向坑上作业
一、二类土	1.20	1:0.50	1:0.33	1:0.75	1:0.50
三类土	1.50	1:0.33	1:0.25	1:0.67	1:0.33
四类土	2.00	1:0.25	1:0.10	1:0.33	1:0.25

注：1. 沟槽、基坑中土类别不同时，分别按其放坡起点、放坡系数，依不同土类别厚度加权平均计算。
　　2. 计算放坡时，在交接处的重复工程量不予扣除，原槽、坑做基础垫层时，放坡自垫层上表面开始计算。
　　3. 本表按《全国统一市政工程预算定额》GYD—301—1999整理，并增加机械挖土顺沟槽方向坑上作业的放坡系数。

表 1-4

管沟施工每侧所需工作面宽度计算表（mm）

管道结构宽	混凝土管道 基础 90°	混凝土管道 基础＞90°	金属管道	构筑物	
				无防潮层	有防潮层
500 以内	400	400	300	400	600
1000 以内	500	500	400		
2500 以内	600	500	400		
2500 以上	700	600	500		

注：1. 管道结构宽：有管座按管道基础外缘，无管座按管道外径计算；构筑物按基础外缘计算。
　　2. 本表按《全国统一市政工程预算定额》GYD—301—1999 整理，并增加管道结构宽 2500mm 以上的工作面宽度值。

1.1.2　石方工程

　　石方工程工程量清单项目设置、项目特征描述的内容、计量单位及工程量计算规则等变化对照情况，见表 1-5。

石方工程（编号：040102） 表 1-5

序号	版别	项目编码	项目名称	项目特征	工程量计算规则	工作内容
1	13 规范	040102001	挖一般石方	1. 岩石类别； 2. 开凿深度	按设计图示尺寸以体积计算（计量单位：m³）	1. 排地表水； 2. 石方开凿； 3. 修整底、边； 4. 场内运输
	08 规范	040102001	挖一般石方		按设计图示开挖线以体积计算（计量单位：m³）	1. 石方开凿； 2. 围护、支撑； 3. 场内运输； 4. 修整底、边
	说明：工程量计算规则将原来的"按设计图示开挖线以体积计算"修改为"按设计图示尺寸以体积计算"。工作内容新增"排地表水"，删除原来的"围护、支撑"					
2	13 规范	040102002	挖沟槽石方	1. 岩石类别； 2. 开凿深度	按设计图示尺寸以基础垫层底面积乘以挖石深度计算（计量单位：m³）	1. 排地表水； 2. 石方开凿； 3. 修整底、边； 4. 场内运输
	08 规范	040102002	挖沟槽石方		原地面线以下按构筑物最大水平投影面积乘以挖石深度（原地面平均标高至槽底高度）以体积计算（计量单位：m³）	1. 石方开凿； 2. 围护、支撑； 3. 场内运输； 4. 修整底、边
	说明：工程量计算规则简化说明。工作内容新增"排地表水"，删除原来的"围护、支撑"					
3	13 规范	040102003	挖基坑石方	1. 岩石类别； 2. 开凿深度	按设计图示尺寸以基础垫层底面积乘以挖石深度计算（计量单位：m³）	1. 排地表水； 2. 石方开凿； 3. 修整底、边； 4. 场内运输

续表

序号	版别	项目编码	项目名称	项目特征	工程量计算规则	工作内容
3	08规范	040102003	挖基坑石方	1. 岩石类别； 2. 开凿深度	按设计图示尺寸以体积计算	1. 石方开凿； 2. 围护、支撑； 3. 场内运输； 4. 修整底、边
	说明：工程量计算规则细化说明。工作内容新增"排地表水"，删除原来的"围护、支撑"					

注：1. 沟槽、基坑、一般石方的划分为：底宽≤7m且底长>3倍底宽为沟槽；底长≤3倍底宽且底面积≤150m² 为基坑；超出上述范围则为一般石方。

2. 岩石的分类应按表1-6确定。

3. 石方体积应按挖掘前的天然密实体积计算。

4. 挖沟槽、基坑、一般石方因工作面和放坡增加的工程量，是否并入各石方工程量中，按各省、自治区、直辖市或行业建设主管部门的规定实施。如并入各石方工程量中，编制工程量清单时，其所需增加的工程数量可为暂估值，且在清单项目中予以注明；办理工程结算时，按经发包人认可的施工组织设计规定计算。

5. 挖沟槽、基坑、一般石方清单项目的工作内容中仅包括了石方场内平衡所需的运输费用，如需石方外运时，按 040103002 "余方弃置" 项目编码列项。

6. 石方爆破按现行国家标准《爆破工程工程量计算规范》GB 50862—2013 相关项目编码列项。

岩石分类表　　　　　　　　　　　　　　表 1-6

岩石分类		代表性岩石	开挖方法
极软岩		1. 全风化的各种岩石； 2. 各种半成岩	部分用手凿工具、部分用爆破法开挖
软质岩	软岩	1. 强风化的坚硬岩或较硬岩； 2. 中等风化—强风化的较软岩； 3. 未风化—微风化的页岩、泥岩、泥质砂岩等	用风镐和爆破法开挖
	较软岩	1. 中等风化—强风化的坚硬岩或较硬岩； 2. 未风化—微风化的凝灰岩、千枚岩、泥灰岩、砂质泥岩等	
硬质岩	较硬岩	1. 微风化的坚硬岩； 2. 未风化—微风化的大理岩、板岩、石灰岩、白云岩、钙质砂岩等	用爆破法开挖
	坚硬岩	未风化—微风化的花岗岩、闪长岩、辉绿岩、玄武岩、安山岩、片麻岩、石英岩、石英砂岩、硅质砾岩、硅质石灰岩等	

注：本表依据现行国家标准《工程岩体分级标准》GB 50218—2014 和《岩土工程勘察规范》GB 50021—2001（2009年局部修订版）整理。

1.1.3　回填方及土石方运输

回填方及土石方运输工程量清单项目设置、项目特征描述的内容、计量单位及工程量计算规则等的变化对照情况，见表1-7。

回填方及土石方运输（编号：040103）　　　　　表 1-7

序号	版别	项目编码	项目名称	项目特征	工程量计算规则	工作内容
1	13规范	040103001	回填方	1. 密实度要求； 2. 填方材料品种； 3. 填方粒径要求； 4. 填方来源、运距	1. 按挖方清单项目工程量加原地面线至设计要求标高间的体积，减基础、构筑物等埋入体积 计算（计量单位：m³）； 2. 按设计图示尺寸以体积计算（计量单位：m³）	1. 运输； 2. 回填； 3. 压实

续表

序号	版别	项目编码	项目名称	项目特征	工程量计算规则	工作内容
1	08规范	040103001	填方	1. 填方材料品种； 2. 密实度	1. 按设计图示尺寸以体积计算（计量单位：m³）； 2. 按挖方清单项目工程量减基础、构筑物埋入体积加原地面线至设计要求标高间的体积计算（计量单位：m³）	1. 填方； 2. 压实
	说明：项目名称扩展为"回填方"。项目特征描述新增"填方粒径要求"和"填方来源、运距"，将原来的"密实度"扩展为"密实度要求"。工程量计算规则将原来的"减基础、构筑物埋入体积加原地面线至设计要求标高间的体积"修改为"加原地面线至设计要求标高间的体积，减基础、构筑物等埋入体积"。工作内容新增"运输"和"回填"，删除原来的"填方"						
2	13规范	040103002	余方弃置	1. 废弃料品种； 2. 运距	按挖方清单项目工程量减利用回填方体积（正数）计算（计量单位：m³）	余方点装料运输至弃置点
	08规范	040103002	余方弃置			
	说明：各项目内容未作修改						
3	13规范	—	—	—	—	—
	08规范	040103003	缺方内运	1. 填方材料品种； 2. 运距	按挖方清单项目工程量减利用回填方体积（负数）计算（计量单位：m³）	取料点装料运输至缺方点
	说明：删除原规范项目内容						

注：1. 填方材料品种为土时，可以不描述。
　　2. 填方粒径，在无特殊要求情况下，项目特征可以不描述。
　　3. 对于沟、槽坑等开挖后再进行回填方的清单项目，其工程量计算规则按第1条确定；场地填方等按第2条确定。其中，对工程量计算规则1，当原地面线高于设计要求标高时，则其体积为负值。
　　4. 回填方总工程量中若包括场内平衡和缺方内运两部分时，应分别编码列项。
　　5. 余方弃置和回填方的运距可以不描述，但应注明由投标人根据施工现场实际情况自行考虑决定报价。
　　6. 回填方如需缺方内运，且填方材料品种为土方时，是否在综合单价中计入购买土方的费用，由投标人根据工程实际情况自行考虑决定报价。

1.1.4　相关问题及说明

（1）隧道石方开挖按《市政工程工程量计算规范》GB 50857—2013 附录 D 隧道工程中相关项目编码列项。

（2）废料及余方弃置清单项目中，如需发生弃置、堆放费用的，投标人应根据当地有关规定计取相应费用，并计入综合单价中。

1.2　工程量清单编制实例

1.2.1　实例1-1

1. 背景资料

某市政道路修筑桩号为 K0＋000 至 K0＋750，路面宽度为 15m，路肩各宽 0.5m，土质为三类土，挖方平均深度 0.5m；填方要求密实度达到 93%（10t 震动压路机碾压），道路施工采用 1m³ 反铲挖掘机挖土（不装车）5950m³，填方 4050m³；填方粒径要求 40mm

以内。

土方平衡挖、填土方场内运输 60m（75kW 推土机推土）；余方弃置拟用人工装土，自卸汽车（8t）运输 3km。

2. 问题

根据以上背景资料及现行国家标准《建设工程工程量清单计价规范》GB 50500—2013、《市政工程工程量计算规范》GB 50857—2013，试列出该道路土方工程分部分项工程量清单。

3. 参考答案（表 1-8 和表 1-9）

清单工程量计算表　　　　　　　　　　表 1-8

工程名称：某工程

序号	项目编码	清单项目名称	计算式	工程量合计	计量单位
1	040101001001	挖一般土方	题中给定：5950m³	5950	m³
2	040103001001	回填方	题中给定：4050m³	4050	m³
3	040103002001	余方弃置	5950－4050＝1900（m³）	1900	m³

分部分项工程和单价措施项目清单与计价表　　　　　表 1-9

工程名称：某工程

序号	项目编码	项目名称	项目特征描述	计量单位	工程量	综合单价	合价	其中暂估价
						金额（元）		
1	040101001001	挖一般土方	1. 土壤类别：三类土； 2. 挖土深度：平均 0.5m	m³	5950			
2	040103001001	回填方	1. 密实度要求：93%； 2. 填方粒径要求：40mm 以内； 3. 填方来源、运距：60m	m³	4050			
3	040103002001	余方弃置	1. 废弃料品种：三类土； 2. 运距：3km	m³	1900			

1.2.2　实例 1-2

1. 背景资料

某新建道路工程桩号为 K0＋000～K0＋600，路宽 7m，路肩各宽 0.5m，土壤类别为三类。填方要求密实度达到 95%（10t 震动压路机碾压）。道路施工采用 1m³ 反铲挖掘机挖土（不装车），平均挖深 0.46m。

土方平衡挖、填土方场内运输 60m（75kW 推土机推土）；土方调运（余方弃置或缺方内运）拟用人工装土，自卸汽车（8t）运输 1km。

2. 问题

根据以上背景资料及现行国家标准《建设工程工程量清单计价规范》GB 50500—2013、《市政工程工程量计算规范》GB 50857—2013，试根据以下要求列出该道路土方工程分部分项工程量清单。

（1）相邻断面间土体按棱柱计算，依据给定的土方工程表（表 1-10），分别算出挖土和填土体积。

（2）依据计算结果，确定土方调运工程量。

（3）计算结果保留两位小数。

土方工程表 1　　　　　　　　　　　　　　　　表 1-10

桩号	距离（m）	挖土			填土		
		横断面积（m²）	平均断面积（m²）	体积（m³）	横断面积（m²）	平均断面积（m²）	体积（m³）
K0+000		2.65			2.26		
	35						
K0+035		2.23			2.58		
	35						
K0+070		0			8.25		
	35						
K0+105		0			7.50		
	45						
K0+150		1.24			3.58		
	55						
K0+215		5.25			2.80		
	95						
K0+280		2.35			2.68		
	70						
K0+450		2.05			1.50		
	50						
K0+500		4.20			2.65		
	100						
K0+600		1.50			4.20		
合计							

3. 参考答案（表 1-11～表 1-13）

土方工程表 2　　　　　　　　　　　　　　　　表 1-11

桩号	距离（m）	挖土			填土		
		横断面积（m²）	平均断面积（m²）	体积（m³）	横断面积（m²）	平均断面积（m²）	体积（m³）
K0+000		2.65			2.26		
	35		2.440	85.400		2.420	84.700
K0+035		2.23			2.58		
	35		1.115	39.025		5.415	189.525
K0+070		0			8.25		
	35		0.000	0.000		7.875	275.625
K0+105		0			7.50		
	45		0.620	27.900		5.540	249.300
K0+150		1.24			3.58		
	55		3.245	178.475		3.190	175.450
K0+215		5.25			2.80		
	95		3.800	361.000		2.740	260.300
K0+280		2.35			2.68		
	70		2.200	154.000		2.090	146.300
K0+450		2.05			1.50		
	50		3.125	156.250		2.075	103.750
K0+500		4.20			2.65		
	100		2.850	285.000		3.425	342.500
K0+600		1.50			4.20		
合计				1287.05			1827.45

注：相邻断面间土体按棱柱计算。

清单工程量计算表 表 1-12

工程名称：某工程

序号	项目编码	清单项目名称	计算式	工程量合计	计量单位
1	040101001001	挖一般土方	挖土：1287.05m³	1287.05	m³
2	040103001001	回填方	填土：1827.45m³	1827.45	m³
3	040103002001	回填方	缺方内运： 1287.05－1827.45＝－540.400（m³）	－540.40	m³

分部分项工程和单价措施项目清单与计价表 表 1-13

工程名称：某工程

序号	项目编码	项目名称	项目特征描述	计量单位	工程量	综合单价	合价	其中暂估价
1	040101001001	挖一般土方	1. 土壤类别：三类土； 2. 挖土深度：平均0.46m	m³	1287.05			
2	040103001001	回填方	1. 密实度要求：95%； 2. 填方来源、运距：60m	m³	1827.45			
3	040103002001	缺方内运	1. 废弃料品种：土方； 2. 运距：1km	m³	－540.40			

1.2.3 实例 1-3

1. 背景资料

某市政排水工程，采用钢筋混凝土承插管，基础断面图如图 1-1 所示。

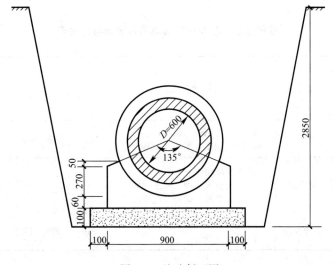

图 1-1 基础断面图

管径 φ600，管道长度 300m，土方平均开挖深度平均为 2.85m，回填至原地面标高，余土外运运距 3km。土方类别为三类土，采用人工开挖及回填，回填压实率为 95%。

计算说明：

（1）沟槽土方因工作面和放坡增加的工程量，并入清单土方工程量中。

（2）为简便计算，沿线检查井开挖所需增加的土方工程量按全部土方工程量的 2.5％ 计算，检查井壁结构所占回填体积不考虑。

（3）混凝土管道外径为 $\phi720$，管道基础（不含垫层）混凝土工程量为 $0.228\text{m}^3/\text{m}$。

（4）混凝土管道承插接口增加的体积不考虑。

（5）计算时，π 取值为 3.1416，计算结果保留三位小数。

2. 问题

根据以上背景资料及现行国家标准《建设工程工程量清单计价规范》GB 50500—2013、《市政工程工程量计算规范》GB 50857—2013，试根据以上要求列出该管道土方工程的分部分项工程量清单。

3. 参考答案（表 1-14 和表 1-15）

清单工程量计算表 表 1-14

工程名称：某工程

序号	项目编码	清单项目名称	计算式	工程量合计	计量单位
1	040101002001	挖沟槽土方	$(0.9+0.5\times2+0.33\times2.85)\times2.85\times300\times(1+2.5\%)=2489.343(\text{m}^3)$	2489.343	m³
2	040103001001	回填方	$2489.343-223.545=2265.798(\text{m}^3)$	2265.798	m³
3	040101013002001	余方弃置	$[(0.9+0.1\times2)\times0.1+0.228+3.1416\times0.36\times0.36]\times300+(0.9+0.5\times2+0.33\times2.85)\times2.85\times300\times2.5\%=223.545(\text{m}^3)$	223.545	m³

注：1. 放坡系数依据《市政工程工程量计算规范》GB 50857—2013 中表 A.1-2 的规定，取值为 1∶0.33。

2. 管沟施工每侧所需工作面宽度依据《市政工程工程量计算规范》GB 50857—2013 中表 A.1-3 的规定，取值为 500mm。

分部分项工程和单价措施项目清单与计价表 表 1-15

工程名称：某工程

序号	项目编码	项目名称	项目特征描述	计量单位	工程量	金额（元）		
						综合单价	合价	其中 暂估价
1	040101002001	挖沟槽土方	1. 土壤类别：三类土； 2. 挖土深度：平均 2.85m	m³	2489.343			
2	040103001001	回填方	1. 密实度要求：95％； 2. 填方材料品种：原土回填； 3. 填方来源、运距：就地回填	m³	2265.798			
3	040101013002001	余方弃置	1. 废弃料品种：土方； 2. 运距：3km	m³	223.545			

1.2.4　实例 1-4

1. 背景资料

某排水工程采用钢筋混凝土管道，管道内径 $\phi800$，管道长度 300m，如图 1-2 所示。

土方平均开挖深度为 2.65m，土方类别为三类土，开挖采用 1m³ 反铲挖掘机沟槽侧作业，挖掘机挖土，直接装车；10t 自卸汽车外运，运距 3km，土方回填压实率为 95%。

计算说明：

（1）沟槽土方因工作面和放坡增加的工程量，并入清单土方工程量中。

（2）为简便计算，沿线检查井开挖所需增加的土方工程量不考虑。

（3）混凝土管道外径为 ϕ900，管道基础（不含垫层）混凝土工程量为 0.2435m³/m。

（4）混凝土管道承插接口增加的体积不考虑。

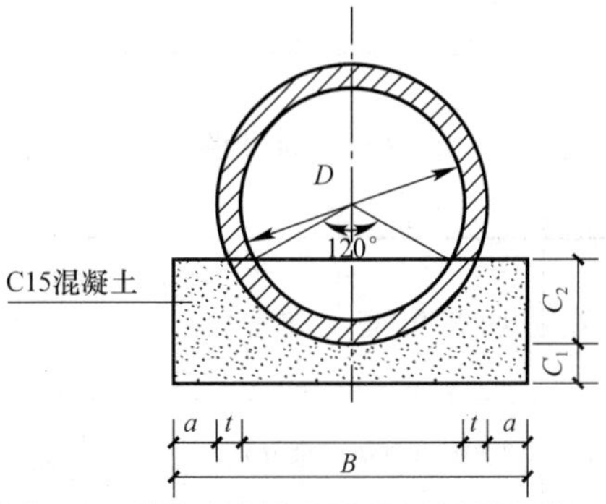

（5）计算时，π 取值为 3.1416，计算结果保留三位小数。

2. 问题

根据以上背景资料及现行国家标准《建设工程工程量清单计价规范》GB 50500—2013、《市政工程工程量计算规范》GB 50857—2013，试根据以上要求列出该管道土方工程的分部分项工程量清单。

3. 参考答案（表 1-16 和表 1-17）

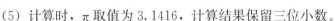

图 1-2　基础断面图

说明：管内径 D=800mm，管基础尺寸 a=100mm，B=1100mm；C_1=100mm；C_2=150mm；管壁厚 t=50mm，基础混凝土量=0.2435m³/m。

清单工程量计算表　　　　　　　　　　　　　　　　表 1-16

工程名称：某工程

序号	项目编码	清单项目名称	计算式	工程量合计	计量单位
1	040101002001	挖沟槽土方	平均挖土深度 2.65m： （1.1＋0.5×2＋0.67×2.65）×2.65×300＝3104.873（m³）	3081.023	m³
2	040103001001	回填方	回填土方体积： 3081.023－263.902＝2817.121（m³）	2817.121	m³
3	0401013002001	余方弃置	3.1416×0.45×0.45×300＋0.2435×300＝263.902（m³）	263.902	m³

注：1. 放坡系数依据《市政工程工程量计算规范》GB 50857—2013 中表 A.1-2 的规定，取值为 1∶0.67。
　　2. 管沟施工每侧所需工作面宽度依据《市政工程工程量计算规范》GB 50857—2013 中表 A.1-3 的规定，取值为 500mm。

分部分项工程和单价措施项目清单与计价表　　　　　　表 1-17

工程名称：某工程

序号	项目编码	项目名称	项目特征描述	计量单位	工程量	金额（元）		
						综合单价	合价	其中 暂估价
1	040101002001	挖沟槽土方	1. 土壤类别：三类土； 2. 挖土深度：平均 2.65m	m³	3081.023			

续表

序号	项目编码	项目名称	项目特征描述	计量单位	工程量	金额（元）		
						综合单价	合价	其中
								暂估价
2	040103001001	回填方	1. 密实度要求：95%； 2. 填方材料品种：原土回填； 3. 填方来源、运距：就地回填	m³	2817.121			
3	0401013002001	余方弃置	1. 废弃料品种：土方； 2. 运距：3km	m³	287.457			

2 道 路 工 程

针对《市政工程工程量计算规范》GB 50857—2013（以下简称"13 规范"）、《建设工程工程量清单计价规范》GB 50500—2008（以下简称"08 规范"），"13 规范"在项目编码、项目名称、项目特征、计量单位、工程量计算规则、工作内容等方面，均有变化。

1. 清单项目变化

"13 规范"在"08 规范"的基础上，道路工程增加 25 个项目、减少 5 个项目，具体如下：

（1）路基处理：增加"预压地基"、"振冲密实（不填料）"、"振冲桩（填料）"、"砂石桩"、"水泥粉煤灰碎石桩"、"高压水泥旋喷桩"、"石灰桩"、"灰土（土）挤密桩"、"柱锤冲扩桩"、"地基注浆"、"褥垫层"11 个清单项目；删除"石灰砂桩"、"碎石桩"2 个清单项目。

将"强夯土方"修改为"强夯地基"；"土工布"修改为"土工合成材料"；"喷粉桩"修改为"粉喷桩"；"塑料排水板"修改为"排水板"。

（2）道路基层：增加"路床（槽）整形"和"山皮石"2 个清单项目；删除"垫层"1 个清单项目。

将"炉渣"修改为"矿渣"；"橡胶、塑料弹性面层"修改为"弹性面层"。

（3）道路面层：增加"透层、粘层"和"封层"2 个清单项目。

（4）人行道及其他：增加"人行道整形碾压"、"预制电缆沟铺设"2 个清单项目。

（5）交通管理设施：增加"防撞筒（墩）"、"警示柱"、"减速垄"、"监控摄像机"、"数码相机"、"道闸机"、"可变信息情报板"和"交通智能系统调试"共 8 个清单项目；删除"接线工作井"、"立电杆"、"信号机箱"3 个清单项目；"交通信号灯"和"信号灯架"两项合并为"信号灯"1 个项目。"立电杆"按附录 H 路灯工程中相关项目编码列项。

将"接线工作井"修改为"人（手）孔井"；将"环形检测线安装"修改为"环形检测线圈"；将"值警亭安装"修改为"值警亭"；将"隔离护栏安装"修改为"隔离护栏"；将"信号灯架空走线"修改为"架空走线"；将"信号机箱"修改为"设备控制机箱"。

2. 应注意的问题

（1）"13 规范"增加了以下说明

1）增加关于采用碎石、粉煤灰、砂等作为路基处理的填方材料时如何编码列项的说明。

2）增加关于道路基层设计截面为梯形时如何确定面积的说明。

3）增加了关于水泥路面中传力杆和拉杆如何编码列项的说明。

4）对透层、粘层、封层的规范出处作了说明。

5）增加了交通管理设施中土（石）方开挖、破除混凝土路面、回填夯实、立电杆、值警亭采用砖砌、与标杆相连的用于安装标志板的配件等如何编码列项的说明。

（2）项目特征中的桩长应包括桩尖，空桩长度＝孔深—桩长，孔深为自然地面至设计桩底的深度。

（3）如采用碎石、粉煤灰、砂等作为路基处理的填方材料时，应按"13规范"附录A土石方工程"回填方"项目编码列项。

（4）道路基层设计截面如为梯形时，应按其截面平均宽度计算面积，并在项目特征中对截面参数加以描述。

（5）交通管理设施清单项目如发生破除混凝土路面、土石方开挖、回填夯实等，应分别按"13规范"附录K拆除工程及附录A土石方工程中相关项目编码列项。

（6）值警亭按半成品现场安装考虑，实际采用砖砌等形式的，按《房屋建筑与装饰工程工程量计算规范》GB 50854—2013中相关项目编码列项。

2.1 工程量计算依据六项变化及说明

2.1.1 路基处理

路基处理工程量清单项目设置、项目特征描述的内容、计量单位及工程量计算规则等的变化对照情况，见表2-1。

路基处理（编码：040201）　　　　　　　　　　表2-1

序号	版别	项目编码	项目名称	项目特征	工程量计算规则	工作内容
1	13规范	040201001	预压地基	1. 排水竖井种类、断面尺寸、排列方式、间距、深度； 2. 预压方法； 3. 预压荷载、时间； 4. 砂垫层厚度	按设计图示尺寸以加固面积计算（计量单位：m²）	1. 设置排水竖井、盲沟、滤水管； 2. 铺设砂垫层、密封膜； 3. 堆载、卸载或抽气设备安拆、抽真空； 4. 材料运输
	08规范	—	—	—	—	—
	说明：新增项目内容					
2	13规范	040201002	强夯地基	1. 夯击能量； 2. 夯击遍数； 3. 地耐力要求； 4. 夯填材料种类	按设计图示尺寸以加固面积计算（计量单位：m²）	1. 铺设夯填材料； 2. 强夯； 3. 夯填材料运输
	08规范	040201001	强夯土方	密实度	按设计图示尺寸以面积计算（计量单位：m²）	土方强夯
	说明：项目名称修改为"强夯地基"。项目特征描述新增"夯击能量"、"夯击遍数"、"地耐力要求"和"夯填材料种类"，删除原来的"密实度"。工程量计算规则将原来的"面积"修改为"加固面积"。工作内容新增"铺设夯填材料"和"夯填材料运输"，将原来的"土方强夯"简化为"强夯"					

续表

序号	版别	项目编码	项目名称	项目特征	工程量计算规则	工作内容
3	13规范	040201003	振冲密实（不填料）	1. 地层情况； 2. 振密深度； 3. 孔距； 4. 振冲器功率	按设计图示尺寸以加固面积计算（计量单位：m²）	1. 振冲加密； 2. 泥浆运输
	08规范	—	—	—	—	—
	说明：新增项目内容					
4	13规范	040201004	掺石灰	含灰量	按设计图示尺寸以体积计算（计量单位：m³）	1. 掺石灰； 2. 夯实
	08规范	040201002	掺石灰			掺石灰
	说明：工作内容新增"夯实"					
5	13规范	040201005	掺干土	1. 密实度； 2. 掺土率	按设计图示尺寸以体积计算（计量单位：m³）	1. 掺干土； 2. 夯实
	08规范	040201003	掺干土			掺干土
	说明：工作内容新增"夯实"					
6	13规范	040201006	掺石	1. 材料品种、规格； 2. 掺石率	按设计图示尺寸以体积计算（计量单位：m³）	1. 掺石； 2. 夯实
	08规范	040201004	掺石	1. 材料； 2. 规格； 3. 掺石率		掺石
	说明：项目特征描述将原来的"材料"和"规格"归并为"材料品种、规格"。工作内容新增"夯实"					
7	13规范	040201007	抛石挤淤	材料品种、规格	按设计图示尺寸以体积计算（计量单位：m³）	1. 抛石挤淤； 2. 填塞垫平、压实
	08规范	040201005	抛石挤淤	规格		抛石挤淤
	说明：项目特征描述将原来的"规格"扩展为"材料品种、规格"。工作内容新增"填塞垫平、压实"					
8	13规范	040201008	袋装砂井	1. 直径； 2. 填充料品种； 3. 深度	按设计图示尺寸以长度计算（计量单位：m）	1. 制作砂袋； 2. 定位沉管； 3. 下砂袋； 4. 拔管
	08规范	040201006	袋装砂井	1. 直径； 2. 填充料品种	按设计图示以长度计算（计量单位：m）	成孔、装袋砂
	说明：项目特征描述新增"深度"。工程量计算规则将原来的"按设计图示以长度计算"修改为"按设计图示尺寸以长度计算"。工作内容新增"制作砂袋"、"定位沉管"、"下砂袋"和"拔管"，删除原来的"成孔、装袋砂"					
9	13规范	040201009	塑料排水板	材料品种、规格	按设计图示尺寸以长度计算（计量单位：m）	1. 安装排水板； 2. 沉管插带； 3. 拔管

续表

序号	版别	项目编码	项目名称	项目特征	工程量计算规则	工作内容
9	08 规范	040201007	塑料排水板	1. 材料; 2. 规格	按设计图示以长度计算(计量单位:m)	成孔、打塑料排水板
	说明:项目特征描述将原来的"材料"和"规格"归并为"材料品种、规格"。工程量计算规则将原来的"按设计图示以长度计算"修改为"按设计图示尺寸以长度计算"。工作内容新增"安装排水板"、"沉管插板"和"拔管",删除原来的"成孔、打塑料排水板"					
10	13 规范	040201010	振冲桩 (填料)	1. 地层情况; 2. 空桩长度、桩长; 3. 桩径; 4. 填充材料种类	1. 按设计图示尺寸以桩长计算(计量单位:m); 2. 按设计桩截面乘以桩长以体积计算(计量单位:m³)	1. 振冲成孔、填料、振实; 2. 材料运输; 3. 泥浆运输
	08 规范	—	—	—	—	—
	说明:新增项目内容					
11	13 规范	040201011	砂石桩	1. 地层情况; 2. 空桩长度、桩长; 3. 桩径; 4. 成孔方法; 5. 材料种类、级配	1. 按设计图示尺寸以桩长(包括桩尖)计算(计量单位:m); 2. 按设计桩截面乘以桩长(包括桩尖)以体积计算(计量单位:m³)	1. 成孔; 2. 填充、振实; 3. 材料运输
	08 规范	—	—	—	—	—
	说明:新增项目内容					
12	13 规范	040201012	水泥粉煤灰碎石桩	1. 地层情况; 2. 空桩长度、桩长; 3. 桩径; 4. 成孔方法; 5. 混合料强度等级	按设计图示尺寸以桩长(包括桩尖)计算(计量单位:m)	1. 成孔; 2. 混合料制作、灌注、养护; 3. 材料运输
	08 规范	—	—	—	—	—
	说明:新增项目内容					
13	13 规范	040201013	深层水泥搅拌桩	1. 地层情况; 2. 空桩长度、桩长; 3. 桩截面尺寸; 4. 水泥强度等级、掺量	按设计图示尺寸以桩长计算(计量单位:m)	1. 预搅下钻、水泥浆制作、喷浆搅拌提升成桩; 2. 材料运输
	08 规范	040201011	深层搅拌桩	1. 桩径; 2. 水泥含量	按设计图示以长度计算(计量单位:m)	1. 成孔; 2. 水泥浆制作; 3. 压浆、搅拌
	说明:项目名称扩展为"深层水泥搅拌桩"。项目特征描述新增"地层情况"、"空桩长度、桩长"、"桩截面尺寸"和"水泥强度等级、掺量",删除原来的"桩径"和"水泥含量"。工程量计算规则将原来的"按设计图示以长度计算"修改为"按设计图示尺寸以桩长计算"。工作内容新增"预搅下钻、水泥浆制作、喷浆搅拌提升成桩"和"材料运输",删除原来的"成孔"、"水泥浆制作"和"压浆、搅拌"					

序号	版别	项目编码	项目名称	项目特征	工程量计算规则	工作内容
14	13规范	040201014	粉喷桩	1. 地层情况； 2. 空桩长度、桩长； 3. 桩径； 4. 粉体种类、掺量； 5. 水泥强度等级、石灰粉要求	按设计图示尺寸以桩长计算（计量单位：m）	1. 预搅下钻、喷粉搅拌提升成桩； 2. 材料运输
	08规范	040201010	喷粉桩	1. 桩径； 2. 水泥含量	按设计图示以长度计算（计量单位：m）	1. 成孔； 2. 水泥浆制作； 3. 压浆、搅拌
	说明：项目名称修改为"粉喷桩"。项目特征描述新增"地层情况"、"地层情况"、"粉体种类、掺量"和"水泥强度等级、石灰粉要求"，删除原来的"水泥含量"。工程量计算规则将原来的"按设计图示以长度计算"修改为"按设计图示尺寸以桩长计算"。工作内容新增"预搅下钻、喷粉搅拌提升成桩"和"材料运输"，删除原来的"成孔"、"水泥浆制作"和"压浆、搅拌"							
15	13规范	040201015	高压水泥旋喷桩	1. 地层情况； 2. 空桩长度、桩长； 3. 桩截面； 4. 旋喷类型、方法； 5. 水泥强度等级、掺量	按设计图示尺寸以桩长计算（计量单位：m）	1. 成孔； 2. 水泥浆制作高压旋喷注浆； 3. 材料运输
	08规范	—	—	—	—	—
	说明：新增项目内容							
16	13规范	040201016	石灰桩	1. 地层情况； 2. 空桩长度、桩长； 3. 桩径； 4. 成孔方法； 5. 掺合料种类、配合比	按设计图示尺寸以桩长（包括桩尖）计算（计量单位：m）	1. 成孔； 2. 混合料制作、运输、夯填
	08规范	—	—	—	—	—
	说明：新增项目内容							
17	13规范	040201017	灰土（土）挤密桩	1. 地层情况； 2. 空桩长度、桩长； 3. 桩径； 4. 成孔方法； 5. 灰土级配	按设计图示尺寸以桩长（包括桩尖）计算（计量单位：m）	1. 成孔； 2. 灰土拌合、运输、填充、夯实
	08规范	—	—	—	—	—
	说明：新增项目内容							
18	13规范	040201018	柱锤冲扩桩	1. 地层情况； 2. 空桩长度、桩长； 3. 桩径； 4. 成孔方法； 5. 桩体材料种类、配合比	按设计图示尺寸以桩长计算（计量单位：m）	1. 安拔套管； 2. 冲孔、填料、夯实； 3. 桩体材料制作、运输
	08规范	—	—	—	—	—
	说明：新增项目内容							

续表

序号	版别	项目编码	项目名称	项目特征	工程量计算规则	工作内容
19	13规范	040201019	地基注浆	1. 地层情况； 2. 成孔深度、间距； 3. 浆液种类及配合比； 4. 注浆方法； 5. 水泥强度等级、用量	1. 按设计图示尺寸以深度计算（计量单位：m） 2. 按设计图示尺寸以加固体积计算（计量单位：m³）	1. 成孔； 2. 注浆导管制作、安装； 3. 浆液制作、压浆； 4. 材料运输
	08规范	—	—	—	—	—
	说明：新增项目内容					
20	13规范	040201020	褥垫层	1. 厚度； 2. 材料品种、规格及比例	1. 按设计图示尺寸以铺设面积计算（计量单位：m²）； 2. 按设计图示尺寸以铺设体积计算（计量单位：m³）	1. 材料拌合、运输； 2. 铺设； 3. 压实
	08规范	—	—	—	—	—
	说明：新增项目内容					
21	13规范	040201021	土工合成材料	1. 材料品种、规格； 2. 搭接方式	按设计图示尺寸以面积计算（计量单位：m²）	1. 基层整平； 2. 铺设； 3. 固定
	08规范	040201012	土工布	1. 材料品种； 2. 规格		土工布铺设
	说明：项目名称扩展为"土工合成材料"。项目特征描述新增"搭接方式"，将原来的"材料品种"和"规格"归并为"材料品种、规格"。工作内容新增"基层整平"、"铺设"和"固定"，删除原来的"土工布铺设"					
22	13规范	040201022	排水沟、截水沟	1. 断面尺寸； 2. 基础、垫层：材料品种、厚度； 3. 砌体材料； 4. 砂浆强度等级； 5. 伸缩缝填塞； 6. 盖板材质、规格	按设计图示以长度计算（计量单位：m）	1. 模板制作、安装、拆除； 2. 基础、垫层铺筑； 3. 混凝土拌合、运输、浇筑； 4. 侧墙浇捣或砌筑； 5. 勾缝、抹面； 6. 盖板安装
	08规范	040201013	排水沟、截水沟	1. 材料品种； 2. 断面； 3. 混凝土强度等级； 4. 砂浆强度等级		1. 垫层铺筑； 2. 混凝土浇筑； 3. 砌筑； 4. 勾缝； 5. 抹面； 6. 盖板
	说明：项目特征描述新增"断面尺寸"、"基础、垫层：材料品种、厚度"、"砌体材料"、"伸缩缝填塞"和"盖板材质、规格"，删除原来的"材料品种"、"断面"和"混凝土强度等级"。工作内容新增"板制作、安装、拆除"，将原来的"垫层铺筑"扩展为"基础、垫层铺筑"，"混凝土浇筑"扩展为"混凝土拌合、运输、浇筑"，"砌筑"扩展为"侧墙浇捣或砌筑"，"勾缝"和"抹面"归并为"勾缝、抹面"，"盖板"扩展为"盖板安装"					

续表

序号	版别	项目编码	项目名称	项目特征	工程量计算规则	工作内容
23	13规范	040201023	盲沟	1. 材料品种、规格； 2. 断面尺寸	按设计图示以长度计算（计量单位：m）	铺筑
	08规范	040201014	盲沟	1. 材料品种； 2. 断面； 3. 材料规格		盲沟铺筑
	说明：项目特征描述将原来的".材料品种"和"材料规格"归并为"材料品种、规格"，"断面"扩展为"断面尺寸"。工作内容将原来的"盲沟铺筑"简化为"铺筑"						

注：1. 地层情况按表1-2和表1-6的规定，并根据岩土工程勘察报告按单位工程各地层所占比例（包括范围值）进行描述。对无法准确描述的地层情况，可注明由投标人根据岩土工程勘察报告自行决定报价。
　　2. 项目特征中的桩长应包括桩尖，空桩长度=孔深−桩长，孔深为自然地面至设计桩底的深度。
　　3. 如采用碎石、粉煤灰、砂等作为路基处理的填方材料时，应按附录A土石方工程中"回填方"项目编码列项。
　　4. 排水沟、截水沟清单项目中，当侧墙为混凝土时，还应描述侧墙的混凝土强度等级。

2.1.2　道路基层

道路基层工程量清单项目设置、项目特征描述的内容、计量单位及工程量计算规则等的变化对照情况，见表2-2。

道路基层（编码：040202） 表2-2

序号	版别	项目编码	项目名称	项目特征	工程量计算规则	工作内容
1	13规范	040202001	路床（槽）整形	1. 部位； 2. 范围	按设计道路底基层图示尺寸以面积计算，不扣除各类井所占面积（计量单位：m²）	1. 放样； 2. 整修路拱； 3. 碾压成型
	08规范	—				
	说明：新增项目内容						
2	13规范	040202002	石灰稳定土	1. 含灰量； 2. 厚度	按设计图示尺寸以面积计算，不扣除各种井所占面积（计量单位：m²）	1. 拌合； 2. 运输； 3. 铺筑； 4. 找平； 5. 碾压； 6. 养护
	08规范	040202002	石灰稳定土	1. 厚度； 2. 含灰量		1. 拌合； 2. 铺筑； 3. 找平； 4. 碾压； 5. 养护
	说明：工作内容新增"运输"						
3	13规范	040202003	水泥稳定土	1. 水泥含量； 2. 厚度	按设计图示尺寸以面积计算，不扣除各种井所占面积（计量单位：m²）	1. 拌合； 2. 运输； 3. 铺筑； 4. 找平； 5. 碾压； 6. 养护

续表

序号	版别	项目编码	项目名称	项目特征	工程量计算规则	工作内容
3	08 规范	040202003	水泥稳定土	1. 水泥含量; 2. 厚度	按设计图示尺寸以面积计算,不扣除各种井所占面积(计量单位:m²)	1. 拌合; 2. 铺筑; 3. 找平; 4. 碾压; 5. 养护
	说明:工作内容新增"运输"					
4	13 规范	2013 计量规	石灰、粉	1. 配合比; 2. 厚度	按设计图示尺寸以面积计算,不扣除各种井所占面积(计量单位:m²)	1. 拌合; 2. 运输; 3. 铺筑; 4. 找平; 5. 碾压; 6. 养护
	08 规范	040202004	石灰、粉煤灰、土	1. 厚度; 2. 配合比		1. 拌合; 2. 铺筑; 3. 找平; 4. 碾压; 5. 养护
	说明:项目名称简化为"石灰、粉"。工作内容新增"运输"					
5	13 规范	040202005	石灰、碎石、土	1. 配合比; 2. 碎石规格; 3. 厚度	按设计图示尺寸以面积计算,不扣除各种井所占面积(计量单位:m²)	1. 拌合; 2. 运输; 3. 铺筑; 4. 找平; 5. 碾压; 6. 养护
	08 规范	040202005	石灰、碎石、土	1. 厚度; 2. 配合比; 3. 碎石规格		1. 拌合; 2. 铺筑; 3. 找平; 4. 碾压; 5. 养护
	说明:工作内容新增"运输"					
6	13 规范	040202006	石灰、粉煤灰、碎(砾)石	1. 配合比; 2. 碎(砾)石规格; 3. 厚度	按设计图示尺寸以面积计算,不扣除各种井所占面积(计量单位:m²)	1. 拌合; 2. 运输; 3. 铺筑; 4. 找平; 5. 碾压; 6. 养护
	08 规范	040202006	石灰、粉煤灰、碎(砾)石	1. 材料品种; 2. 厚度; 3. 碎(砾)石规格; 4. 配合比		1. 拌合; 2. 铺筑; 3. 找平; 4. 碾压; 5. 养护
	说明:项目特征描述删除原来的"材料品种"。工作内容新增"运输"					

续表

序号	版别	项目编码	项目名称	项目特征	工程量计算规则	工作内容
7	13规范	040202007	粉煤灰	厚度	按设计图示尺寸以面积计算，不扣除各种井所占面积（计量单位：m²）	1. 拌合； 2. 运输； 3. 铺筑； 4. 找平； 5. 碾压； 6. 养护
	08规范	040202007	粉煤灰			1. 拌合； 2. 铺筑； 3. 找平； 4. 碾压； 5. 养护
	说明：工作内容新增"运输"					
8	13规范	040202008	矿渣	厚度	按设计图示尺寸以面积计算，不扣除各种井所占面积（计量单位：m²）	1. 拌合； 2. 运输； 3. 铺筑； 4. 找平； 5. 碾压； 6. 养护
	08规范	040202012	炉渣			1. 拌合； 2. 铺筑； 3. 找平； 4. 碾压； 5. 养护
	说明：项目名称修改为"矿渣"。工作内容新增"运输"					
9	13规范	040202009	砂砾石	1. 石料规格； 2. 厚度	按设计图示尺寸以面积计算，不扣除各种井所占面积（计量单位：m²）	1. 拌合； 2. 运输； 3. 铺筑； 4. 找平； 5. 碾压； 6. 养护
	08规范	040202008	砂砾石	厚度		1. 拌合； 2. 铺筑； 3. 找平； 4. 碾压； 5. 养护
	说明：项目特征描述新增"石料规格"。工作内容新增"运输"					
10	13规范	040202010	卵石	1. 石料规格； 2. 厚度	按设计图示尺寸以面积计算，不扣除各种井所占面积（计量单位：m²）	1. 拌合； 2. 运输； 3. 铺筑； 4. 找平； 5. 碾压； 6. 养护

续表

序号	版别	项目编码	项目名称	项目特征	工程量计算规则	工作内容
10	08 规范	040202009	卵石	厚度	按设计图示尺寸以面积计算，不扣除各种井所占面积（计量单位：m²）	1. 拌合；2. 铺筑；3. 找平；4. 碾压；5. 养护
	说明：项目特征描述新增"石料规格"。工作内容新增"运输"					
11	13 规范	040202011	碎石	1. 石料规格；2. 厚度	按设计图示尺寸以面积计算，不扣除各种井所占面积（计量单位：m²）	1. 拌合；2. 运输；3. 铺筑；4. 找平；5. 碾压；6. 养护
	08 规范	040202010	碎石	厚度		1. 拌合；2. 铺筑；3. 找平；4. 碾压；5. 养护
	说明：项目特征描述新增"石料规格"。工作内容新增"运输"					
12	13 规范	040202012	块石	1. 石料规格；2. 厚度	按设计图示尺寸以面积计算，不扣除各种井所占面积（计量单位：m²）	1. 拌合；2. 运输；3. 铺筑；4. 找平；5. 碾压；6. 养护
	08 规范	040202011	块石	厚度		1. 拌合；2. 铺筑；3. 找平；4. 碾压；5. 养护
	说明：项目特征描述新增"石料规格"。工作内容新增"运输"					
13	13 规范	040202013	山皮石	1. 石料规格；2. 厚度	按设计图示尺寸以面积计算，不扣除各种井所占面积（计量单位：m²）	1. 拌合；2. 运输；3. 铺筑；4. 找平；5. 碾压；6. 养护
	08 规范	—	—	—	—	—
	说明：新增项目内容					
14	13 规范	040202014	粉煤灰三渣	1. 配合比；2. 厚度	按设计图示尺寸以面积计算，不扣除各种井所占面积（计量单位：m²）	1. 拌合；2. 运输；3. 铺筑；4. 找平；5. 碾压；6. 养护

续表

序号	版别	项目编码	项目名称	项目特征	工程量计算规则	工作内容
14	08规范	040202013	粉煤灰三渣	1. 厚度； 2. 配合比； 3. 石料规格	按设计图示尺寸以面积计算，不扣除各种井所占面积（计量单位：m²）	1. 拌合； 2. 铺筑； 3. 找平； 4. 碾压； 5. 养护
	说明：项目特征描述删除原来的"石料规格"。工作内容新增"运输"						
15	13规范	040202015	水泥稳定碎（砾）石	1. 水泥含量； 2. 石料规格； 3. 厚度	按设计图示尺寸以面积计算，不扣除各种井所占面积（计量单位：m²）	1. 拌合； 2. 运输； 3. 铺筑； 4. 找平； 5. 碾压； 6. 养护
	08规范	040202014	水泥稳定碎（砾）石	1. 厚度； 2. 水泥含量； 3. 石料规格		1. 拌合； 2. 铺筑； 3. 找平； 4. 碾压； 5. 养护
	说明：工作内容新增"运输"						
16	13规范	040202016	沥青稳定碎石	1. 沥青品种； 2. 石料规格； 3. 厚度	按设计图示尺寸以面积计算，不扣除各种井所占面积（计量单位：m²）	1. 拌合； 2. 运输； 3. 铺筑； 4. 找平； 5. 碾压； 6. 养护
	08规范	040202015	沥青稳定碎石	1. 厚度； 2. 沥青品种； 3. 石料粒径		1. 拌合； 2. 铺筑； 3. 找平； 4. 碾压； 5. 养护
	说明：项目特征描述将原来的"石料粒径"修改为"石料规格"。工作内容新增"运输"						

注：1. 道路工程厚度应以压实后为准。

2. 道路基层设计截面如为梯形时，应按其截面平均宽度计算面积，并在项目特征中对截面参数加以描述。

2.1.3 道路面层

道路面层工程量清单项目设置、项目特征描述的内容、计量单位及工程量计算规则等的变化对照情况，见表2-3。

道路面层（编码：040203） 表2-3

序号	版别	项目编码	项目名称	项目特征	工程量计算规则	工作内容
1	13规范	040203001	沥青表面处治	1. 沥青品种； 2. 层数	按设计图示尺寸以面积计算，不扣除各种井所占面积，带平石的面层应扣除平石所占面积（计量单位：m²）	1. 喷油、布料； 2. 碾压

序号	版别	项目编码	项目名称	项目特征	工程量计算规则	工作内容
1	08规范	040203001	沥青表面处治	1. 沥青品种； 2. 层数	按设计图示尺寸以面积计算，不扣除各种井所占面积（计量单位：m²）	1. 洒油； 2. 碾压
	说明：工程量计算规则新增"带平石的面层应扣除平石所占面积"。工作内容新增"喷油、布料"，删除原来的"洒油"						
2	13规范	040203002	沥青贯入式	1. 沥青品种； 2. 石料规格； 3. 厚度	按设计图示尺寸以面积计算，不扣除各种井所占面积，带平石的面层应扣除平石所占面积（计量单位：m²）	1. 摊铺碎石； 2. 喷油、布料； 3. 碾压
	08规范	040203002	沥青贯入式	1. 沥青品种； 2. 厚度	按设计图示尺寸以面积计算，不扣除各种井所占面积（计量单位：m²）	1. 洒油； 2. 碾压
	说明：项目特征描述新增"石料规格"。工程量计算规则新增"带平石的面层应扣除平石所占面积"。工作内容新增"摊铺碎石"和"喷油、布料"，删除原来的"洒油"						
3	13规范	040203003	透层、粘层	1. 材料品种； 2. 喷油量	按设计图示尺寸以面积计算，不扣除各种井所占面积，带平石的面层应扣除平石所占面积（计量单位：m²）	1. 清理下承面； 2. 喷油、布料
	08规范	—	—	—	—	—
	说明：新增项目内容						
4	13规范	040203004	封层	1. 材料品种； 2. 喷油量； 3. 厚度	按设计图示尺寸以面积计算，不扣除各种井所占面积，带平石的面层应扣除平石所占面积（计量单位：m²）	1. 清理下承面； 2. 喷油、布料； 3. 压实
	08规范	—	—	—	—	—
	说明：新增项目内容						
5	13规范	040203005	黑色碎石	1. 材料品种； 2. 石料规格； 3. 厚度	按设计图示尺寸以面积计算，不扣除各种井所占面积，带平石的面层应扣除平石所占面积（计量单位：m²）	1. 清理下承面； 2. 拌合、运输； 3. 摊铺、整形； 4. 压实
	08规范	040203003	黑色碎石	1. 沥青品种； 2. 厚度； 3. 石料最大粒径	按设计图示尺寸以面积计算，不扣除各种井所占面积（计量单位：m²）	1. 洒铺底油； 2. 铺筑； 3. 碾压
	说明：项目特征描述将原来的"沥青品种"修改为"材料品种"，"石料最大粒径"修改为"石料规格"。工程量计算规则新增"带平石的面层应扣除平石所占面积"。工作内容新增"清理下承面"、"拌合、运输"、"摊铺、整型"和"压实"，删除原来的"洒铺底油"、"铺筑"和"碾压"						

序号	版别	项目编码	项目名称	项目特征	工程量计算规则	工作内容
6	13规范	040203006	沥青混凝土	1. 沥青品种； 2. 沥青混凝土种类； 3. 石料粒径； 4. 掺合料； 5. 厚度	按设计图示尺寸以面积计算，不扣除各种井所占面积，带平石的面层应扣除平石所占面积（计量单位：m²）	1. 清理下承面； 2. 拌合、运输； 3. 摊铺、整型； 4. 压实
	08规范	040203004	沥青混凝土	1. 沥青品种； 2. 石料最大粒径； 3. 厚度	按设计图示尺寸以面积计算，不扣除各种井所占面积（计量单位：m²）	1. 洒铺底油； 2. 铺筑； 3. 碾压
	说明：项目特征描述新增"沥青混凝土种类"和"掺合料"，将原来的"石料最大粒径"简化为"石料粒径"。工程量计算规则新增"带平石的面层应扣除平石所占面积"。工作内容新增"清理下承面"、"拌合、运输"、"摊铺、整型"和"压实"，删除原来的"洒铺底油"、"铺筑"和"碾压"					
7	13规范	040203007	水泥混凝土	1. 混凝土强度等级； 2. 掺合料； 3. 厚度； 4. 嵌缝材料	按设计图示尺寸以面积计算，不扣除各种井所占面积，带平石的面层应扣除平石所占面积（计量单位：m²）	1. 模板制作、安装、拆除； 2. 混凝土拌合、运输、浇筑； 3. 拉毛； 4. 压痕或刻防滑槽； 5. 伸缝； 6. 缩缝； 7. 锯缝、嵌缝； 8. 路面养护
	08规范	040203005	水泥混凝土	1. 混凝土强度等级、石料最大粒径； 2. 厚度； 3. 掺合料； 4. 配合比	按设计图示尺寸以面积计算，不扣除各种井所占面积（计量单位：m²）	1. 传力杆及套筒制作、安装； 2. 混凝土浇筑； 3. 拉毛或压痕； 4. 伸缝； 5. 缩缝； 6. 锯缝； 7. 嵌缝； 8. 路面养生
	说明：项目特征描述新增"嵌缝材料"，将原来的"混凝土强度等级、石料最大粒径"简化为"混凝土强度等级"，删除原来的"配合比"。工程量计算规则新增"带平石的面层应扣除平石所占面积"。工作内容新增"模板制作、安装、拆除"，将原来的"混凝土浇筑"扩展为"混凝土拌合、运输、浇筑"，"拉毛或压痕"拆分为"拉毛"和"压痕或刻防滑槽"，"锯缝"和"嵌缝"归并为"锯缝、嵌缝"，"路面养生"修改为"路面养护"，删除原来的"传力杆及套筒制作、安装"					
8	13规范	040203008	块料面层	1. 块料品种、规格； 2. 垫层：材料品种、厚度、强度等级	按设计图示尺寸以面积计算，不扣除各种井所占面积，带平石的面层应扣除平石所占面积（计量单位：m²）	1. 铺筑垫层； 2. 铺砌块料； 3. 嵌缝、勾缝
	08规范	040203006	块料面层	1. 材质； 2. 规格； 3. 垫层厚度； 4. 强度	按设计图示尺寸以面积计算，不扣除各种井所占面积（计量单位：m²）	
	说明：项目特征描述将原来的"材质"和"规格"归并为"块料品种、规格"，"垫层厚度"和"强度"归并为"垫层：材料品种、厚度、强度等级"。工程量计算规则新增"带平石的面层应扣除平石所占面积"					

续表

序号	版别	项目编码	项目名称	项目特征	工程量计算规则	工作内容
9	13规范	040203009	弹性面层	1. 材料品种； 2. 厚度	按设计图示尺寸以面积计算，不扣除各种井所占面积，带平石的面层应扣除平石所占面积（计量单位：m²）	1. 配料； 2. 铺贴
	08规范	040203007	橡胶、塑料弹性面层		按设计图示尺寸以面积计算，不扣除各种井所占面积（计量单位：m²）	
	说明：项目名称简化为"弹性面层"。工程量计算规则新增"带平石的面层应扣除平石所占面积"					

注：水泥混凝土路面中传力杆和拉杆的制作、安装应按附录J钢筋工程中相关项目编码列项。

2.1.4 人行道及其他

人行道及其他工程量清单项目设置、项目特征描述的内容、计量单位及工程量计算规则等的变化对照情况，见表2-4。

人行道及其他（编码：040204） 表2-4

序号	版别	项目编码	项目名称	项目特征	工程量计算规则	工作内容
1	13规范	040204001	人行道整形碾压	1. 部位； 2. 范围	按设计人行道图示尺寸以面积计算，不扣除侧石、树池和各类井所占面积（计量单位：m²）	1. 放样； 2. 碾压
	08规范	—	—	—	—	—
	说明：新增项目内容					
2	13规范	040204002	人行道块料铺设	1. 块料品种、规格； 2. 基础、垫层：材料品种、厚度； 3. 图形	按设计图示尺寸以面积计算，不扣除各类井所占面积，但应扣除侧石、树池所占面积（计量单位：m²）	1. 基础、垫层铺筑； 2. 块料铺设
	08规范	040204001	人行道块料铺设	1. 材质； 2. 尺寸； 3. 垫层材料品种、厚度、强度； 4. 图形	按设计图示尺寸以面积计算，不扣除各种井所占面积（计量单位：m²）	1. 整形碾压； 2. 垫层、基础铺筑； 3. 块料铺设
	说明：项目特征描述将原来的"材质"和"尺寸"修改为"块料品种、规格"，"垫层材料品种、厚度、强度"修改为"基础、垫层：材料品种、厚度"。工程量计算规则新增"但应扣除侧石、树池所占面积"。工作内容将原来的"垫层、基础铺筑"修改为"基础、垫层铺筑"，删除原来的"整形碾压"					
3	13规范	040204003	现浇混凝土人行道及进口坡	1. 混凝土强度等级； 2. 厚度； 3. 基础、垫层：材料品种、厚度	按设计图示尺寸以面积计算，不扣除各类井所占面积，但应扣除侧石、树池所占面积（计量单位：m²）	1. 模板制作、安装、拆除； 2. 基础、垫层铺筑； 3. 混凝土拌合、运输、浇筑

续表

序号	版别	项目编码	项目名称	项目特征	工程量计算规则	工作内容
3	08规范	040204002	现浇混凝土人行道及进口坡	1. 混凝土强度等级、石料最大粒径； 2. 厚度； 3. 垫层、基础：材料品种、厚度、强度	按设计图示尺寸以面积计算，不扣除各种井所占面积（计量单位：m²）	1. 整形碾压； 2. 垫层、基础铺筑； 3. 混凝土浇筑； 4. 养生
	说明：项目特征描述将原来的"混凝土强度等级、石料最大粒径"简化为"混凝土强度等级"，"垫层、基础：材料品种、厚度、强度"简化为"基础、垫层：材料品种、厚度"。工程量计算规则新增"但应扣除侧石、树池所占面积"。工作内容新增"模板制作、安装、拆除"，将原来的"垫层、基础铺筑"修改为"基础、垫层铺筑"，"混凝土浇筑"扩展为"混凝土拌合、运输、浇筑"，删除原来的"整形碾压"和"养生"						
4	13规范	040204004	安砌侧（平、缘）石	1. 材料品种、规格； 2. 基础、垫层：材料品种、厚度	按设计图示中心线长度计算（计量单位：m）	1. 开槽； 2. 基础、垫层铺筑； 3. 侧（平、缘）石安砌
	08规范	040204003	安砌侧（平、缘）石	1. 材料； 2. 尺寸； 3. 形状； 4. 垫层、基础：材料品种、厚度、强度		1. 垫层、基础铺筑； 2. 侧（平、缘）石安砌
	说明：项目特征描述将原来的"材料"、"尺寸"和"形状"归并为"材料品种、规格"，"垫层、基础：材料品种、厚度、强度"简化为"基础、垫层：材料品种、厚度"。工作内容新增"开槽"，将原来的"垫层、基础铺筑"修改为"基础、垫层铺筑"						
5	13规范	040204005	现浇侧（平、缘）石	1. 材料品种； 2. 尺寸； 3. 形状； 4. 混凝土强度等级； 5. 基础、垫层：材料品种、厚度	按设计图示中心线长度计算（计量单位：m）	1. 模板制作、安装、拆除； 2. 开槽； 3. 基础、垫层铺筑； 4. 混凝土拌合、运输、浇筑
	08规范	040204004	现浇侧（平、缘）石	1. 材料品种； 2. 尺寸； 3. 形状； 4. 混凝土强度等级、石料最大粒径； 5. 垫层、基础：材料品种、厚度、强度		1. 垫层铺筑； 2. 混凝土浇筑； 3. 养生
	说明：项目特征描述将原来的"混凝土强度等级、石料最大粒径"简化为"混凝土强度等级"，"垫层、基础：材料品种、厚度、强度"简化为"基础、垫层：材料品种、厚度"。工作内容新增"模板制作、安装、拆除"和"开槽"，将原来的"垫层铺筑"扩展为"基础、垫层铺筑"，"混凝土浇筑"修改为"混凝土拌合、运输、浇筑"，删除原来的"养生"						

序号	版别	项目编码	项目名称	项目特征	工程量计算规则	工作内容
6	13规范	040204006	检查井升降	1. 材料品种； 2. 检查井规格； 3. 平均升（降）高度	按设计图示路面标高与原有的检查井发生正负高差的检查井的数量计算（计量单位：座）	1. 提升； 2. 降低
	08规范	040204005	检查井升降	1. 材料品种； 2. 规格； 3. 平均升降高度		升降检查井
	说明：项目特征描述将原来的"规格"扩展为"检查井规格"，"平均升降高度"修改为"平均升（降）高度"。工作内容新增"提升"和"降低"，删除原来的"升降检查井"					
7	13规范	040204007	树池砌筑	1. 材料品种、规格； 2. 树池尺寸； 3. 树池盖面材料品种	按设计图示数量计算（计量单位：个）	1. 基础、垫层铺筑； 2. 树池砌筑； 3. 盖面材料运输、安装
	08规范	040204006	树池砌筑	1. 材料品种、规格； 2. 树池尺寸； 3. 树池盖材料品种		1. 树池砌筑； 2. 树池盖制作、安装
	说明：项目特征描述将原来的"树池盖材料品种"扩展为"树池盖面材料品种"。工作内容新增"基础、垫层铺筑"，将原来的"树池盖制作、安装"修改为"盖面材料运输、安装"					
8	13规范	040204008	预制电缆沟铺设	1. 材料品种； 2. 规格尺寸； 3. 基础、垫层：材料品种、厚度； 4. 盖板品种、规格	按设计图示中心线长度计算（计量单位：m）	1. 基础、垫层铺筑； 2. 预制电缆沟安装； 3. 盖板安装
	08规范	—	—	—	—	—
	说明：新增项目内容					

2.1.5 交通管理设施

交通管理设施工程量清单项目设置、项目特征描述的内容、计量单位及工程量计算规则等的变化对照情况，见表2-5。

交通管理设施（编码：040205）　　　　　　　　　　　　表2-5

序号	版别	项目编码	项目名称	项目特征	工程量计算规则	工作内容
1	13规范	040205001	人（手）孔井	1. 材料品种； 2. 规格尺寸； 3. 盖板材质、规格； 4. 基础、垫层：材料品种、厚度	按设计图示数量计算（计量单位：座）	1. 基础、垫层铺筑； 2. 井身砌筑； 3. 勾缝（抹面）； 4. 井盖安装

续表

序号	版别	项目编码	项目名称	项目特征	工程量计算规则	工作内容
1	08规范	040205001	接线工作井	1. 混凝土强度等级、石料最大粒径; 2. 规格	按设计图示数量计算（计量单位：座）	浇筑
	说明：项目名称修改为"人（手）孔井"。项目特征描述新增"材料品种"、"盖板材质、规格"和"基础、垫层：材料品种、厚度"，将原来的"规格"扩展为"规格尺寸"，删除原来的"混凝土强度等级、石料最大粒径"。工作内容新增"基础、垫层铺筑"、"井身砌筑"、"勾缝（抹面）"和"井盖安装"，删除原来的"浇筑"					
2	13规范	040205002	电缆保护管	1. 材料品种; 2. 规格	按设计图示以长度计算（计量单位：m）	敷设
	08规范	040205002	电缆保护管铺设	1. 材料品种; 2. 规格; 3. 基础材料品种、厚度、强度		电缆保护管制作、安装
	说明：项目名称简化为"电缆保护管"。项目特征描述删除原来的"基础材料品种、厚度、强度"。工作内容新增"敷设"，删除原来的"电缆保护管制作、安装"					
3	13规范	040205003	标杆	1. 类型; 2. 材质; 3. 规格尺寸; 4. 基础、垫层：材料品种、厚度; 5. 油漆品种	按设计图示数量计算（计量单位：根）	1. 基础、垫层铺筑; 2. 制作; 3. 喷漆或镀锌; 4. 底盘、拉盘、卡盘及杆件安装
	08规范	040205003	标杆	1. 材料品种; 2. 规格; 3. 基础材料品种、厚度、强度	按设计图示以长度计算（计量单位：套）	1. 基础浇捣; 2. 标杆制作、安装
	说明：项目特征描述新增"类型"、"材质"和"油漆品种"，将原来的"规格"扩展为"规格尺寸"，"基础材料品种、厚度、强度"扩展为"基础、垫层：材料品种、厚度"，删除原来的"材料品种"。工程量计算规则将原来的"按设计图示以长度计算（计量单位：套）"修改为"按设计图示数量计算（计量单位：根）"。工作内容新增"基础、垫层铺筑"、"制作"、"喷漆或镀锌"和"底盘、拉盘、卡盘及杆件安装"，删除原来的"基础浇捣"和"标杆制作、安装"					
4	13规范	040205004	标志板	1. 类型; 2. 材质、规格尺寸; 3. 板面反光膜等级	按设计图示数量计算（计量单位：块）	制作、安装
	08规范	040205004	标志板	1. 材料品种; 2. 规格; 3. 基础材料品种、厚度、强度		标志板制作、安装
	说明：项目特征描述新增"类型"和"板面反光膜等级"，将原来的"材料品种"和"规格"归并为"材质、规格尺寸"，删除原来的"基础材料品种、厚度、强度"。工作内容将原来的"标志板制作、安装"简化为"制作、安装"					

续表

序号	版别	项目编码	项目名称	项目特征	工程量计算规则	工作内容
5	13 规范	040205005	视线诱导器	1. 类型； 2. 材料品种	按设计图示数量计算（计量单位：只）	安装
	08 规范	040205005	视线诱导器	类型		
	说明：项目特征描述新增"材料品种"					
6	13 规范	040205006	标线	1. 材料品种； 2. 工艺； 3. 线型	1. 按设计图示以长度计算（计量单位：m）； 2. 按设计图示尺寸以面积计算（计量单位：m²）	1. 清扫； 2. 放样； 3. 画线； 4. 护线
	08 规范	040205006	标线	1. 油漆品种； 2. 工艺； 3. 线型	按设计图示以长度计算（计量单位：km）	画线
	说明：项目特征描述将原来的"油漆品种"修改为"材料品种"。工程量计算规则新增"按设计图示尺寸以面积计算（计量单位：m²）"，将长度计算原来的计量单位"km"修改为"m"。工作内容新增"清扫"、"放样"和"护线"					
7	13 规范	040205007	标记	1. 材料品种； 2. 类型； 3. 规格尺寸	1. 按设计图示数量计算（计量单位：个）； 2. 按设计图示尺寸以面积计算（计量单位：m²）	1. 清扫； 2. 放样； 3. 画线； 4. 护线
	08 规范	040205007	标记	1. 油漆品种； 2. 规格； 3. 形式	按设计图示以数量计算（计量单位：个）	画线
	说明：项目特征描述新增"类型"，将原来的"油漆品种"修改为"材料品种"，"规格"扩展为"规格尺寸"，删除原来的"形式"。工程量计算规则新增"按设计图示尺寸以面积计算（计量单位：m²）"。工作内容新增"清扫"、"放样"和"护线"					
8	13 规范	040205008	横道线	1. 材料品种； 2. 形式	按设计图示尺寸以面积计算（计量单位：m²）	1. 清扫； 2. 放样； 3. 画线； 4. 护线
	08 规范	040205008	横道线	形式		画线
	说明：项目特征描述新增"材料品种"。工作内容新增"清扫"、"放样"和"护线"					
9	13 规范	040205009	清除标线	清除方法	按设计图示尺寸以面积计算（计量单位：m²）	清除
	08 规范	040205009	清除标线			
	说明：各项目内容未做修改					
10	13 规范	040205010	环形检测线圈	1. 类型； 2. 规格、型号	按设计图示数量计算（计量单位：个）	1. 安装； 2. 调试

序号	版别	项目编码	项目名称	项目特征	工程量计算规则	工作内容
10	08 规范	040205011	环形检测线安装	1. 类型； 2. 垫层、基础：材料品种、厚度、强度	按设计图示以长度计算（计量单位：m）	1. 基础浇捣； 2. 安装
	说明：项目名称修改为"环形检测线圈"。项目特征描述将原来的"垫层、基础：材料 品种、厚度、强度"简化为"规格、型号"。工程量计算规则将原来的"以长度计算（计量单位：m）"修改为"数量计算（计量单位：个）"。工作内容新增"调试"，删除原来的"基础浇捣"						
11	13 规范	040205011	值警亭	1. 类型； 2. 规格； 3. 基础、垫层：材料品种、厚度	按设计图示数量计算（计量单位：座）	1. 基础、垫层铺筑； 2. 安装
	08 规范	040205012	值警亭安装	1. 类型； 2. 垫层、基础：材料品种、厚度、强度		1. 基础浇捣； 2. 安装
	说明：项目名称简化为"值警亭"。项目特征描述描述新增"规格"，将原来的"垫层、基础：材料 品种、厚度、强度"简化为"基础、垫层：材料品种、厚度"。工作内容将原来的"基础浇捣"修改为"基础、垫层铺筑"						
12	13 规范	040205012	隔离护栏	1. 类型； 2. 规格、型号； 3. 材料品种； 4. 基础、垫层：材料品种、厚度	按设计图示以长度计算（计量单位：m）	1. 基础、垫层铺筑； 2. 制作、安装
	08 规范	040205013	隔离护栏安装	1. 部位； 2. 形式； 3. 规格； 4. 类型； 5. 材料品种； 6. 基础材料品种、强度		1. 基础浇筑； 2. 安装
	说明：项目名称简化为"隔离护栏"。项目特征描述新增"基础、垫层：材料品种、厚度"，将原来的"规格"扩展为"规格、型号"，删除原来的"部位"、"形式"和"基础材料品种、强度"。工作内容将原来的"基础浇捣"修改为"基础、垫层铺筑"，"安装"扩展为"制作、安装"						
13	13 规范	040205013	架空走线	1. 类型； 2. 规格、型号	按设计图示以长度计算（计量单位：m）	架线
	08 规范	040205015	信号灯架空走线	规格	按设计图示以长度计算（计量单位：km）	
	说明：项目名称简化为"架空走线"。项目特征描述新增"类型"，将原来的"规格"扩展为"规格、型号"。工程量计算规则将原来的"km"修改为"m"						
14	13 规范	040205014	信号灯	1. 类型； 2. 灯架材质、规格； 3. 基础、垫层：材料品种、厚度； 4. 信号灯规格、型号、组数	按设计图示数量计算（计量单位：套）	1. 基础、垫层铺筑； 2. 灯架制作、镀锌、喷漆； 3. 底盘、拉盘、卡盘及杆件安装； 4. 信号灯安装、调试

序号	版别	项目编码	项目名称	项目特征	工程量计算规则	工作内容
14	08规范	040205010	交通信号灯安装	型号	按设计图示数量计算（计量单位：套）	1. 基础浇捣； 2. 安装
		040205017	信号灯架	1. 形式； 2. 规格； 3. 基础材料品种、强度	按设计图示数量计算（计量单位：组）	1. 基础浇筑或砌筑； 2. 安装； 3. 系统调试
	说明：项目名称归并为"信号灯"。项目特征描述新增"类型"、"灯架材质、规格"、"基础、垫层：材料品种、厚度"和"信号灯规格、型号、组数"，删除原来的"型号"、"形式"、"规格"和"基础材料品种、强度"。工程量计算规则将原来的"组"修改为"套"。工作内容新增"灯架制作、镀锌、喷漆"和"底盘、拉盘、卡盘及杆件安装"，将原来的"基础浇捣"和"基础浇筑或砌筑"修改为"基础、垫层铺筑"，"安装"和"系统调试"修改为"信号灯安装、调试"						
15	13规范	040205015	设备控制机箱	1. 类型； 2. 材质、规格尺寸； 3. 基础、垫层：材料品种、厚度； 4. 配置要求	按设计图示数量计算（计量单位：台）	1. 基础、垫层铺筑； 2. 安装； 3. 调试
	08规范	040205016	信号机箱	1. 形式； 2. 规格； 3. 基础材料品种、强度	按设计图示数量计算	1. 基础浇筑或砌筑； 2. 安装； 3. 系统调试
	说明：项目名称修改为"设备控制机箱"。项目特征描述新增"类型"、"材质、规格尺寸"、"基础、垫层：材料品种、厚度"和"配置要求"，删除原来的"形式"、"规格"和"基础材料品种、强度"。工程量计算规则新增"（计量单位：台）"。工作内容将原来的"基础浇筑或砌筑"修改为"基础、垫层铺筑"，"系统调试"简化为"调试"						
16	13规范	040205016	管内配线	1. 类型； 2. 材质； 3. 规格、型号	按设计图示以长度计算（计量单位：m）	配线
	08规范	040205018	管内穿线	1. 规格； 2. 型号	按设计图示以长度计算（计量单位：km）	穿线
	说明：项目名称修改为"管内配线"。项目特征描述新增"类型"和"材质"，将原来的"规格"和"型号"归并为"规格、型号"。工程量计算规则将原来的"km"修改为"m"。工作内容将原来的"穿线"修改为"配线"						
17	13规范	040205017	防撞筒（墩）	1. 材料品种； 2. 规格、型号	按设计图示数量计算（计量单位：个）	制作、安装
	08规范	—	—	—	—	—
	说明：新增项目内容						
18	13规范	040205018	警示柱	1. 类型； 2. 材料品种； 3. 规格、型号	按设计图示数量计算（计量单位：根）	制作、安装
	08规范	—	—	—	—	—
	说明：新增项目内容						

序号	版别	项目编码	项目名称	项目特征	工程量计算规则	工作内容
19	13规范	040205019	减速垄	1. 材料品种； 2. 规格、型号	按设计图示以长度计算（计量单位：m）	制作、安装
	08规范	—	—	—	—	—
	说明：新增项目内容					
20	13规范	040205020	监控摄像机	1. 类型； 2. 规格、型号； 3. 支架形式； 4. 防护罩要求	按设计图示数量计算（计量单位：台）	1. 安装； 2. 调试
	08规范	—	—	—	—	—
	说明：新增项目内容					
21	13规范	040205021	数码相机	1. 规格、型号； 2. 立杆材质、形式； 3. 基础、垫层：材料品种、厚度	按设计图示数量计算（计量单位：套）	1. 基础、垫层铺筑； 2. 安装； 3. 调试
	08规范	—	—	—	—	—
	说明：新增项目内容					
22	13规范	040205022	道闸机	1. 类型； 2. 规格、型号； 3. 基础、垫层：材料品种、厚度	按设计图示数量计算（计量单位：套）	1. 基础、垫层铺筑； 2. 安装； 3. 调试
	08规范	—	—	—	—	—
	说明：新增项目内容					
23	13规范	040205023	可变信息情报板	1. 类型； 2. 规格、型号； 3. 立（横）杆材质、形式； 4. 配置要求； 5. 基础、垫层：材料品种、厚度	按设计图示数量计算（计量单位：套）	1. 基础、垫层铺筑； 2. 安装； 3. 调试
	08规范	—	—	—	—	—
	说明：新增项目内容					
24	13规范	040205024	交通智能系统调试	系统类别	按设计图示数量计算（计量单位：系统）	系统调试
	08规范	—	—	—	—	—
	说明：新增项目内容					

注：1. 本节清单项目如发生破除混凝土路面、土石方开挖、回填夯实等，应分别按《市政工程工程量计算规范》GB 50857—2013附录K拆除工程及附录A土石方工程中相关项目编码列项。

2. 除清单项目特殊注明外，各类垫层应按《市政工程工程量计算规范》GB 50857—2013附录中相关项目编码列项。

3. 立电杆按《市政工程工程量计算规范》GB 50857—2013附录H路灯工程中相关项目编码列项。

4. 值警亭按半成品现场安装考虑，实际采用砖砌等形式的，按现行国家标准《房屋建筑与装饰工程工程量计算规范》GB 50854—2013中相关项目编码列项。

5. 与标杆相连的，用于安装标志板的配件应计入标志板清单项目内。

2.2 工程量清单编制实例

2.2.1 实例 2-1

1. 背景资料

某市政道路交叉口，如图 2-1 所示。

该道路基层采用 25cm 厚石灰：粉煤灰：碎石＝8：12：80（碎石粒径为 20～50mm，砾石粒径为 5～40mm），采用拌合机拌合。道路两侧采用 C20 预制混凝土平侧石，规格为 500mm×250mm×160mm，2cm 厚 M10 砂浆卧底并勾缝，采用 150mm 厚 5％灰土垫层。

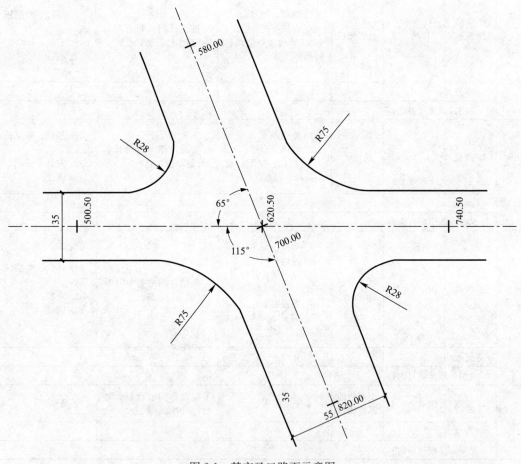

图 2-1 某交叉口路面示意图

计算说明：

（1）计算下图中指定里程桩号范围内的交叉口路面面积、并计算该交叉口转角转弯处平侧石的工程量。

（2）道路交叉口转角面积计算公式：

$$正交转角面积：A_1 = R^2 - \frac{\pi R^2}{4} = 0.2146R^2$$

$$斜交转角面积：A_2 = R^2\left(\tan\frac{\alpha}{2} - 0.00873\alpha\right)$$

式中　　α——两路的交角（°）。

　　　　R——路口曲线半径（m）。

　　　　A_1——正交时路口转角面积（m²）。

　　　　A_2——斜交时路口转角面积（m²）。

（3）转角转弯平侧石长度计算公式：

1）道路正交时：

$$每个转角的转弯平石长度 = 1.5708 \times R$$

式中　　R——路口曲线半径（m）。

2）道路斜交时：

$$每个转角的转弯平石长度 = 0.01745 \times R \times \alpha$$

式中　　α——两路的交角（°）。

（4）计算结果保留三位小数。

2. 问题

根据以上背景资料及现行国家标准《建设工程工程量清单计价规范》GB 50500—2013、《市政工程工程量计算规范》GB 50857—2013，试根据以上要求列出该道路工程的基层和平侧石的分部分项工程量清单。

3. 参考答案（表 2-6 和表 2-7）

清单工程量计算表　　　　　　　　　　　　　　　　表 2-6

工程名称：某工程

序号	项目编码	清单项目名称	计算式	工程量合计	计量单位
1	040202006001	石灰、粉煤灰、碎（砾）石	1. 交叉口直线段面积： 240×55+(240−55/cos25°)×35＝19475.979（m²） 2. 交叉口路口转角面积： 2×75×75×(tan65°/2−0.00873×65°)+2×25×25×(tan115°/2−0.00873×115°) ＝783.2279+707.1695＝1490.397（m²） 3. 交叉口面积： 19475.979+1490.397＝20966.376（m²）	20966.376	m²
2	040204004001	安砌平石	转角转弯平侧石： 2×0.01745×75×115°+2×0.01745×28×65°＝364.531（m）	364.531	m

分部分项工程和单价措施项目清单与计价表　　　　表 2-7

工程名称：某工程

序号	项目编码	项目名称	项目特征描述	计量单位	工程量	金额（元）		
						综合单价	合价	其中暂估价
1	040202006001	石灰、粉煤灰、碎（砾）石	1. 配合比：石灰∶粉煤灰∶碎石＝8∶12∶80； 2. 碎（砾）石规格：碎石 20～50mm，砾石 5～40mm； 3. 厚度：25cm	m²	20966.376			
2	040204004001	安砌平石	1. 材料品种、规格：预制混凝土平石，500mm×250mm×160mm； 2. 基础、垫层：5% 灰土、厚 150mm	m	364.531			

2.2.2　实例 2-2

1. 背景资料

某市区新建次干道道路工程，设计路段桩号为 K0＋100～K0＋180，在桩号 0＋125 处有一十字路口（斜交）。该次干道主路设计横断面路幅宽度为 31m，其中车行道为 21m，两侧人行道宽度各为 5m。斜交道路设计横断面路幅宽度为 26m，其中车行道为 16m，两侧人行道宽度各为 5m，如图 2-2 所示。

有关说明如下：

（1）该设计路段土路基已填筑至设计路基标高。

（2）水泥混凝土、水泥稳定碎石砂采用现场集中拌制，平均场内运距 70m，采用双轮车运输。

（3）混凝土路面板按 4m×5m 分块，不设平石，板面刻痕，起点和终点各设置 1 条沥青木板伸缝，其余横缝为缩缝，机械锯缝深 5cm，采用沥青玛琋脂嵌缝；考虑塑料膜养护，路面刻防滑槽。

（4）路面采用 ϕ10 的 HPB235 级钢筋，用量为 5.62t。

（5）道路路口斜交面积计算公式：

$$A = R^2 \left(\tan \frac{\alpha}{2} - 0.00873\alpha \right)$$

式中　　A——斜交时路口转角面积，单位 m²。

　　　　α——两路的交角，单位 °。

　　　　R——路口曲线半径，单位 m。

2. 问题

根据以上背景资料及现行国家标准《建设工程工程量清单计价规范》GB 50500—2013、《市政工程工程量计算规范》GB 50857—2013，试根据以下要求列出该道路工程的分部分项工程量清单。

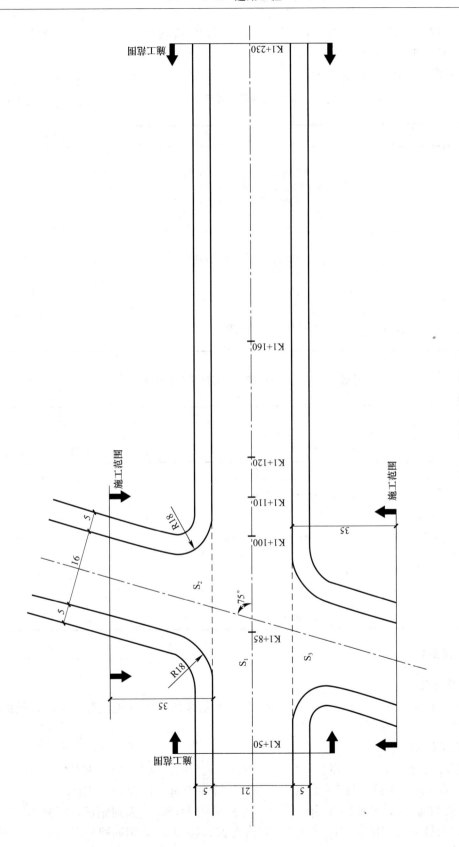

图 2-2　某道路平面图

（1）仅计算指定里程桩号 S_1、S_2、S_3 施工范围内的机动车道路面、钢筋工程量。

（2）计算结果保留两位小数。

3. 参考答案（表 2-8 和表 2-9）

清单工程量计算表

表 2-8

工程名称：某工程

序号	项目编码	清单项目名称	计算式	工程量合计	计量单位
1	040203007001	水泥混凝土	S_1 范围内的机动车道路面面积： $S_1 = 180 \times 21 = 3780.00$（$m^2$） S_2 范围内的机动车道路面面积： $S_2 = 16 \times 35/\cos15° + 12 \times 12 \times (\tan105°/2 - 0.00873 \times 105°) + 18 \times 18 \times (\tan75°/2 - 0.00873 \times 75°) = 671.90$（$m^2$） S_3 范围内的机动车道路面面积： $S_3 = S_2 = 671.90$（m^2） 小计：$3780.00 + 671.90 \times 2 = 5123.80$（$m^2$）	5123.80	m^2
2	040901001001	现浇构件钢筋	$\phi10$ 的 HPB235 级钢筋： 5.62t	5.62	t

分部分项工程和单价措施项目清单与计价表

表 2-9

工程名称：某工程

序号	项目编码	项目名称	项目特征描述	计量单位	工程量	金额（元）		
						综合单价	合价	其中 暂估价
道路工程								
1	040203007001	水泥混凝土	1. 混凝土强度等级：C30； 2. 掺合料：无； 3. 厚度：20cm； 4. 嵌缝材料：沥青玛琋脂嵌缝	m^2	5123.80			
钢筋工程								
2	040901001001	现浇构件钢筋	1. 钢筋种类：HPB235 级光圆钢筋； 2. 钢筋规格：$\phi10$	t	5.62			

2.2.3 实例 2-3

1. 背景资料

某道路工程桩号自 $0+000 \sim 1+500$ 处，机动车道采用 C30 水泥混凝土路面，板面刻痕。路面结构，如图 2-3 所示。

（1）施工说明

1）混凝土板按 $4m \times 6m$ 分块，每 100m 设置一道伸缝，缝宽 2cm，使用 16cm 沥青木板 + 4cm 沥青玛琋脂填缝，每 5m 设置一道缩缝，缝深 4cm 用沥青玛琋脂填缝。

2）构造钢筋 26t，钢筋网 3.6t；其中传力杆采用 HPB300 光圆钢筋，规格为 $\phi28 \times 450mm$；拉力杆采用 HRB335 螺纹钢筋，规格为 $\phi14 \times 800mm$，钢筋网采用 HPB300 光圆

钢筋，直径 12mm。

3）混凝土为集中搅拌非泵送混凝土，草袋养生。

4）道路两侧人行道宽 3m，与主路分隔采用 C20 预制混凝土侧石，2cm 厚 M10 砂浆卧底并勾缝，基础采用 15cm 厚 5% 灰土。人行道采用预制水泥透水砖规格为 250mm×250mm×50mm，人行道垫层采用 15cm 厚 C15 商品混凝土，基础采用 15cmm 厚 5% 灰土。

2. 计算说明

1）计算该道路工程基层、路面、人行道、侧石的工程量。

2）路床整形，包含人行道和平侧石所占面积。

3）道路两侧人行道上树池总面积为 600m^2。

4）计算结果保留两位小数。

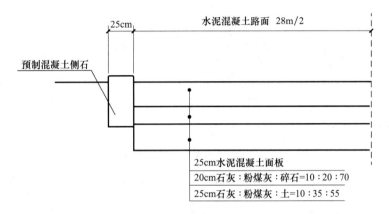

图 2-3　路面结构断面示意图

说明：1. 预制混凝土侧石规格为 500mm×250mm×160mm；

2. 石灰：粉煤灰：碎石＝10：20：70（干密度 2.18t/m^3）；

3. 石灰：粉煤灰：土＝10：35：55（碎石粒径为 20～50mm，砾石粒径为 5～40mm，干密度 1.85t/m^3）

3. 问题

根据以上背景资料及现行国家标准《建设工程工程量清单计价规范》GB 50500—2013、《市政工程工程量计算规范》GB 50857—2013，试根据以上要求列出该道路工程的分部分项工程量清单。

4. 参考答案（表 2-10、表 2-11）

清单工程量计算表

表 2-10

工程名称：某工程

序号	项目编码	清单项目名称	计算式	工程量合计	计量单位
1	040202001001	路床整形	路床整形，包含人行道和平侧石所占面积： 1500×（3+0.25+14）×2=51750（m^2）	51750	m^2
2	040202004001	石灰、粉煤灰、土	道路基层计算，不扣除平侧石所占面积： 1500×（28+2×3）=51000（m^2）	51000	m^2
3	040202006001	石灰、粉煤灰、碎石	道路基层计算，不扣除平侧石所占面积： 1500×（28+2×3）=51000（m^2）	51000	m^2

续表

序号	项目编码	清单项目名称	计算式	工程量合计	计量单位
4	040203007001	水泥混凝土路面	道路基层计算，扣除平侧石所占面积： 1500×28＝42000（m²）	42000	m²
5	040204004001	预制混凝土侧石	预制混凝土侧石，500mm×250mm×160mm： 1500×2＝3000（m）	3000	m
6	040204001001	人行道整形碾压	不扣除侧石、树池和各类井所占面积： 1500×(3＋0.25)×2＝9750（m²）	9750	m²
7	040204002001	人行道块料铺设	人行道采用预制水泥透水砖，250mm×250mm×50mm，垫层采用15cm厚C15商品混凝土。道路两侧人行道上树池总面积为600m²： 1500×3×2－600＝8400（m²）	8400	m²
8	040901001001	现浇构件钢筋	钢筋构造筋，传力杆，HPB300光圆钢筋，规格为φ28×450mm；拉力杆，HRB335螺纹钢筋，规格为φ14×800mm： 题目给定：26t	26	t
9	040901003001	钢筋网片	钢筋网片，HPB300光圆钢筋，直径12mm： 题目给定：3.6t	3.6	t

分部分项工程和单价措施项目清单与计价表

表 2-11

工程名称：某工程

序号	项目编码	项目名称	项目特征描述	计量单位	工程量	金额（元）		
						综合单价	合价	其中 暂估价
道路工程								
1	040202001001	路床整形	部位：车行道	m²	51750			
2	040202004001	石灰、粉煤灰、土	1. 配合比：石灰：粉煤灰：土＝10：35：55； 2. 厚度：25cm	m²	51000			
3	040202006001	石灰、粉煤灰、碎石	1. 配合比：石灰：粉煤灰：碎石＝10：20：70； 2. 碎（砾）石规格：碎石20～50mm，砾石5～40mm； 3. 厚度：20cm	m²	51000			
4	040203007001	水泥混凝土路面	1. 混凝土强度等级：C30； 2. 掺合料：无； 3. 厚度：25cm； 4. 嵌缝材料：沥青木板＋沥青玛琋脂	m²	42000			
5	040204004001	预制混凝土侧石	1. 材料品种、规格：预制混凝土侧石，500mm×250mm×160mm； 2. 基础、垫层：150mm厚5%灰土，20mm厚M10砂浆	m	3000			
6	040204001001	人行道整形碾压	部位：人行道	m²	9750			

续表

序号	项目编码	项目名称	项目特征描述	计量单位	工程量	金额（元）		
						综合单价	合价	其中暂估价
7	040204002001	人行道块料铺设	1. 块料品种、规格：预制水泥透水砖，250mm×250mm×50mm； 2. 基础、垫层：15cm 厚 5%灰土，15cm 厚 C15 商品混凝土； 3. 图形：无要求	m²	8400			
			钢筋工程					
8	040901001001	现浇构件钢筋	1. 钢筋种类：传力杆为 HPB300 光圆钢筋，φ28×450mm；拉力杆为 HRB335 螺纹钢筋，φ14×800mm； 2. 钢筋规格：传力杆为 φ28×450mm；拉力杆为 φ14×800mm；	t	26			
9	040901003001	钢筋网片	1. 钢筋种类：HPB300 光圆钢筋； 2. 钢筋规格：φ12	t	3.6			

2.2.4 实例 2-4

1. 背景资料

某市政道路工程桩号自 K0＋150～K1＋500，车行道宽 10m，设计路面结构为：18cm 厚二灰土底基层（配合比为石灰∶粉煤灰∶土＝8∶75∶17）＋25cm 厚二灰碎石基层（配合比为石灰∶粉煤灰∶碎石＝6∶15∶85；砾石粒径为 5～40mm）＋20cm 厚 C30 混凝土面层，如图 2-4 所示。

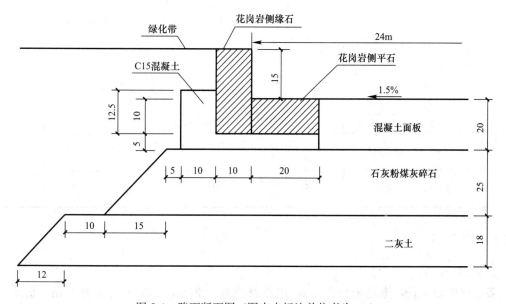

图 2-4 路面断面图（图中未标注单位者为 cm）

已知基层均厂拌机铺。混凝土面层板分块（4m×5m）浇筑，每100m设置一道伸缝，缝宽2cm，使用16cm沥青木板＋4cm沥青玛琋脂填缝，每5m设置一道缩缝，缝深4cm用沥青玛琋脂填缝，路面刻痕。

采用25cm×10cm花岗岩侧石、20cm×10cm花岗岩平石，垫层、靠背采用C15混凝土。

计算说明：

（1）路基及绿化带土方不考虑。

（2）不考虑构造筋的设置。

（3）计算路基整形、路基、路面的工程量。

（4）计算结果保留两位小数。

2. 问题

根据以上背景资料及现行国家标准《建设工程工程量清单计价规范》GB 50500—2013、《市政工程工程量计算规范》GB 50857—2013，试根据以上要求列出该道路工程的分部分项工程量清单。

3. 参考答案（表2-12和表2-13）

清单工程量计算表 　　　　　　　　　　　　　　　　表2-12

工程名称：某工程

序号	项目编码	清单项目名称	计算式	工程量合计	计量单位
		基础数据	道路长度：1500－150＝1350（m）		
1	040202001001	路床整形	24＋(0.1＋0.1＋0.05＋0.15＋0.1＋0.20)×2×1350＝34290（m²）	32290	m²
2	040202005001	石灰、粉煤灰、土	顶宽：24＋(0.1＋0.1＋0.05＋0.15＋0.1)×2＝25.00（m） 底宽：24＋(0.1＋0.1＋0.05＋0.15＋0.1＋0.12)×2＝25.24（m） 面积：(25.00＋25.24)/2×1350＝33912（m²）	33912	m²
3	040202006001	石灰、粉煤灰、碎石	顶宽：24＋(0.1＋0.1＋0.05)×2＝24.50（m） 底宽：24＋(0.1＋0.1＋0.05＋0.15)×2＝24.80（m） 面积：(24.50＋24.80)/2×1350＝33277.50（m²）	33277.50	m²
4	040203007001	混凝土路面	(24－0.2×2)×1350＝31860（m²）	31860	m²
5	040204004001	安砌侧石	25cm×10cm花岗岩侧石：1350×2＝2700（m）	2700	m
6	040204004002	安砌平石	20cm×10cm花岗岩平石：1350×2＝2700（m）	2700	m

2.2.5 实例2-5

1. 背景资料

某市政道路工程，道路全长850m，道路红线宽为27m，其中车行道为16m，机动车道非机动车道混行，两侧人行道各宽5.5m，该道路结构如图2-5所示。

2 道路工程

分部分项工程和单价措施项目清单与计价表

表 2-13

工程名称：某工程

序号	项目编码	项目名称	项目特征描述	计量单位	工程量	综合单价	合价	暂估价
1	040202001001	路床整形	部位：车行道	m²	32290			
2	040202005001	石灰、粉煤灰、土	1. 配合比：石灰：粉煤灰：土＝8：75：17 2. 厚度：18cm	m²	33912			
3	040202006001	石灰、粉煤灰、碎石	1. 配合比：石灰：粉煤灰：碎石＝6：15：85； 2. 碎石规格：砾石粒径为 5～40mm； 3. 厚度：25cm	m²	33277.50			
4	040203007001	混凝土路面	1. 混凝土强度等级：C30； 2. 厚度：20cm； 3. 嵌缝材料：16cm沥青木板＋4cm沥青玛琋脂	m²	31860			
5	040204004001	安砌侧石	1. 材料品种、规格：花岗岩，25cm×10cm（高×宽）； 2. 基础、垫层：C15 混凝土基础及靠背	m	2700			
6	040204004002	安砌平石	1. 材料品种、规格：花岗岩，20cm×10cm（高×宽）； 2. 基础、垫层：C15 混凝土基础及靠背	m	2700			

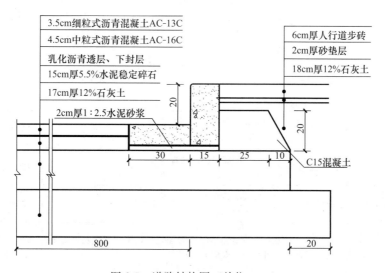

图 2-5　道路结构图（单位：cm）

共设花岗岩条石（规格为 100mm×150mm）砌筑 1m×1m 树池 340 个，树池盖面材料采用铸铁。

施工及计算说明：

（1）该设计路段土路基已填筑至设计路基标高。

（2）基层、面层材料均采用厂拌，采用载重 8t 汽车运输，沥青混凝土摊铺机摊铺；石灰稳定土平地机摊铺，洒水车洒水养生；水泥稳定碎石（碎石粒径为 5～40mm）摊铺机摊铺，采用塑料布养生。

（3）人行道砖采用 6cm 人行道步砖人字纹拼装＋2cm 厚砂垫层＋18cm 厚 12％石灰土。

（4）采用 C30 预制混凝土侧石，规格为 150mm×350mm×1000mm，C30 预制混凝土平石，规格为 150mm×300mm×1000mm；两者的垫层工程量不计算。

（5）路床（槽）整形、人行道整形碾压附加宽度，附加宽度按 0.25m 计算，重叠部分不扣除。

（6）计算结果保留两位小数。

2. 问题

根据以上背景资料及现行国家标准《建设工程工程量清单计价规范》GB 50500—2013、《市政工程工程量计算规范》GB 50857—2013，试列出该道路基层、面层、人行道的分部分项工程量清单。

3. 参考答案（表 2-14 和表 2-15）

清单工程量计算表 表 2-14

工程名称：某工程

序号	项目编码	清单项目名称	计算式	工程量合计	计量单位
1	040202001001	路床（槽）整形	$850 \times [16 + (0.15 + 0.25 + 0.10 + 0.2 + 0.25) \times 2] = 15215.00 (m^2)$	15215.00	m^2
2	040202002001	石灰稳定土	17cm 厚 12％石灰稳定土： $850 \times [16 + (0.15 + 0.25 + 0.10 + 0.2) \times 2] = 14790.00 (m^2)$	14790.00	m^2
3	040202015001	水泥稳定碎石	15cm 厚 5.5％水泥稳定碎石： $850 \times [16 + (0.15 + 0.25 + 0.10) \times 2] = 14450.00 (m^2)$	14450.00	m^2
4	040203003001	透层	乳化沥青 1.0kg/m^2： $850 \times (16 - 0.3 \times 2) = 13090.00 (m^2)$	13090.00	m^2
5	040203006001	沥青混凝土	4.5cm 厚中粒式沥青混凝土： 同上	13090.00	m^2
6	040203006002	沥青混凝土	3.5cm 厚细粒式沥青混凝土： 同上	13090.00	m^2
7	040204001001	人行道整形碾压	人行道整形碾压附加宽度，附加宽度按 0.25m 计算，重叠部分不扣除： $850 \times (5.5 + 0.25) = 4887.50 (m^2)$	4887.50	m^2
8	040204002001	人行道块料铺设	扣除 340 个 1.15m×1.15m 树池所占面积： $850 \times 5.5 - 1.15 \times 1.15 \times 340 = 4225.35 (m^2)$	4225.35	m^2

序号	项目编码	清单项目名称	计算式	工程量合计	计量单位
9	040204004001	安砌侧石	C30 预制混凝土侧石，规格为 150mm×350mm× 1000mm： 850	850	m
10	040204004002	安砌平石	C30 预制混凝土平石，规格为 150mm×300mm× 1000mm： 850	850	m
11	040204007001	树池砌筑	花岗岩石质植树框，1.15m×1.15m： 340	340	个

分部分项工程和单价措施项目清单与计价表　　表 2-15

工程名称：某工程

序号	项目编码	项目名称	项目特征描述	计量单位	工程量	综合单价	合价	其中暂估价
1	040202001001	路床（槽）整形	范围：行车道	m²	15215.00			
2	040202002001	石灰稳定土	1. 含灰量：12%； 2. 厚度：17cm	m²	14790.00			
3	040202015001	水泥稳定碎石	1. 水泥含量：5.5%； 2. 石料规格：碎石 5～40mm； 3. 厚度：15cm	m²	14450.00			
4	040203003001	透层乳化沥青	1. 材料品种：乳化沥青； 2. 喷油量：乳化沥青喷油量为 1.1kg/m²	m²	13090.00			
5	040203006001	沥青混凝土	1. 沥青品种：AC-16C； 2. 沥青混凝土种类：粗型密级配热拌沥青混合料； 3. 石料粒径：最大公称粒径 16mm； 4. 掺合料：无； 5. 厚度：4.5cm	m²	13090.00			
6	040203006002	沥青混凝土	1. 沥青品种：AC-13C； 2. 沥青混凝土种类：细粒式改性沥青混凝土； 3. 石料粒径：最大公称粒径 13mm； 4. 掺合料：无； 5. 厚度：3.5cm	m²	13090.00			
7	040204001001	人行道整形碾压	范围：人行道	m²	4887.50			
8	040204002001	人行道块料铺设	1. 块料品种、规格：6cm 人行道步砖； 2. 基础、垫层：2cm 厚砂垫层，18cm 厚 12%石灰土； 3. 图形：人字纹拼装	m²	4225.35			

续表

序号	项目编码	项目名称	项目特征描述	计量单位	工程量	金额（元）		
						综合单价	合价	其中暂估价
9	040204004001	安砌侧石	1. 材料品种、规格：C30 预制混凝土侧石，150mm×350mm×1000mm； 2. 基础、垫层：1：2.5 水泥砂浆，2cm	m	850			
10	040204004002	安砌平石	1. 材料品种、规格：C30 预制混凝土平石，150mm×300mm×1000mm； 2. 基础、垫层：1：2.5 水泥砂浆，2cm	m	850			
11	040204007001	树池砌筑	1. 材料品种、规格：花岗岩条石，15cm×20cm×100cm； 2. 树池尺寸：1.15m×1.15m； 3. 树池盖面材料品种：铸铁	个	340			

2.2.6 实例 2-6

1. 背景资料

某市区新建次干道道路工程，设计路段桩号为 K0＋050～K0＋295，在桩号 0＋190 处有一丁字路口（斜交）。该次干道主路设计横断面路幅宽度为 29m，其中车行道为 18m，两侧人行道宽度各为 5.5m。斜交道路设计横断面路幅宽度为 27m，其中车行道为 16m，两侧人行道宽度同主路。在人行道两侧共有 112 个 1.1m×1.1m 的花岗岩树池，如图 2-6 所示。

道路路面结构层依次为：20cm 厚 C30 混凝土面层（沥青玛琋脂嵌缝）、18cm 厚 5％水泥稳定碎石砂基层（砾石粒径 5～40mm）、15cm 厚 12％石灰稳定土，人行道采用 6cm 厚彩色异形人行道板，具体如图 2-7 所示。

施工及计算说明：

（1）该设计路段土路基已填筑至设计路基标高。

（2）6cm 厚彩色异形人行道板、12cm×37cm×100cm 花岗岩侧石及树池侧石（10cm×20cm×100cm 花岗岩）均按成品考虑。

（3）水泥混凝土、水泥稳定碎石砂采用现场集中拌制，平均场内运距 80m，采用双轮车运输。

（4）混凝土路面采用塑料膜养护，路面刻防滑槽（路面养护、刻防滑槽、锯缝机锯缝、伸缩缝嵌缝在本题中不考虑）。

（5）路面传力杆、钢丝网等用 HPB235 级钢筋直径 10mm 以内，用量为 8.22t。

（6）斜交路口转角面积计算公式

$$A = R^2 \left(\tan \frac{\alpha}{2} - 0.00873\alpha \right)$$

式中　A——斜交时路口转角面积 m^2；

　　　α——两路的交角°；

　　　R——路口曲线半径 m。

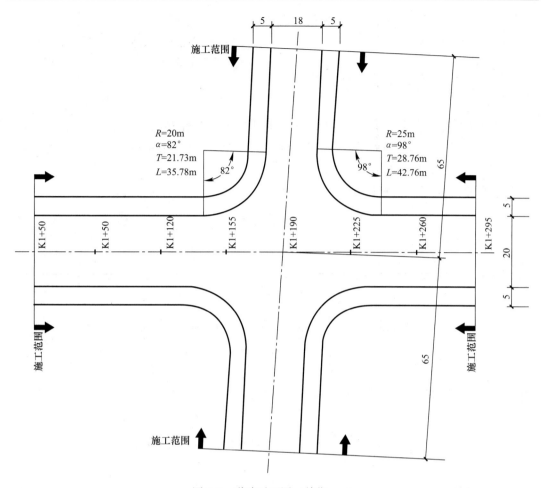

图 2-6 道路平面图（单位：m）

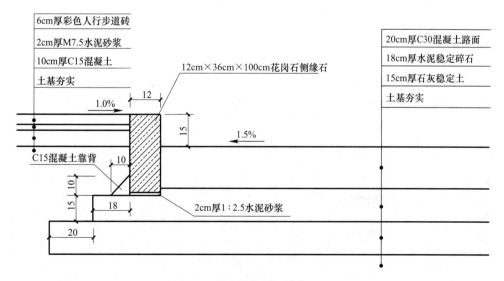

图 2-7 道路结构图（单位：cm）

（7）道路土方工程不考虑；道路范围内各类井的工程量不考虑。

（8）对侧石下水泥稳定碎石，可按其厚度折算后并入主路面的水泥稳定碎石计算。

（9）路床（槽）整形、人行道整形碾压工程量计算时，附加宽度按 0.25m 计算。

（10）计算结果保留两位小数。

2. 问题

根据以上背景资料及现行国家标准《建设工程工程量清单计价规范》GB 50500—2013、《市政工程工程量计算规范》GB 50857—2013，试列出该道路工程图示范围内的基层、面层、人行道的分部分项工程量清单。

3. 参考答案（表 2-16 和表 2-17）

清单工程量计算表　　　　　　　　　　　　　　　　　　　　　　表 2-16

工程名称：某工程

序号	项目编码	项目名称	计算式	工程量合计	计量单位
—		道路面积	$(295-50)\times20+2\times(65-10/\sin82°)\times18+2\times25\times25\times(\tan82°/2-0.00873\times82°)+2\times25\times25\times(\tan98°/2-0.00873\times98°)=(295-50)\times20+2\times(65-10/0.9903)\times18+2\times25\times25\times(0.8693-0.00873\times82°)+2\times25\times25\times(1.1504-0.00873\times98°)=7436.85(m^2)$	3508.34	m²
—		侧石长度	$(295-50)\times2-2\times(21.73+28.76+18/\sin82°)+2\times35.78+2\times42.76+2\times(65-10/\sin82°-21.73)+2\times(65-10/\sin82°-28.76)=(295-50)\times2-2\times(21.73+28.76+18/0.9903)+2\times35.78+2\times42.76+2\times(65-10/0.9903-21.73)+2\times(65-10/0.9903-28.76)=628.38(m^2)$	348.69	m²
1	040202001001	路床（槽）整形	$7436.85+628.38\times(0.12+0.18+0.2+0.25)=7908.14(m^2)$	7908.14	m²
2	040202002001	石灰稳定土	15cm 厚 12％石灰稳定土基层：$7436.85+628.38\times0.5=7751.04(m^2)$	7751.04	m²
3	040202015001	水泥稳定碎石	18cm 水泥稳定碎石基层：$7436.85+628.38\times0.3\times0.15/0.18=7593.95(m^2)$	7593.95	m²
4	040203007001	水泥混凝土	20cm 混凝土路面等于道路面积：$7436.85m^2$	7436.85	m²
5	040901001001	现浇构件钢筋	HPB235 级钢筋直径 10mm 以内：8.22t	8.22	t
6	040204001001	人行道整形碾压	$628.38\times5+628.38\times0.25=3299.00m^2$	3299.00	m²
7	040204002001	人行道块料铺设	6cm 厚彩色异形人行步道砖：$628.38\times5-628.38\times0.12-1.1\times1.1\times112=2905.21(m^2)$	2930.97	m²

续表

序号	项目编码	清单项目名称	计算式	工程量合计	计量单位
8	040204004001	安砌侧石	花岗岩侧石，规格为 12cm×36cm×100cm；628.38m	628.38	m
9	040204007001	树池砌筑	112	112	个

分部分项工程和单价措施项目清单与计价表 表 2-17

工程名称：某工程

序号	项目编码	项目名称	项目特征描述	计量单位	工程量	金额（元）		
						综合单价	合价	其中
								定额人工费	暂估价
道路工程								
1	040202012001	路床（槽）整形	部位：车行道	m²	7908.14			
2	040202002001	石灰稳定土	1. 含灰量：12% 2. 厚度：15cm	m²	7751.04			
3	040202015001	水泥稳定碎石	1. 水泥含量：5% 2. 石料规格：砾石 5～40mm 3. 厚度：18cm	m²	7593.95			
4	040203007001	水泥混凝土	1. 混凝土强度等级：C30； 2. 掺合料：无； 3. 厚度：20cm； 4. 嵌缝材料：沥青玛琋脂嵌缝	m²	7436.85			
5	040204002001	人行道整形碾压	部位：人行道	m²	3299.00			
6	040204002001	人行道块料铺设	1. 块料品种、规格：6cm 厚彩色人行步道砖； 2. 基础、垫层：2cm 厚 M10 水泥砂浆砌筑；10cmC10（40）混凝土垫层 3. 图形：无图形要求	m²	2930.97			
7	040204004001	安砌侧石	1. 块料品种、规格：12cm×37cm×100cm 花岗岩侧石 2. 基础、垫层：2cm 厚 1：2.5 水泥砂浆铺筑；10cm×10cmC10（40）混凝土靠背	m²	628.38			
8	040204007001	树池砌筑	1. 材料品种、规格：10cm×20cm×100cm 花岗岩 2. 树池规格：1.1m×1.1m 3. 树池盖面材料品种：无	个	112			
钢筋工程								
9	040901001001	现浇构件钢筋	1. 钢筋种类：圆钢 2. 钢筋规格：$\phi12$	t	8.22			

2.2.7 实例 2-7

1. 背景资料

某市区新建次干道，设计路段桩号为 K0+035～K0+195。该次干道主路设计横断面路幅宽度为 39m，其中车行道为 28m，两侧人行道宽度各为 5.5m。在人行道两侧共有 112 个 1.1×1.1m 的石质块树池。

道路路面结构层依次为：22cm 厚 C30 混凝土面层（沥青玛琋脂嵌缝）、18cm 厚 5％水泥稳定碎石基层（碎石粒径 5～40mm）、20cm 厚 12％石灰稳定土（人机配合施工），人行道采用 6cm 厚彩色异形人行道板，2cm 厚砂垫层，18cm 厚 12％石灰稳定土，各组成部分具体尺寸如图 2-8 所示。

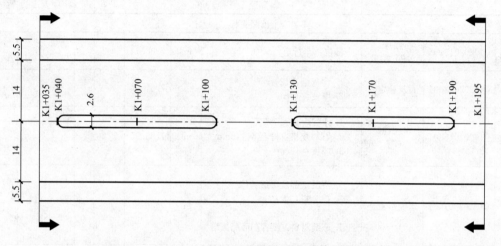

图 2-8 道路平面图

中央分隔带采用 50cm×15cm×100cm 预制高侧石进行分隔，两端半圆弧半径为 1.3m。混凝土路面及人行道板结构具体如图 2-9 所示。

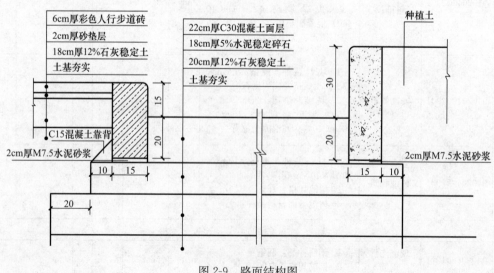

图 2-9 路面结构图

计算说明：

(1) 该设计路段路基已经填筑至设计路基标高。

(2) 6cm 厚彩色人行步道砖、15cm×35cm×100cm 花岗岩侧石及树池石质块树池侧石（10cm×20cm×100cm 花岗岩）均按成品考虑。

(3) 路面混凝土采用商品混凝土，养护方式为塑料薄膜养护，路面刻防滑槽（锯缝机锯缝、伸缩缝嵌缝在本题中不考虑）。

(4) 路面传力杆、钢丝网等用钢筋直径 10mm 以内，用量为 6.32t。

(5) 道路土方工程不考虑；道路范围内各类井的工程量不考虑。

(6) 对侧石下水泥稳定碎石，可按其厚度折算后并入主路面的水泥稳定碎石计算。

(7) 路床（槽）整形、人行道整形碾压工程量计算时，附加宽度按 0.25m 计算，重叠部分不扣除。

(8) 为计算简便 π 取 3.14。

(9) 计算结果保留两位小数。

2. 问题

根据以上背景资料及现行国家标准《建设工程工程量清单计价规范》GB 50500—2013、《市政工程工程量计算规范》GB 50857—2013，试列出道路工程图示区域基层、面层、人行道的分部分项工程量清单。

3. 参考答案（表 2-18 和表 2-19）

清单工程量计算表 表 2-18

工程名称：某工程

序号	项目编码	项目名称	计算式	工程量合计	计量单位
—		中央分隔带周长	$(160-2.6)\times2+3.14\times2.6=322.96(m)$	322.96	m
—		中央分隔区域总面积	$3.14\times1.3\times1.3+(160-2.6)\times2.6=414.55(m^2)$	414.55	m^2
—		路面总面积	$(14+14)\times(195-35)-414.55=4065.45(m^2)$	4065.45	m^2
—		人行道总面积	$5.5\times160\times2=1760(m^2)$	1760	m^2
1	040202001001	路床整形	$4065.45+(0.2\times2+0.25\times2+0.25\times2)\times160+322.96\times(0.25+0.25)=4450.93(m^2)$	4450.93	m^2
2	040202002001	石灰稳定土	20cm 厚 12% 石灰稳定土： $4065.45+(0.25\times2+0.2\times2)\times160+322.96\times0.25=4290.19(m^2)$	4290.19	m^2
3	040202015001	水泥稳定碎石	18cm 厚 5% 水泥稳定碎石，碎石粒径 5～40mm： $4065.45+160\times2\times0.25\times0.13/0.18=4123.23(m^2)$	4123.23	m^2
4	040203007001	水泥混凝土	22cm 厚 C30 水泥混凝土面层： $(14+14)\times160-414.55=4065.45(m^2)$	4065.45	m^2
5	040204001001	人行道整形碾压	$160\times5.5\times2+160\times0.25\times2=1840(m^2)$	1840	m^2

续表

序号	项目编码	项目名称	计算式	工程量合计	计量单位
6	040204002001	人行道块料铺设	扣除112个树池（尺寸为1.1m×1.1m）所占面积： 160×5.5×2+160×0.25×2−1.1×1.1×112=1704.48(m²)	1704.48	m²
7	040204004001	安砌侧石	15cm×35cm×100cm 花岗岩侧石： 160×2=320.00m	320.00	m
8	040204004002	安砌侧石	中央分隔带，15cm×50cm×100cm 预制高侧石进行分隔，两端半圆弧半径为1.3m： (160−2.6)×2+3.14×2.6=322.96(m)	322.96	m
9	040204007001	树池砌筑	树池尺寸1.1m×1.1m： 112	112	个

分部分项工程和单价措施项目清单与计价表 表 2-19

工程名称：某工程

序号	项目编码	项目名称	项目特征描述	计量单位	工程量	金额（元）		
						综合单价	合价	其中 暂估价
1	040202001001	路床整形	范围：行车道	m²	4450.93			
2	040202002001	石灰稳定土	1. 含灰量：12%； 2. 厚度：20cm	m²	4290.19			
3	040202015001	水泥稳定碎石	1. 水泥含量：5% 2. 石料规格：碎石粒径 5～40mm； 3. 厚度：18cm	m²	4123.23			
4	040203007001	水泥混凝土	1. 混凝土强度等级：C30 2. 掺合料：无； 3. 厚度：22； 4. 嵌缝材料：	m²	4065.45			
5	040204001001	人行道整形碾压	范围：人行道	m²	1840			
6	040204002001	人行道块料铺设	1. 块料品种、规格：彩色人行步道砖，6cm厚； 2. 基础、垫层：2cm厚砂垫层，18cm厚12%石灰稳定土； 3. 图形：无图形要求	m²	1704.48			
7	040204004001	安砌侧石	1. 材料品种、规格：花岗岩侧石，15cm×35cm×100cm； 2. 基础、垫层：2cm厚 M7.5 水泥砂浆	m	320.00			
8	040204004002	安砌侧石	1. 材料品种、规格：花岗岩侧石，50cm×15cm×100cm； 2. 基础、垫层：2cm厚 M7.5 水泥砂浆	m	322.96			

续表

序号	项目编码	项目名称	项目特征描述	计量单位	工程量	金额（元）		
						综合单价	合价	其中 暂估价
9	040204007001	树池砌筑	1. 材料品种、规格：10cm×20cm×100cm青条石 2. 树池规格：1.1m×1.1m 3. 树池盖面材料品种：无	个	112			

2.2.8　实例2-8

1. 背景资料

某新建城市道路工程，施工路段桩号为K0+350～K0+850，在桩号K0+425处有一斜交丁字路口。

该道路各组成部分具体尺寸如图2-10所示。两侧分隔带起点位置为K0+535，采用预制混凝土平石分隔。其中，圆弧处为C20现浇混凝土，直接在水泥稳定碎石上浇筑，侧石高度调整为39cm，平石高度调整为14cm。相交道路路面及人行道结构与主线道路相同，具体如图2-11所示。

（1）施工说明

1）该设计路段土路基已填筑至设计路基标高。

2）基层、面层材料均采用厂拌，采用载重8t汽车运输；沥青混凝土摊铺机摊铺；石灰稳定土平地机摊铺，洒水车洒水养生。

3）水泥稳定碎石采用沥青铺机摊铺（碎石粒径为5～40mm），采用塑料布养生；在浇筑粗粒式沥青混凝土面层前需在基层顶面喷洒沥青透层油（乳化沥青喷油量为1.01kg/m²）。

4）混凝土采用现场拌制。

5）人行道砖采用人字纹拼装。

（2）计算说明

1）人行道总面积可按侧石长度乘以人行道宽度计算。

2）侧石靠背及侧石下垫层不计算；分隔带圆弧处C20现浇混凝土侧石，不计算模板、养护、拆模工程量。

3）路床（槽）整形、人行道整形，附加宽度按0.25m计算，重叠部分不扣除。

4）斜交路口转角面积公式：

$$A = R^2\left(\tan\frac{\alpha}{2} - 0.00873\alpha\right)$$

式中　α——两路的交角，单位°；

R——路口曲线半径，单位m；

A——斜交时路口转角面积，单位m²。

5）为计算简便π取3.14，计算结果保留两位小数。

2. 问题

根据以上背景资料及现行国家标准《建设工程工程量清单计价规范》GB 50500—2013、

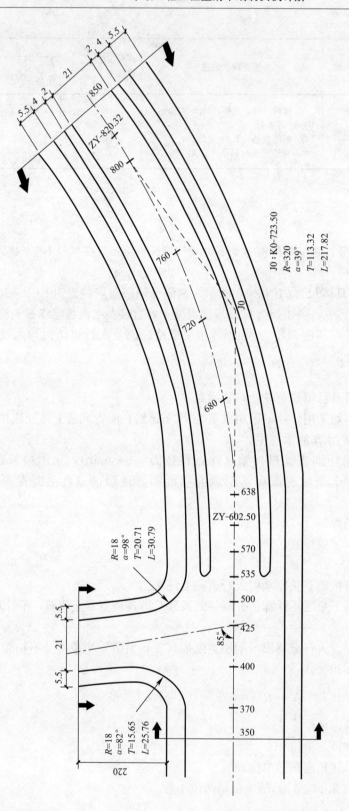

图 2-10 道路平面图（单位：m）

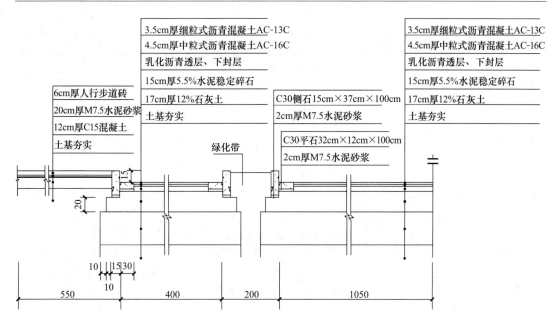

图 2-11 道路结构图（单位：cm）

说明：1. 所有侧石尺寸均为 $15 \times 37 \times 100$（cm）。

2. 所有平石尺寸均为 $30 \times 12 \times 100$（cm）。

3. 侧石、平石下 M7.5 水泥砂浆实际粘结层厚度均为 2cm。

4. 本图未注明尺寸单位均为 cm。

《市政工程工程量计算规范》GB 50857—2013，试根据以上要求列出该道路工程图示范围内的基层、面层、人行道的分部分项工程量清单。

3. 参考答案（表 2-20 和表 2-21）

清单工程量计算表　　　　　　　　　　　　　　　　　　　　　　表 2-20

工程名称：某工程

序号	项目编码	项目名称	计算式	工程量合计	计量单位
—		道路侧石长度	$(850-350) \times 2 - 15.65 - 20.71 - 21/\sin 85° + (120/\sin 85° - 15.65) + (120/\sin 85° - 20.71) + 25.76 + 30.79 = 1203.71$（m）	1203.71	m
—		分隔带侧石周长	$(850-535-1) \times 4 + 3.14 \times 2 = 1262.28$(m)	1262.28	m
—		分割区域总面积	$(850-535-1) \times 2 \times 2 + 3.14 \times 1 \times 1 = 1259.14$（m²）	1259.14	m²
—		路面总面积	$(850-350) \times (21+2 \times 2+4 \times 2) + 21 \times 120 + 0.5 \times 21 \times 21/\tan 85° + 18 \times 18 \times (\tan 41° - 0.00873 \times 82°) + 18 \times 18 \times (\tan 49° - 0.00873 \times 98°) = (850-350) \times (21+2 \times 2+4 \times 2) + 21 \times 120 + 0.5 \times 21 \times 21/11.43 + 18 \times 18 \times (0.869 - 0.00873 \times 82°) + 18 \times 18 \times (1.150 - 0.00873 \times 98°) = 19184.31$（m²）	19184.31	m²
—		人行道总面积	$1203.71 \times 5.5 = 6620.41$(m²)	6620.41	m²
1	040202001001	路床整形	$19184.31 + 1203.71 \times (0.35 + 0.25) = 19906.54$（m²）	19906.54	m²

续表

序号	项目编码	清单项目名称	计算式	工程量合计	计量单位
2	040202005001	石灰、碎石、土	石灰、碎石、土基层厚20cm： 19184.31－1259.14＋1203.71×0.35＋1262.28×0.35＝18788.27（m²）	18788.27	m²
3	040202015001	水泥稳定碎石	水泥稳定碎石厚20cm： 19184.31－1259.14＋（1203.71＋1262.28）×0.25×0.2/0.3＝18336.17（m²）	18336.17	m²
4	040203003001	透层	透层乳化沥青： 19184.31－1259.14－（1203.71＋1262.28）×0.3＝17185.37（m²）	17185.37	m²
5	040203006001	沥青混凝土	中粒式沥青混凝土厚6cm： 19184.31－1259.14－（1203.71＋1262.28）×0.3＝17185.37（m²）	17185.37	m²
6	040203006002	沥青混凝土	细粒式沥青混凝土厚4cm： 19184.31－1259.14－（1203.71＋1262.28）×0.3＝17185.37（m²）	17185.37	m²
7	040204001001	人行道整形碾压	1203.71×（5.5＋0.25）＝6921.33（m²）	6921.33	m²
8	040204002001	人行道块料铺设	6cm厚人行道砖，M7.5平石垫层： 6620.41－1203.71×0.015＝6602.35（m）	6602.35	m²
9	040204004002	平石安砌	C30混凝土平石，规格30cm×12mc×100cm： 同上	2459.71	m
10	040204005001	现浇平石	C20混凝土现浇平石，30cm×14mc×100cm： 3.14×2＝6.28m	6.28	m
11	040204004004	侧石安砌	C30混凝土侧石，规格15cm×37cm×100cm： 1203.71＋1262.28－3.14×2＝2459.71（m）	2459.71	m
12	040204005002	现浇侧石	C20混凝土侧石，规格15cm×39cm×100cm： 3.14×2＝6.28（m）	6.28	m

注：路面总面积中应包括绿化分隔带所占面积。

分部分项工程和单价措施项目清单与计价表　　　　　　　　表 2-21

工程名称：某工程

序号	项目编码	项目名称	项目特征描述	计量单位	工程量	金额（元）		
						综合单价	合价	其中 暂估价
1	040202001001	路床整形	范围：行车道	m²	19906.54			
2	040202002001	石灰稳定土	1. 含灰量：12%； 2. 厚度：17cm	m²	18788.27			
3	040202015001	水泥稳定碎石	1. 水泥含量：5.5%； 2. 石料规格：碎石5～40mm； 3. 厚度：15cm	m²	18336.17			
4	040203003001	透层	1. 材料品种：乳化沥青； 2. 喷油量：1.01kg/m²	m²	17185.37			

续表

序号	项目编码	项目名称	项目特征描述	计量单位	工程量	金额（元）			
						综合单价	合价	其中	
								暂估价	
5	040203006001	沥青混凝土	1. 沥青品种：AC-16C； 2. 沥青混凝土种类：粗型密级配热拌沥青混合料； 3. 石料粒径：最大公称粒径16mm； 4. 掺合料：无； 5. 厚度：4.5cm	m²	17185.37				
6	040203006002	沥青混凝土	1. 沥青品种：AC-13C； 2. 沥青混凝土种类：细粒式改性沥青混凝土； 3. 石料粒径：最大公称粒径13mm； 4. 掺合料：无； 5. 厚度：3.5cm	m²	17185.37				
7	040204001001	人行道整形碾压	范围：人行道	m²	6921.33				
8	040204002001	人行道块料铺设	1. 材料品种、规格：6cm 人行道砖； 2. 基础、垫层：材料品种、厚度；12cm 厚 C15 混凝土；2cm 厚 M7.5 水泥砂浆； 3. 图形：人字纹拼装	m²	6602.35				
9	040204004002	平石安砌	1. 材料品种、规格：C30 预制混凝土平石，30cm×12cm×100cm； 2. 基础、垫层：2cm 厚 M7.5 水泥砂浆	m	2459.71				
10	040204005001	现浇平石	1. 材料品种：现浇混凝土平石； 2. 尺寸：30cm×14cm×100cm； 3. 形状：矩形； 4. 混凝土强度等级：C20； 5. 基础、垫层：2cm 厚 M7.5 水泥砂浆	m	6.28				
11	040204004004	侧石安砌	1. 材料品种、规格； 2. 基础、垫层：2cm 厚 M7.5 水泥砂浆	m	2459.71				
12	040204005002	现浇侧石	1. 材料品种：现浇混凝土侧石； 2. 尺寸：15cm×39cm×100cm； 3. 形状：矩形； 4. 混凝土强度等级：C20； 5. 基础、垫层：2cm 厚 M7.5 水泥砂浆	m	6.28				

3 桥涵工程

针对《市政工程工程量计算规范》GB 50857—2013（以下简称"13 规范"）、《建设工程工程量清单计价规范》GB 50500—2008（以下简称"08 规范"），"13 规范"在项目编码、项目名称、项目特征、计量单位、工程量计算规则、工作内容等方面，均有变化。

1. 清单项目变化

"13 规范"在"08 规范"的基础上，桥涵工程增加 27 个项目、减少 15 个项目，具体如下：

（1）桩基：将桩基分为桩基、基坑边坡与支护两个项目。增加"泥浆护壁成孔灌注桩、沉管灌注桩、干作业成孔灌注桩、钻孔压浆桩、灌注桩后注浆、截桩头、声测管"7 个项目，删除"机械成孔灌注桩"项目，将"预制钢筋混凝土方桩（管桩）"分开设"预制钢筋混凝土方桩"、"预制钢筋混凝土管桩"。

（2）基坑与边坡支护：桩基移入"圆木桩"、"预制混凝土板桩"2 个清单项目，增加"地下连续墙、咬合灌注桩、型钢水泥土搅拌墙（深层水泥搅拌桩成墙）、锚杆（索）、土钉、喷谢混凝土"6 个清单项目。

（3）现浇混凝土构件：

1）增加"混凝土垫层、搭板枕梁"和"钢管拱混凝土"共 3 个清单项目，将原挡墙、护坡一节中"混凝土挡墙墙身"和"混凝土挡墙压顶"移入本节。

2）删除原"桥面铺装"清单项目，增加有关桥面铺装应按附录 D.2 相关清单项目编码列项的说明。

（4）砌筑：增加"垫层"、"砖砌体"两个清单项目；将原挡墙、护坡一节中"护坡"移入本节；删除原"浆砌拱圈"清单项目。

（5）删除原"08 规范"D.3.5 挡墙、护坡一节，其清单项目分解到"现浇混凝土"、"砌筑"等小节。

（6）立交箱涵：增加"透水管"清单项目。

（7）钢结构：将原清单项目名称"钢构件"修改为"其他钢构件"；"钢拉索"修改为"悬（斜拉）索"。

（8）装饰：删除原"水刷石饰面"、"拉毛"、"水刷石饰面"3 个清单项目，将原清单项目名称"水质涂料"修改为"涂料 "。

（9）其他：增加"石质栏杆"、"混凝土栏杆"2 个清单项目。将原清单项目"隔音屏障"移入 D.2.5 交通管理设施一节。删除"钢桥维修设备"清单项目。

2. 应注意的问题

（1）"13 规范"增加了以下说明：

1）桩基：

① 增加有关打试桩和打斜桩时如何编码列项的说明。

② 增加有关超灌高度如何确定的说明。

③ 增加挖孔桩土方、石方以及废土清理、外运如何编码列项的说明。

④ 增加钢筋笼制作、安装如何编码列项的说明。

2）现浇混凝土：增加有关模板工程量计量方式的说明。

3）装饰：增加有关清单项目缺项时有关问题的说明。

（2）桩基工程中，地下连续墙和喷射混凝土的钢筋网制作、安装，按"13规范"附录 I 钢筋工程中相关项目编码列项。基坑与边坡支护的排桩按"13规范"附录 C.1 中相关项目编码列项。水泥土墙、坑内加固按"13规范"附录 B 道路工程中 B.1 中相关项目编码列项。混凝土挡土墙、桩顶冠梁、支撑体系按"13规范"附录 D 隧道工程中相关项目编码列项。

（3）预制箱涵按"13规范"C.6 立交箱涵相应清单编码列项。

3.1 工程量计算依据六项变化及说明

3.1.1 桩基

桩基工程量清单项目设置、项目特征描述的内容、计量单位及工程量计算规则等的变化对照情况，见表 3-1。

桩基（编号：040301）   表 3-1

序号	版别	项目编码	项目名称	项目特征	工程量计算规则	工作内容
1	13规范	040301001	预制钢筋混凝土方桩	1. 地层情况； 2. 送桩深度、桩长； 3. 桩截面； 4. 桩倾斜度； 5. 混凝土强度等级	1. 以米计量，按设计图示尺寸以桩长（包括桩尖）计算（计量单位：m）； 2. 以立方米计量，按设计图示桩长（包括桩尖）乘以桩的断面积计算（计量单位：m³）； 3. 以根计量，按设计图示数量计算（计量单位：根）	1. 工作平台搭拆； 2. 桩就位； 3. 桩机移位； 4. 沉桩； 5. 接桩； 6. 送桩
		040301002	预制钢筋混凝土管桩	1. 地层情况； 2. 送桩深度、桩长； 3. 桩外径、壁厚； 4. 桩倾斜度； 5. 桩尖设置及类型； 6. 混凝土强度等级； 7. 填充材料种类		1. 工作平台搭拆； 2. 桩就位； 3. 桩机移位； 4. 桩尖安装； 5. 沉桩； 6. 接桩； 7. 送桩； 8. 桩芯填充
	08规范	040301003	钢筋混凝土方桩（管桩）	1. 形式； 2. 混凝土强度等级、石料最大粒径； 3. 断面； 4. 斜率； 5. 部位	按设计图示桩长（包括桩尖）计算（计量单位：m）	1. 工作平台搭拆； 2. 桩机竖拆； 3. 混凝土浇筑； 4. 运桩； 5. 沉桩； 6. 接桩； 7. 送桩； 8. 凿除桩头； 9. 桩芯混凝土充填； 10. 废料弃置

说明：项目名称拆分为"预制钢筋混凝土方桩"和"预制钢筋混凝土管桩"。项目特征描述新增"地层情况"、"送桩深度、桩长"、"桩截面"、"桩倾斜度"、"桩外径、壁厚"、"桩尖设置及类型"和"填充材料种类"，将原来的"混凝土强度等级、石料最大粒径"简化为"混凝土强度等级"。工程量计算规则新增"以立方米计量，按设计图示桩长（包括桩尖）乘以桩的断面积计算（计量单位：m³）"和"以根计量，按设计图示数量计算（计量单位：根）"。工作内容新增"桩就位"、"桩机移位"、"桩尖安装"，将原来的"桩芯混凝土充填"简化为"桩芯填充"，删除原来的"桩机竖拆"、"混凝土浇筑"、"运桩"、"凿除桩头"和"废料弃置"

续表

序号	版别	项目编码	项目名称	项目特征	工程量计算规则	工作内容
2	13 规范	040301003	钢管桩	1. 地层情况； 2. 送桩深度、桩长； 3. 材质； 4. 管径、壁厚； 5. 桩倾斜度； 6. 填充材料种类； 7. 防护材料种类	1. 以吨计量，按设计图示尺寸以质量计算（计量单位：t）； 2. 以根计量，按设计图示数量计算（计量单位：根）	1. 工作平台搭拆； 2. 桩就位； 3. 桩机移位； 4. 沉桩； 5. 接桩； 6. 送桩； 7. 切割钢管、精割盖帽； 8. 管内取土、余土弃置； 9. 管内填芯、刷防护材料
	08 规范	040301004	钢管桩	1. 材质； 2. 加工工艺； 3. 管径、壁厚； 4. 斜率； 5. 强度	按设计图示桩长（包括桩尖）计算（计量单位：m）	1. 工作平台搭拆； 2. 桩机竖拆； 3. 钢管制作； 4. 场内外运桩； 5. 沉桩； 6. 接桩； 7. 送桩； 8. 切割钢管； 9. 精割盖帽； 10. 管内取土； 11. 余土弃置； 12. 管内填心； 13. 废料弃置

说明：项目特征描述新增"地层情况"、"送桩深度、桩长"、"填充材料种类"和"防护材料种类"，将原来的"斜率"扩展为"桩倾斜度"，删除原来的"加工工艺"和"强度"。工程量计算规则新增"以吨计量，按设计图示尺寸以质量计算（计量单位：t）"和"以根计量，按设计图示数量计算（计量单位：根）"，删除原来的"按设计图示桩长（包括桩尖）计算（计量单位：m）"。工作内容变化新增"桩就位"、"桩机移位"，将原来的"切割钢管"和"精割盖帽"归并为"切割钢管、精割盖帽"，"管内取土"和"余土弃置"归并为"管内取土、余土弃置"，"管内填心"扩展为"管内填芯、刷防护材料"，删除原来的"桩机竖拆"、"钢管制作"、"场内外运桩"和"废料弃置"

序号	版别	项目编码	项目名称	项目特征	工程量计算规则	工作内容
3	13 规范	040301004	泥浆护壁成孔灌注桩	1. 地层情况； 2. 空桩长度、桩长； 3. 桩径； 4. 成孔方法； 5. 混凝土种类、强度等级	1. 以米计量，按设计图示尺寸以桩长（包括桩尖）计算（计量单位：m）； 2. 以立方米计量，按不同截面在桩长范围内以体积计算（计量单位：m³）； 3. 以计量，按设计图示数量计算（计量单位：根）	1. 工作平台搭拆； 2. 桩机移位； 3. 护筒埋设； 4. 成孔、固壁； 5. 混凝土制作、运输、灌注、养护； 6. 土方、废浆外运； 7. 打桩场地硬化及泥浆池、泥浆沟
	08 规范	—	—	—	—	—

说明：新增项目内容

序号	版别	项目编码	项目名称	项目特征	工程量计算规则	工作内容
4	13规范	040301005	沉管灌注桩	1. 地层情况； 2. 空桩长度、桩长； 3. 复打长度； 4. 桩径； 5. 沉管方法； 6. 桩尖类型； 7. 混凝土种类、强度等级	1. 以米计量，按设计图示尺寸以桩长（包括桩尖）计算（计量单位：m）； 2. 以立方米计量，按设计图示桩长（包括桩尖）乘以桩的断面积计算（计量单位：m³）； 3. 以根计量，按设计图示数量计算（计量单位：根）	1. 工作平台搭拆； 2. 桩机移位； 3. 打（沉）拔钢管； 4. 桩尖安装； 5. 混凝土制作、运输、灌注、养护
	08规范	—	—	—	—	—
	说明：新增项目内容					
5	13规范	040301006	干作业成孔灌注桩	1. 地层情况； 2. 空桩长度、桩长； 3. 桩径； 4. 扩孔直径、高度； 5. 成孔方法； 6. 混凝土种类、强度等级	1. 以米计量，按设计图示尺寸以桩长（包括桩尖）计算（计量单位：m）； 2. 以立方米计量，按设计图示桩长（包括桩尖）乘以桩的断面积计算（计量单位：m³）； 3. 以根计量，按设计图示数量计算（计量单位：根）	1. 工作平台搭拆； 2. 桩机移位； 3. 成孔、扩孔； 4. 混凝土制作、运输、灌注、振捣、养护
	08规范	—	—	—	—	—
	说明：新增项目内容					
6	13规范	040301007	挖孔桩土（石）方	1. 土（石）类别； 2. 挖孔深度； 3. 弃土（石）运距	按设计图示尺寸（含护壁）截面积乘以挖孔深度以立方米计算（计量单位：m³）	1. 排地表水； 2. 挖土、凿石； 3. 基底钎探； 4. 土（石）方外运
		040301008	人工挖孔灌注桩	1. 桩芯长度； 2. 桩芯直径、扩底直径、扩底高度； 3. 护壁厚度、高度； 4. 护壁材料种类、强度等级； 5. 桩芯混凝土种类、强度等级	1. 按桩芯混凝土体积计算（计量单位：m³）； 2. 按设计图示数量计算（计量单位：根）	1. 护壁制作、安装； 2. 混凝土制作、运输、灌注、振捣、养护

序号	版别	项目编码	项目名称	项目特征	工程量计算规则	工作内容
6	08规范	040301006	挖孔灌注桩	1. 桩径； 2. 深度； 3. 岩土类别； 4. 混凝土强度等级、石料最大粒径	按设计图示以长度计算（计量单位：m）	1. 挖桩成孔； 2. 护壁制作、安装、浇捣； 3. 土方运输； 4. 灌注混凝土； 5. 凿除桩头； 6. 废料弃置； 7. 余方弃置

说明：项目名称拆分为"挖孔桩土（石）方"和"人工挖孔灌注桩"。项目特征描述新增"弃土（石）运距"、"弃土（石）运距"、"桩芯长度"、"桩芯直径、扩底直径、扩底高度"、"护壁厚度、高度"、"护壁材料种类、强度等级"和"桩芯混凝土种类、强度等级"，将原来的"深度"扩展为"挖孔深度"，删除原来的"桩径"、"岩土类别"和"混凝土强度等级、石料最大粒径"。工程量计算规则"挖孔桩土（石）方"新增"按设计图示尺寸（含护壁）截面积乘以挖孔深度以立方米计算（计量单位：m³）"；"人工挖孔灌注桩"新增"按桩芯混凝土体积计算（计量单位：m³）"和"按设计图示数量计算（计量单位：根）"，删除原来的"按设计图示以长度计算（计量单位：m）"。工作内容的"挖孔桩土（石）方"新增"排地表水"、"挖土、凿石"、"基底钎探"和"土（石）方外运"，删除原来的全部内容；"人工挖孔灌注桩"将原来的"护壁制作、安装、浇捣"简化为"护壁制作、安装"，"灌注混凝土"扩展为"混凝土制作、运输、灌注、振捣、养护"，删除原来的"挖桩成孔"、"土方运输"、"凿除桩头"、"废料弃置"和"余方弃置"

序号	版别	项目编码	项目名称	项目特征	工程量计算规则	工作内容
7	13规范	040301009	钻孔压浆桩	1. 地层情况； 2. 桩长； 3. 钻孔直径； 4. 骨料品种、规格； 5. 水泥强度等级	1. 按设计图示尺寸以桩长计算（计量单位：m）； 2. 按设计图示数量计算（计量单位：根）	1. 钻孔、下注浆管、投放骨料； 2. 浆液制作、运输、压浆
	08规范	—	—	—	—	—

说明：新增项目内容

序号	版别	项目编码	项目名称	项目特征	工程量计算规则	工作内容
8	13规范	040301010	灌注桩后注浆	1. 注浆导管材料、规格； 2. 注浆导管长度； 3. 单孔注浆量； 4. 水泥强度等级	按设计图示以注浆孔数计算（计量单位：孔）	1. 注浆导管制作、安装； 2. 浆液制作、运输、压浆
	08规范	—	—	—	—	—

说明：新增项目内容

序号	版别	项目编码	项目名称	项目特征	工程量计算规则	工作内容
9	13规范	040301011	截桩头	1. 桩类型； 2. 桩头截面、高度； 3. 混凝土强度等级； 4. 有无钢筋	1. 按设计桩截面乘以桩头长度以体积计算（计量单位：m³）； 2. 按设计图示数量计算（计量单位：根）	1. 截桩头； 2. 凿平； 3. 废料外运
	08规范	—	—	—	—	—

说明：新增项目内容

序号	版别	项目编码	项目名称	项目特征	工程量计算规则	工作内容
10	13 规范	040301012	声测管	1. 材质； 2. 规格型号	1. 按设计图示尺寸以质量计算（计量单位：t）； 2. 按设计图示尺寸以长度计算（计量单位：m）	1. 检测管截断、封头； 2. 套管制作、焊接； 3. 定位、固定
	08 规范	—	—	—	—	—
	说明：新增项目内容					

注：1. 地层情况按表 1-2 和表 1-6 的规定，并根据岩土工程勘察报告按单位工程各地层所占比例（包括范围值）进行描述。对无法准确描述的地层情况，可注明由投标人根据岩土工程勘察报告自行决定报价。

2. 各类混凝土预制桩以成品桩考虑，应包括成品桩购置费，如果用现场预制，应包括现场预制桩的所有费用。

3. 项目特征中的桩截面、混凝土强度等级、桩类型等可直接用标准图代号或设计桩型进行描述。

4. 打试验桩和打斜桩应按相应项目编码单列项，并应在项目特征中注明试验桩或斜桩（斜率）。

5. 项目特征中的桩长应包括桩尖，空桩长度＝孔深－桩长，孔深为自然地面至设计桩底的深度。

6. 泥浆护壁成孔灌注桩是指在泥浆护壁条件下成孔，采用水下灌注混凝土的桩。其成孔方法包括冲击钻成孔、冲抓锥成孔、回旋钻成孔、潜水钻成孔、泥浆护壁的旋挖成孔等。

7. 沉管灌注桩的沉管方法包括锤击沉管法、振动沉管法、振动冲击沉管法、内夯沉管法等。

8. 干作业成孔灌注桩是指不用泥浆护壁和套管护壁的情况下，用钻机成孔后，下钢筋笼，灌注混凝土的桩，适用于地下水位以上的土层使用。其成孔方法包括螺旋钻成孔、螺旋钻成孔扩底、干作业的旋挖成孔等。

9. 混凝土灌注桩的钢筋笼制作、安装，按《市政工程工程量计算规范》GB 50857—2013 附录 J 钢筋工程中相关项目编码列项。

10. 本表工作内容未含桩基础的承载力检测、桩身完整性检测。

3.1.2 基坑与边坡支护

基坑与边坡支护工程量清单项目设置、项目特征描述的内容、计量单位及工程量计算规则等的变化对照情况，见表 3-2。

基坑与边坡支护（编码：040302）   表 3-2

序号	版别	项目编码	项目名称	项目特征	工程量计算规则	工作内容
1	13 规范	040302001	圆木桩	1. 地层情况； 2. 桩长； 3. 材质； 4. 尾径； 5. 桩倾斜度	1. 按设计图示尺寸以桩长（包括桩尖）计算（计量单位：m）； 2. 按设计图示数量计算（计量单位：根）	1. 工作平台搭拆； 2. 桩机移位； 3. 桩制作、运输、就位； 4. 桩靴安装； 5. 沉桩
	08 规范	040301001	圆木桩	1. 材质； 2. 尾径； 3. 斜率	按设计图示以桩长（包括桩尖）计算（计量单位：m）	1. 工作平台搭拆； 2. 桩机竖拆； 3. 运桩； 4. 桩靴安装； 5. 沉桩； 6. 截桩头； 7. 废料弃置
	说明：项目特征描述新增"地层情况"和"桩长"，将原来的"斜率"扩展为"桩倾斜度"。工程量计算规则新增"按设计图示数量计算（计量单位：根）"。工作内容新增"桩机移位"和"桩制作、运输、就位"，删除原来的"桩机竖拆"、"运桩"、"截桩头"和"废料弃置"					

续表

序号	版别	项目编码	项目名称	项目特征	工程量计算规则	工作内容
2	13规范	040302002	预制钢筋混凝土板桩	1. 地层情况； 2. 送桩深度、桩长； 3. 桩截面； 4. 混凝土强度等级	1. 以立方米计量，按设计图示桩长（包括桩尖）乘以桩的断面积计算（计量单位：m³）； 2. 以根计量，按设计图示数量计算（计量单位：根）	1. 工作平台搭拆； 2. 桩就位； 3. 桩机移位； 4. 沉桩； 5. 接桩； 6. 送桩
	08规范	040301002	钢筋混凝土板桩	1. 混凝土强度等级、石料最大粒径； 2. 部位	按设计图示桩长（包括桩尖）乘以桩的断面积以体积计算（计量单位：m³）	1. 工作平台搭拆； 2. 桩机竖拆； 3. 场内外运桩； 4. 沉桩； 5. 送桩； 6. 凿除桩头； 7. 废料弃置； 8. 混凝土浇筑； 9. 废料弃置
	说明：项目名称扩展为"预制钢筋混凝土板桩"。项目特征描述新增"地层情况"、"送桩深度、桩长"和"桩截面"，将原来的"混凝土强度等级、石料最大粒径"简化为"混凝土强度等级"，删除原来的"部位"。工程量计算规则新增"以根计量，按设计图示数量计算（计量单位：根）"。工作内容新增"桩就位"、"桩机移位"和"接桩"，删除原来的"桩机竖拆"、"场内外运桩"、"凿除桩头"、"废料弃置"、"混凝土浇筑"和"废料弃置"						
3	13规范	040302003	地下连续墙	1. 地层情况； 2. 导墙类型、截面； 3. 墙体厚度； 4. 成槽深度； 5. 混凝土种类、强度等级； 6. 接头形式	按设计图示墙中心线长乘以厚度乘以槽深，以体积计算（计量单位：m³）	1. 导墙挖填、制作、安装、拆除； 2. 挖土成槽、固壁、清底置换； 3. 混凝土制作、运输、灌注、养护； 4. 接头处理； 5. 土方、废架外运； 6. 打桩场地硬化及泥浆池、泥浆沟
	08规范	—	—	—	—	—
	说明：新增项目内容						
4	13规范	040302004	咬合灌注桩	1. 地层情况； 2. 桩长； 3. 桩径； 4. 混凝土种类、强度等级； 5. 部位	1. 以米计量，按设计图示尺寸以桩长计算（计量单位：m）； 2. 以根计量，按设计图示数量计算（计量单位：根）	1. 桩机移位； 2. 成孔、固壁； 3. 混凝土制作、运输、灌注、养护； 4. 套管压拔； 5. 土方、废浆外运； 6. 打桩场地硬化及泥浆池、泥浆沟
	08规范	—	—	—	—	—
	说明：新增项目内容						

续表

序号	版别	项目编码	项目名称	项目特征	工程量计算规则	工作内容
5	13规范	040302005	型钢水泥土搅拌墙	1. 深度； 2. 桩径； 3. 水泥掺量； 4. 型钢材质、规格； 5. 是否拔出	按设计图示尺寸以体积计算（计量单位：m³）	1. 钻机移位； 2. 钻进； 3. 浆液制作、运输、压浆； 4. 搅拌、成桩； 5. 型钢插拔； 6. 土方、废浆外运
	08 规范	—	—	—	—	—
	说明：新增项目内容					
6	13规范	040302006	锚杆（索）	1. 地层情况； 2. 锚杆（索）类型、部位； 3. 钻孔直径、深度； 4. 杆体材料品种、规格、数量； 5. 是否预应力； 6. 浆液种类、强度等级	1. 按设计图示尺寸以钻孔深度计算（计量单位：m）； 2. 按设计图示数量计算（计量单位：根）	1. 钻孔、浆液制作、运输、压浆； 2. 锚杆（索）制作、安装； 3. 张拉锚固； 4. 锚杆（索）施工平台搭设、拆除
	08 规范	—	—	—	—	—
	说明：新增项目内容					
7	13规范	040302007	土钉	1. 地层情况； 2. 钻孔直径、深度； 3. 置入方法； 4. 杆体材料品种、规格、数量； 5. 浆液种类、强度等级	1. 按设计图示尺寸以钻孔深度计算（计量单位：m）； 2. 按设计图示数量计算（计量单位：根）	1. 钻孔、浆液制作、运输、压浆； 2. 土钉制作、安装； 3. 土钉施工平台搭设、拆除
	08 规范	—	—	—	—	—
	说明：新增项目内容					
8	13规范	040302008	喷射混凝土	1. 部位； 2. 厚度； 3. 材料种类； 4. 混凝土类别、强度等级	按设计图示尺寸以面积计算（计量单位：m²）	1. 修整边坡； 2. 混凝土制作、运输、喷射、养护； 3. 钻排水孔、安装排水管； 4. 喷射施工平台搭设、拆除
	08 规范	—	—	—	—	—
	说明：新增项目内容					

注：1. 地层情况按表1-2和表1-6的规定，并根据岩土工程勘察报告按单位工程各地层所占比例（包括范围值）进行描述。对无法准确描述的地层情况，可注明由投标人根据岩土工程勘察报告自行决定报价。

2. 地下连续墙和喷射混凝土的钢筋网制作、安装，按《市政工程工程量计算规范》GB 50857—2013附录J钢筋工程中相关项目编码列项。基坑与边坡支护的排桩按《市政工程工程量计算规范》GB 50857—2013附录C.1中相关项目编码列项。水泥土墙、坑内加固按《市政工程工程量计算规范》附录B道路工程中B.1中相关项目编码列项。混凝土挡土墙、桩顶冠梁、支撑体系按《市政工程工程量计算规范》GB 50857—2013附录D隧道工程中相关项目编码列项。

3.1.3 现浇混凝土构件

现浇混凝土构件工程量清单项目设置、项目特征描述的内容、计量单位及工程量计算规则等的变化对照情况，见表3-3。

现浇混凝土构件（编码：040303）　　　　　　　　表 3-3

序号	版别	项目编码	项目名称	项目特征	工程量计算规则	工作内容
1	13规范	040303001	混凝土垫层	混凝土强度等级	按设计图示尺寸以体积计算（计量单位：m³）	1. 模板制作、安装、拆除； 2. 混凝土拌合、运输、浇筑； 3. 养护
	08规范	—	—	—	—	—
	说明：新增项目内容					
2	13规范	040303002	混凝土基础	1. 混凝土强度等级； 2. 嵌料（毛石）比例	按设计图示尺寸以体积计算（计量单位：m³）	1. 模板制作、安装、拆除； 2. 混凝土拌合、运输、浇筑； 3. 养护
	08规范	040302001	混凝土基础	1. 混凝土强度等级、石料最大粒径； 2. 嵌料（毛石）比例； 3. 垫层厚度、材料品种、强度		1. 垫层铺筑； 2. 混凝土浇筑； 3. 养生
	说明：项目特征描述将原来的"混凝土强度等级、石料最大粒径"简化为"混凝土强度等级"，删除原来的"垫层厚度、材料品种、强度"。工作内容新增"模板制作、安装、拆除"，将原来的"混凝土浇筑"扩展为"混凝土拌合、运输、浇筑"，"养生"修改为"养护"，删除原来的"垫层铺筑"					
3	2013计量规范	040303003	混凝土承台	混凝土强度等级	按设计图示尺寸以体积计算（计量单位：m³）	1. 模板制作、安装、拆除； 2. 混凝土拌合、运输、浇筑； 3. 养护
	08规范	040302002	混凝土承台	1. 部位； 2. 混凝土强度等级、石料最大粒径		1. 混凝土浇筑； 2. 养生
	说明：项目特征描述将原来的"混凝土强度等级、石料最大粒径"简化为"混凝土强度等级"，删除原来的"部位"。工作内容新增"模板制作、安装、拆除"，将原来的"混凝土浇筑"扩展为"混凝土拌合、运输、浇筑"，"养生"修改为"养护"					
4	13规范	040303004	混凝土墩（台）帽	1. 部位； 2. 混凝土强度等级	按设计图示尺寸以体积计算（计量单位：m³）	1. 模板制作、安装、拆除； 2. 混凝土拌合、运输、浇筑； 3. 养护

续表

序号	版别	项目编码	项目名称	项目特征	工程量计算规则	工作内容
4	08 规范	040302003	墩（台）帽	1. 部位； 2. 混凝土强度等级、石料最大粒径	按设计图示尺寸以体积计算（计量单位：m³）	1. 混凝土浇筑； 2. 养生
	说明：项目名称扩展为"混凝土墩（台）帽"。项目特征描述将原来的"混凝土强度等级、石料最大粒径"简化为"混凝土强度等级"。工作内容新增"模板制作、安装、拆除"，将原来的"混凝土浇筑"扩展为"混凝土拌合、运输、浇筑"，"养生"修改为"养护"						
5	13 规范	040303005	混凝土墩（台）身	1. 部位； 2. 混凝土强度等级	按设计图示尺寸以体积计算（计量单位：m³）	1. 模板制作、安装、拆除； 2. 混凝土拌合、运输、浇筑； 3. 养护
	08 规范	040302004	墩（台）身	1. 部位； 2. 混凝土强度等级、石料最大粒径		1. 混凝土浇筑； 2. 养生
	说明：项目名称扩展为"混凝土墩（台）身"。项目特征描述将原来的"混凝土强度等级、石料最大粒径"简化为"混凝土强度等级"。工作内容新增"模板制作、安装、拆除"，将原来的"混凝土浇筑"扩展为"混凝土拌合、运输、浇筑"，"养生"修改为"养护"						
6	13 规范	040303006	混凝土支撑梁及横梁	1. 部位； 2. 混凝土强度等级	按设计图示尺寸以体积计算（计量单位：m³）	1. 模板制作、安装、拆除； 2. 混凝土拌合、运输、浇筑； 3. 养护
	08 规范	040302005	支撑梁及横梁	1. 部位； 2. 混凝土强度等级、石料最大粒径		1. 混凝土浇筑； 2. 养生
	说明：项目名称修改为"混凝土支撑梁及横梁"。项目特征描述将原来的"混凝土强度等级、石料最大粒径"简化为"混凝土强度等级"。工作内容新增"模板制作、安装、拆除"，将原来的"混凝土浇筑"扩展为"混凝土拌合、运输、浇筑"，"养生"修改为"养护"						
7	13 规范	040303007	混凝土墩（台）盖梁	1. 部位； 2. 混凝土强度等级	按设计图示尺寸以体积计算（计量单位：m³）	1. 模板制作、安装、拆除； 2. 混凝土拌合、运输、浇筑； 3. 养护
	08 规范	040302006	墩（台）盖梁	1. 部位； 2. 混凝土强度等级、石料最大粒径		1. 混凝土浇筑； 2. 养生
	说明：项目名称扩展为"混凝土墩（台）盖梁"。项目特征描述将原来的"混凝土强度等级、石料最大粒径"简化为"混凝土强度等级"。工作内容新增"模板制作、安装、拆除"，将原来的"混凝土浇筑"扩展为"混凝土拌合、运输、浇筑"，"养生"修改为"养护"						

序号	版别	项目编码	项目名称	项目特征	工程量计算规则	工作内容
8	13规范	040303008	混凝土拱桥拱座	混凝土强度等级	按设计图示尺寸以体积计算（计量单位：m³）	1. 模板制作、安装、拆除； 2. 混凝土拌合、运输、浇筑； 3. 养护
	08规范	040302007	拱桥拱座	混凝土强度等级、石料最大粒径		1. 混凝土浇筑； 2. 养生
	说明：项目名称扩展为"混凝土拱桥拱座"。项目特征描述将原来的"混凝土强度等级、石料最大粒径"简化为"混凝土强度等级"。工作内容新增"模板制作、安装、拆除"，将原来的"混凝土浇筑"扩展为"混凝土拌合、运输、浇筑"，"养生"修改为"养护"						
9	2013计量规范	040303009	混凝土拱桥拱肋	混凝土强度等级	按设计图示尺寸以体积计算（计量单位：m³）	1. 模板制作、安装、拆除； 2. 混凝土拌合、运输、浇筑； 3. 养护
	08规范	040302008	拱桥拱肋	混凝土强度等级、石料最大粒径		1. 混凝土浇筑； 2. 养生
	说明：项目名称扩展为"混凝土拱桥拱肋"。项目特征描述将原来的"混凝土强度等级、石料最大粒径"简化为"混凝土强度等级"。工作内容新增"模板制作、安装、拆除"，将原来的"混凝土浇筑"扩展为"混凝土拌合、运输、浇筑"，"养生"修改为"养护"						
10	13规范	040303010	混凝土拱上构件	1. 部位； 2. 混凝土强度等级	按设计图示尺寸以体积计算（计量单位：m³）	1. 模板制作、安装、拆除； 2. 混凝土拌合、运输、浇筑； 3. 养护
	08规范	040302009	拱上构件	1. 部位； 2. 混凝土强度等级、石料最大粒径		1. 混凝土浇筑； 2. 养生
	说明：项目名称扩展为"混凝土拱桥拱肋"。项目特征描述将原来的"混凝土强度等级、石料最大粒径"简化为"混凝土强度等级"。工作内容新增"模板制作、安装、拆除"，将原来的"混凝土浇筑"扩展为"混凝土拌合、运输、浇筑"，"养生"修改为"养护"						
11	13规范	040303011	混凝土箱梁	1. 部位； 2. 混凝土强度等级	按设计图示尺寸以体积计算（计量单位：m³）	1. 模板制作、安装、拆除； 2. 混凝土拌合、运输、浇筑； 3. 养护
	08规范	040302010	混凝土箱梁	1. 部位； 2. 混凝土强度等级、石料最大粒径		1. 混凝土浇筑； 2. 养生
	说明：项目特征描述将原来的"混凝土强度等级、石料最大粒径"简化为"混凝土强度等级"。工作内容新增"模板制作、安装、拆除"，将原来的"混凝土浇筑"扩展为"混凝土拌合、运输、浇筑"，"养生"修改为"养护"						

序号	版别	项目编码	项目名称	项目特征	工程量计算规则	工作内容
12	13规范	040303012	混凝土连续板	1. 部位； 2. 结构形式； 3. 混凝土强度等级	按设计图示尺寸以体积计算（计量单位：m³）	1. 模板制作、安装、拆除； 2. 混凝土拌合、运输、浇筑； 3. 养护
	08规范	040302011	混凝土连续板	1. 部位； 2. 强度； 3. 形式		1. 混凝土浇筑； 2. 养生
	说明：项目特征描述将原来的"形式"扩展为"结构形式"，"强度"扩展为"混凝土强度等级"。工作内容新增"模板制作、安装、拆除"，将原来的"混凝土浇筑"扩展为"混凝土拌合、运输、浇筑"，"养生"修改为"养护"						
13	13规范	040303013	混凝土板梁	1. 部位； 2. 结构形式； 3. 混凝土强度等级	按设计图示尺寸以体积计算（计量单位：m³）	1. 模板制作、安装、拆除； 2. 混凝土拌合、运输、浇筑； 3. 养护
	08规范	040302012	混凝土板梁	1. 部位； 2. 形式； 3. 混凝土强度等级、石料最大粒径		1. 混凝土浇筑； 2. 养生
	说明：项目特征描述将原来的"形式"扩展为"结构形式"，"混凝土强度等级、石料最大粒径"简化为"混凝土强度等级"。工作内容新增"模板制作、安装、拆除"，将原来的"混凝土浇筑"扩展为"混凝土拌合、运输、浇筑"，"养生"修改为"养护"						
14	13规范	040303014	混凝土板拱	1. 部位； 2. 混凝土强度等级	按设计图示尺寸以体积计算（计量单位：m³）	1. 模板制作、安装、拆除； 2. 混凝土拌合、运输、浇筑； 3. 养护
	08规范	040302013	拱板	1. 部位； 2. 混凝土强度等级、石料最大粒径		1. 混凝土浇筑； 2. 养生
	说明：项目名称扩展为"混凝土板拱"。项目特征描述将原来的"混凝土强度等级、石料最大粒径"简化为"混凝土强度等级"。工作内容新增"模板制作、安装、拆除"，将原来的"混凝土浇筑"扩展为"混凝土拌合、运输、浇筑"，"养生"修改为"养护"						
15	13规范	040303015	混凝土挡墙墙身	1. 混凝土强度等级； 2. 泄水孔材料品种、规格； 3. 滤水层要求； 4. 沉降缝要求	按设计图示尺寸以体积计算（计量单位：m³）	1. 模板制作、安装、拆除； 2. 混凝土拌合、运输、浇筑； 3. 养护； 4. 抹灰； 5. 泄水孔制作、安装； 6. 滤水层铺筑； 7. 沉降缝

序号	版别	项目编码	项目名称	项目特征	工程量计算规则	工作内容
15	08规范	040305002	现浇混凝土挡墙墙身	1. 混凝土强度等级、石料最大粒径； 2. 泄水孔材料品种、规格； 3. 滤水层要求	按设计图示尺寸以体积计算（计量单位：m³）	1. 混凝土浇筑； 2. 养生； 3. 抹灰； 4. 泄水孔制作、安装； 5. 滤水层铺筑
15	说明：项目名称简化为"混凝土挡墙墙身"。项目特征描述新增"沉降缝要求"，将原来的"混凝土强度等级、石料最大粒径"简化为"混凝土强度等级"。工作内容新增"模板制作、安装、拆除"和"沉降缝"，将原来的"混凝土浇筑"扩展为"混凝土拌合、运输、浇筑"，"养生"修改为"养护"					
16	13规范	040303016	混凝土挡墙压顶	1. 混凝土强度等级； 2. 沉降缝要求	按设计图示尺寸以体积计算（计量单位：m³）	1. 模板制作、安装、拆除； 2. 混凝土拌合、运输、浇筑； 3. 养护； 4. 抹灰； 5. 泄水孔制作、安装； 6. 滤水层铺筑； 7. 沉降缝
16	08规范	040305004	挡墙混凝土压顶	混凝土强度等级、石料最大粒径		1. 混凝土浇筑； 2. 养生
16	说明：项目名称修改为"混凝土挡墙压顶"。项目特征描述新增"沉降缝要求"，将原来的"混凝土强度等级、石料最大粒径"简化为"混凝土强度等级"。工作内容新增"模板制作、安装、拆除"、"抹灰"、"泄水孔制作、安装"、"滤水层铺筑"和"沉降缝"，将原来的"混凝土浇筑"扩展为"混凝土拌合、运输、浇筑"，"养生"修改为"养护"					
17	13规范	040303017	混凝土楼梯	1. 结构形式； 2. 底板厚度； 3. 混凝土强度等级	1. 以平方米计量，按设计图示尺寸以水平投影面积计算（计量单位：m²）； 2. 以立方米计量，按设计图示尺寸以体积计算（计量单位：m³）	1. 模板制作、安装、拆除； 2. 混凝土拌合、运输、浇筑； 3. 养护
17	08规范	040302014	混凝土楼梯	1. 形式； 2. 混凝土强度等级、石料最大粒径	按设计图示尺寸以体积计算（计量单位：m³）	1. 混凝土浇筑； 2. 养生
17	说明：项目特征描述新增"底板厚度"，将原来的"形式"扩展为"结构形式"，"混凝土强度等级、石料最大粒径"简化为"混凝土强度等级"。工程量计算规则新增"以平方米计量，按设计图示尺寸以水平投影面积计算（计量单位：m²）"。工作内容新增"模板制作、安装、拆除"，将原来的"混凝土浇筑"扩展为"混凝土拌合、运输、浇筑"，"养生"修改为"养护"					

续表

序号	版别	项目编码	项目名称	项目特征	工程量计算规则	工作内容
18	13规范	040303018	混凝土防撞护栏	1. 断面； 2. 混凝土强度等级	按设计图示尺寸以长度计算（计量单位：m）	1. 模板制作、安装、拆除； 2. 混凝土拌合、运输、浇筑； 3. 养护
	08规范	040302015	混凝土防撞护栏	1. 断面； 2. 混凝土强度等级、石料最大粒径		1. 混凝土浇筑； 2. 养生
	说明：项目特征描述将原来的"混凝土强度等级、石料最大粒径"简化为"混凝土强度等级"。工作内容新增"模板制作、安装、拆除"，将原来的"混凝土浇筑"扩展为"混凝土拌合、运输、浇筑"，"养生"修改为"养护"						
19	13规范	040303019	桥面铺装	1. 混凝土强度等级； 2. 沥青品种； 3. 沥青混凝土种类； 4. 厚度； 5. 配合比	按设计图示尺寸以面积计算（计量单位：m²）	1. 模板制作、安装、拆除； 2. 混凝土拌合、运输、浇筑； 3. 养护； 4. 沥青混凝土铺装； 5. 碾压
	08规范	040302017	桥面铺装	1. 部位； 2. 混凝土强度等级、石料最大粒径； 3. 沥青品种； 4. 厚度； 5. 配合比		1. 混凝土浇筑； 2. 养生； 3. 沥青混凝土铺装； 4. 碾压
	说明：项目特征描述新增"沥青混凝土种类"，将原来的"混凝土强度等级、石料最大粒径"简化为"混凝土强度等级"，删除原来的"部位"。工作内容新增"模板制作、安装、拆除"，将原来的"混凝土浇筑"扩展为"混凝土拌合、运输、浇筑"，"养生"修改为"养护"						
20	13规范	040303020	混凝土桥头搭板	混凝土强度等级	按设计图示尺寸以体积计算（计量单位：m³）	1. 模板制作、安装、拆除； 2. 混凝土拌合、运输、浇筑； 3. 养护
	08规范	040302018	桥头搭板	混凝土强度等级、石料最大粒径		1. 混凝土浇筑； 2. 养生
	说明：项目名称扩展为"混凝土桥头搭板"。项目特征描述将原来的"混凝土强度等级、石料最大粒径"简化为"混凝土强度等级"。工作内容新增"模板制作、安装、拆除"，将原来的"混凝土浇筑"扩展为"混凝土拌合、运输、浇筑"，"养生"修改为"养护"						
21	13规范	040303021	混凝土搭板枕梁	混凝土强度等级	按设计图示尺寸以体积计算（计量单位：m³）	1. 模板制作、安装、拆除； 2. 混凝土拌合、运输、浇筑； 3. 养护
	08规范	—	—	—	—	—
	说明：新增项目内容						

续表

序号	版别	项目编码	项目名称	项目特征	工程量计算规则	工作内容
22	13 规范	040303022	混凝土桥塔身	1. 形状； 2. 混凝土强度等级	按设计图示尺寸以体积计算（计量单位：m³）	1. 模板制作、安装、拆除； 2. 混凝土拌合、运输、浇筑； 3. 养护
	08 规范	040302019	桥塔身	1. 形状； 2. 混凝土强度等级、石料最大粒径		1. 混凝土浇筑； 2. 养生
	说明：项目名称扩展为"混凝土桥塔身"。项目特征描述将原来的"混凝土强度等级、石料最大粒径"简化为"混凝土强度等级"。工作内容新增"模板制作、安装、拆除"，将原来的"混凝土浇筑"扩展为"混凝土拌合、运输、浇筑"，"养生"修改为"养护"						
23	13 规范	040303023	混凝土连系梁	1. 形状； 2. 混凝土强度等级	按设计图示尺寸以体积计算（计量单位：m³）	1. 模板制作、安装、拆除； 2. 混凝土拌合、运输、浇筑； 3. 养护
	08 规范	040302020	连系梁	1. 形状； 2. 混凝土强度等级、石料最大粒径		1. 混凝土浇筑； 2. 养生
	说明：项目名称扩展为"混凝土连系梁"。项目特征描述将原来的"混凝土强度等级、石料最大粒径"简化为"混凝土强度等级"。工作内容新增"模板制作、安装、拆除"，将原来的"混凝土浇筑"扩展为"混凝土拌合、运输、浇筑"，"养生"修改为"养护"						
24	13 规范	040303024	混凝土其他构件	1. 名称、部位； 2. 混凝土强度等级	按设计图示尺寸以体积计算（计量单位：m³）	1. 模板制作、安装、拆除； 2. 混凝土拌合、运输、浇筑； 3. 养护
	08 规范	040302016	混凝土小型构件	1. 部位； 2. 混凝土强度等级、石料最大粒径		1. 混凝土浇筑； 2. 养生
	说明：项目特征描述将原来的"部位"扩展为"名称、部位"，"混凝土强度等级、石料最大粒径"简化为"混凝土强度等级"。工作内容新增"模板制作、安装、拆除"，将原来的"混凝土浇筑"扩展为"混凝土拌合、运输、浇筑"，"养生"修改为"养护"						
25	13 规范	040303025	钢管拱混凝土	混凝土强度等级	按设计图示尺寸以体积计算（计量单位：m³）	混凝土拌合、运输、压注
	08 规范	—	—	—	—	—
	说明：新增项目内容						

注：台帽、台盖梁均应包括耳墙、背墙。

3.1.4 预制混凝土构件

预制混凝土构件工程量清单项目设置、项目特征描述的内容、计量单位及工程量计算规则等的变化对照情况，见表3-4。

预制混凝土构件（编码：040304） 表3-4

序号	版别	项目编码	项目名称	项目特征	工程量计算规则	工作内容
1	13规范	040304001	预制混凝土梁	1. 部位； 2. 图集、图纸名称； 3. 构件代号、名称； 4. 混凝土强度等级； 5. 砂浆强度等级	按设计图示尺寸以体积计算（计量单位：m³）	1. 模板制作、安装、拆除； 2. 混凝土拌合、运输、浇筑； 3. 养护； 4. 构件安装； 5. 接头灌缝； 6. 砂浆制作； 7. 运输
	08规范	040303003	预制混凝土梁	1. 形状、尺寸； 2. 混凝土强度等级、石料最大粒径； 3. 预应力、非预应力； 4. 张拉方式		1. 混凝土浇筑； 2. 养生； 3. 构件运输； 4. 安装； 5. 构件连接
	说明：项目特征新增"部位"、"图集、图纸名称"、"构件代号、名称"和"砂浆强度等级"，将原来的"混凝土强度等级、石料最大粒径"简化为"混凝土强度等级"，删除原来的"形状、尺寸"、"预应力、非预应力"和"张拉方式"。工作内容新增"模板制作、安装、拆除"、"接头灌缝"和"砂浆制作"，将原来的"混凝土浇筑"扩展为"混凝土拌合、运输、浇筑"，"养生"修改为"养护"，"安装"扩展为"构件安装"，"构件运输"简化为"运输"，删除原来的"构件连接"					
2	13规范	040304002	预制混凝土柱	1. 部位 2. 图集、图纸名称； 3. 构件代号、名称； 4. 混凝土强度等级； 5. 砂浆强度等级	按设计图示尺寸以体积计算（计量单位：m³）	1. 模板制作、安装、拆除； 2. 混凝土拌合、运输、浇筑； 3. 养护； 4. 构件安装； 5. 接头灌缝； 6. 砂浆制作； 7. 运输
	08规范	040303001	预制混凝土立柱	1. 形状、尺寸； 2. 混凝土强度等级、石料最大粒径； 3. 预应力、非预应力； 4. 张拉方式		1. 混凝土浇筑； 2. 养生； 3. 构件运输； 4. 立柱安装； 5. 构件连接
	说明：项目特征新增"部位"、"图集、图纸名称"、"构件代号、名称"和"砂浆强度等级"，将原来的"混凝土强度等级、石料最大粒径"简化为"混凝土强度等级"，删除原来的"形状、尺寸"、"预应力、非预应力"和"张拉方式"。工作内容新增"模板制作、安装、拆除"、"接头灌缝"和"砂浆制作"，将原来的"混凝土浇筑"扩展为"混凝土拌合、运输、浇筑"，"养生"修改为"养护"，"安装"扩展为"构件安装"，"构件运输"简化为"运输"，删除原来的"构件连接"					

续表

序号	版别	项目编码	项目名称	项目特征	工程量计算规则	工作内容
3	13规范	040304003	预制混凝土板	1. 部位； 2. 图集、图纸名称； 3. 构件代号、名称； 4. 混凝土强度等级； 5. 砂浆强度等级	按设计图示尺寸以体积计算（计量单位：m³）	1. 模板制作、安装、拆除； 2. 混凝土拌合、运输、浇筑； 3. 养护； 4. 构件安装； 5. 接头灌缝； 6. 砂浆制作； 7. 运输
	08规范	040303002	预制混凝土板	1. 形状、尺寸； 2. 混凝土强度等级、石料最大粒径； 3. 预应力、非预应力； 4. 张拉方式		1. 混凝土浇筑； 2. 养生； 3. 构件运输； 4. 立柱安装； 5. 构件连接

说明：项目特征新增"部位"、"图集、图纸名称"、"构件代号、名称"和"砂浆强度等级"，将原来的"混凝土强度等级、石料最大粒径"简化为"混凝土强度等级"，删除原来的"形状、尺寸"、"预应力、非预应力"和"张拉方式"。工作内容新增"模板制作、安装、拆除"、"接头灌缝"和"砂浆制作"，将原来的"混凝土浇筑"扩展为"混凝土拌合、运输、浇筑"，"养生"修改为"养护"，"安装"扩展为"构件安装"，"构件运输"简化为"运输"，删除原来的"构件连接"

序号	版别	项目编码	项目名称	项目特征	工程量计算规则	工作内容
4	13规范	040304004	预制混凝土挡土墙墙身	1. 图集、图纸名称； 2. 构件代号、名称； 3. 结构形式； 4. 混凝土强度等级； 5. 泄水孔材料种类、规格； 6. 滤水层要求； 7. 砂浆强度等级	按设计图示尺寸以体积计算（计量单位：m³）	1. 模板制作、安装、拆除； 2. 混凝土拌合、运输、浇筑； 3. 养护； 4. 构件安装； 5. 接头灌缝； 6. 泄水孔制作、安装； 7. 滤水层铺设； 8. 砂浆制作； 9. 运输
	08规范	040305003	预制混凝土挡墙墙身	1. 混凝土强度等级、石料最大粒径； 2. 泄水孔材料品种、规格； 3. 滤水层要求		1. 混凝土浇筑； 2. 养生； 3. 构件运输； 4. 安装； 5. 泄水孔制作、安装； 6. 滤水层铺筑

说明：项目特征新增"图集、图纸名称"、"构件代号、名称"、"结构形式"和"砂浆强度等级"，将原来的"混凝土强度等级、石料最大粒径"简化为"混凝土强度等级"。工作内容新增"模板制作、安装、拆除"、"接头灌缝"和"砂浆制作"，将原来的"混凝土浇筑"扩展为"混凝土拌合、运输、浇筑"，"养生"修改为"养护"，"安装"扩展为"构件安装"，"构件运输"简化为"运输"

序号	版别	项目编码	项目名称	项目特征	工程量计算规则	工作内容
5	13规范	040304005	预制混凝土其他构件	1. 部位； 2. 图集、图纸名称； 3. 构件代号、名称； 4. 混凝土强度等； 5. 砂浆强度等级	按设计图示尺寸以体积计算（计量单位：m³）	1. 模板制作、安装、拆除； 2. 混凝土拌合、运输、浇筑； 3. 养护； 4. 构件安装； 5. 接头灌浆； 6. 砂浆制作； 7. 运输

序号	版别	项目编码	项目名称	项目特征	工程量计算规则	工作内容
5	08 规范	040303004	预制混凝土桁架拱构件	1. 部位; 2. 混凝土强度等级、石料最大粒径	按设计图示尺寸以体积计算(计量单位:m³)	1. 混凝土浇筑; 2. 养生; 3. 构件运输; 4. 安装; 5. 构件连接
		040303005	预制混凝土小型构件			
	说明:项目名称归并为"预制混凝土其他构件"。项目特征新增"图集、图纸名称"、"构件代号、名称"和"砂浆强度等级",将原来的"混凝土强度等级、石料最大粒径"简化为"混凝土强度等级"。工作内容新增"模板制作、安装、拆除"、"接头灌缝"和"砂浆制作",将原来的"混凝土浇筑"扩展为"混凝土拌合、运输、浇筑","养生"修改为"养护","安装"扩展为"构件安装","构件运输"简化为"运输,删除原来的"构件连接"					

3.1.5 砌筑

砌筑工程量清单项目设置、项目特征描述的内容、计量单位及工程量计算规则等的变化对照情况,见表 3-5。

砌筑(编码:040305) 表 3-5

序号	版别	项目编码	项目名称	项目特征	工程量计算规则	工作内容
1	13 规范	040305001	垫层	1. 材料品种、规格; 2. 厚度	按设计图示尺寸以体积计算(计量单位:m³)	垫层铺筑
	08 规范	—	—	—	—	—
	说明:新增项目内容					
2	13 规范	040305002	干砌块料	1. 部位; 2. 材料品种、规格; 3. 泄水孔材料品种、规格; 4. 滤水层要求; 5. 沉降缝要求	按设计图示尺寸以体积计算(计量单位:m³)	1. 砌筑; 2. 砌体勾缝; 3. 砌体抹面; 4. 泄水孔制作、安装; 5. 滤层铺设; 6. 沉降缝
	08 规范	040304001	干砌块料	1. 部位; 2. 材料品种; 3. 规格		1. 砌筑; 2. 勾缝
	说明:项目特征描述新增"泄水孔材料品种、规格"、"滤水层要求"和"沉降缝要求",将原来的"材料品种"和"规格"归并为"材料品种、规格"。工作内容新增"砌体抹面"、"泄水孔制作、安装"、"滤层铺设"和"沉降缝",将原来的"勾缝"扩展为"砌体勾缝"					
3	13 规范	040305003	浆砌块料	1. 部位; 2. 材料品种、规格; 3. 砂浆强度等级; 4. 泄水孔材料品种、规格; 5. 滤水层要求; 6. 沉降缝要求	按设计图示尺寸以体积计算(计量单位:m³)	1. 砌筑; 2. 砌体勾缝; 3. 砌体抹面;

续表

序号	版别	项目编码	项目名称	项目特征	工程量计算规则	工作内容
3	08规范	040304002	浆砌块料	1. 部位； 2. 材料品种； 3. 规格； 4. 砂浆强度等级		4. 泄水孔制作、安装； 5. 滤层铺设； 6. 沉降缝
	说明：项目特征描述新增"泄水孔材料品种、规格"、"滤水层要求"和"沉降缝要求"，将原来的"材料品种"和"规格"归并为"材料品种、规格"					
4	13规范	040305004	砖砌体	1. 部位； 2. 材料品种、规格； 3. 砂浆强度等级； 4. 泄水孔材料品种、规格； 5. 滤水层要求； 6. 沉降缝要求	按设计图示尺寸以体积计算（计量单位：m³）	1. 砌筑； 2. 砌体勾缝； 3. 砌体抹面； 4. 泄水孔制作、安装； 5. 滤层铺设； 6. 沉降缝
	08规范	—				
	说明：新增项目内容					
5	13规范	040305005	护坡	1. 材料品种； 2. 结构形式； 3. 厚度； 4. 砂浆强度等级	按设计图示尺寸以面积计算（计量单位：m²）	1. 修整边坡； 2. 砌筑； 3. 砌体勾缝； 4. 砌体抹面
	08规范	040305005	护坡	1. 材料品种； 2. 结构形式； 3. 厚度		1. 修整边坡； 2. 砌筑
	说明：项目特征描述新增"砂浆强度等级"。工作内容新增"砌体勾缝"和"砌体抹面"					

注：1. 干砌块料、浆砌块料和砖砌体应根据工程部位不同，分别设置清单编码。
　　2. 本节清单项目中"垫层"指碎石、块石等非混凝土类垫层。

3.1.6 立交箱涵

立交箱涵工程量清单项目设置、项目特征描述的内容、计量单位及工程量计算规则等的变化对照情况，见表3-6。

立交箱涵（编码：040306）　　　　　　　　　　　　　　　表3-6

序号	版别	项目编码	项目名称	项目特征	工程量计算规则	工作内容
1	13规范	040306001	透水管	1. 材料品种、规格； 2. 管道基础形式	按设计图示尺寸以长度计算（计量单位：m）	1. 基础铺筑； 2. 管道铺设、安装
	08规范	—	—	—	—	—
	说明：新增项目内容					

续表

序号	版别	项目编码	项目名称	项目特征	工程量计算规则	工作内容
2	13规范	040306002	滑板	1. 混凝土强度等级； 2. 石蜡层要求； 3. 塑料薄膜品种、规格	按设计图示尺寸以体积计算（计量单位：m³）	1. 模板制作、安装、拆除； 2. 混凝土拌合、运输、浇筑； 3. 养护； 4. 涂石蜡层； 5. 铺塑料薄膜
	08规范	040306001	滑板	1. 透水管材料品种、规格； 2. 垫层厚度、材料品种、强度； 3. 混凝土强度等级、石料最大粒径		1. 透水管铺设； 2. 垫层铺筑； 3. 混凝土浇筑； 4. 养生
	说明：项目特征描述新增"石蜡层要求"和"塑料薄膜品种、规格"，将原来的"混凝土强度等级、石料最大粒径"简化为"混凝土强度等级"，删除原来的"透水管材料品种、规格"和"垫层厚度、材料品种、强度"。工作内容新增"模板制作、安装、拆除"、"涂石蜡层"和"铺塑料薄膜"，将原来的"混凝土浇筑"扩展为"混凝土拌合、运输、浇筑"，"养生"修改为"养护"，删除原来的"透水管铺设"和"垫层铺筑"						
3	13规范	040306003	箱涵底板	1. 混凝土强度等级； 2. 混凝土抗渗要求； 3. 防水层工艺要求	按设计图示尺寸以体积计算（计量单位：m³）	1. 模板制作、安装、拆除； 2. 混凝土拌合、运输、浇筑； 3. 养护； 4. 防水层铺涂
	08规范	040306002	箱涵底板	1. 透水管材料品种、规格； 2. 垫层厚度、材料品种、强度； 3. 混凝土强度等级、石料最大粒径； 4. 石蜡层要求； 5. 塑料薄膜品种、规格		1. 石蜡层； 2. 塑料薄膜； 3. 混凝土浇筑； 4. 养生
	说明：项目特征描述新增"混凝土抗渗要求"和"防水层工艺要求"，将原来的"混凝土强度等级、石料最大粒径"简化为"混凝土强度等级"，删除原来的"透水管材料品种、规格"、"垫层厚度、材料品种、强度"、"石蜡层要求"和"塑料薄膜品种、规格"。工作内容新增"模板制作、安装、拆除"和"防水层铺涂"，将原来的"混凝土浇筑"扩展为"混凝土拌合、运输、浇筑"，"养生"修改为"养护"，删除原来的"石蜡层"和"塑料薄膜"						
4	13规范	040306004	箱涵侧墙	1. 混凝土强度等级； 2. 混凝土抗渗要求； 3. 防水层工艺要求	按设计图示尺寸以体积计算（计量单位：m³）	1. 模板制作、安装、拆除； 2. 混凝土拌合、运输、浇筑； 3. 养护； 4. 防水砂浆； 5. 防水层铺涂
	08规范	040306003	箱涵侧墙	1. 混凝土强度等级、石料最大粒径； 2. 防水层工艺要求		1. 混凝土浇筑； 2. 养生； 3. 防水砂浆； 4. 防水层铺涂
	说明：项目特征描述新增"混凝土抗渗要求"，将原来的"混凝土强度等级、石料最大粒径"简化为"混凝土强度等级"。工作内容新增"模板制作、安装、拆除"，将原来的"混凝土浇筑"扩展为"混凝土拌合、运输、浇筑"，"养生"修改为"养护"						

续表

序号	版别	项目编码	项目名称	项目特征	工程量计算规则	工作内容
5	13规范	040306005	箱涵顶板	1. 混凝土强度等级； 2. 混凝土抗渗要求； 3. 防水层工艺要求	按设计图示尺寸以体积计算（计量单位：m³）	1. 模板制作、安装、拆除； 2. 混凝土拌合、运输、浇筑； 3. 养护； 4. 防水砂浆； 5. 防水层铺涂
	08规范	040306004	箱涵顶板	1. 混凝土强度等级、石料最大粒径； 2. 防水层工艺要求		1. 混凝土浇筑； 2. 养生； 3. 防水砂浆； 4. 防水层铺涂

说明：项目特征描述新增"混凝土抗渗要求"，将原来的"混凝土强度等级、石料最大粒径"简化为"混凝土强度等级"。工作内容新增"模板制作、安装、拆除"，将原来的"混凝土浇筑"扩展为"混凝土拌合、运输、浇筑"，"养生"修改为"养护"

序号	版别	项目编码	项目名称	项目特征	工程量计算规则	工作内容
6	13规范	040306006	箱涵顶进	1. 断面； 2. 长度； 3. 弃土运距	按设计图示尺寸以被顶箱涵的质量，乘以箱涵的位移距离分节累计计算（计量单位：kt·m）	1. 顶进设备安装、拆除； 2. 气垫安装、拆除； 3. 气垫使用； 4. 钢刃角制作、安装、拆除； 5. 挖土实顶； 6. 土方场内外运输； 7. 中继间安装、拆除
	08规范	040306005	箱涵顶进	1. 断面； 2. 长度		1. 顶进设备安装、拆除； 2. 气垫安装、拆除； 3. 气垫使用； 4. 钢刃角制作、安装、拆除； 5. 挖土实顶； 6. 场内外运输； 7. 中继间安装、拆除

说明：项目特征描述新增"弃土运距"。工作内容将原来的"场内外运输"修改为"土方场内外运输"

序号	版别	项目编码	项目名称	项目特征	工程量计算规则	工作内容
7	13规范	040306007	箱涵接缝	1. 材质； 2. 工艺要求	按设计图示止水带长度计算（计量单位：m）	接缝
	08规范	040306006	箱涵接缝			

说明：各项目内容未做修改

注：除箱涵顶进土方外，顶进工作坑等土方应按附录A土石方工程中相关项目编码列项。

3.1.7 钢结构

钢结构工程量清单项目设置、项目特征描述的内容、计量单位及工程量计算规则等的变化对照情况，见表3-7。

3 桥涵工程

钢结构（编码：040307）

表 3-7

序号	版别	项目编码	项目名称	项目特征	工程量计算规则	工作内容
1	13规范	040307001	钢箱梁	1. 材料品种、规格； 2. 部位； 3. 探伤要求； 4. 防火要求； 5. 补刷油漆品种、色彩、工艺要求	按设计图示尺寸以质量计算。不扣除孔眼的质量，焊条、铆钉、螺栓等不另增加质量（计量单位：t）	1. 拼装； 2. 安装； 3. 探伤； 4. 涂刷防火涂料； 5. 补刷油漆
	08规范	040307001	钢箱梁	1. 材质； 2. 部位； 3. 油漆品种、色彩、工艺要求	按设计图示尺寸以质量计算（不包括螺栓、焊缝质量）（计量单位：t）	1. 制作； 2. 运输； 3. 试拼； 4. 安装； 5. 连接； 6. 除锈、油漆
	说明：项目特征描述新增"材料品种、规格"、"探伤要求"和"防火要求"，将原来的"油漆品种、色彩、工艺要求"修改为"补刷油漆品种、色彩、工艺要求"，删除原来的"材质"。工程量计算规则将原来的"（不包括螺栓、焊缝质量）"修改为"不扣除孔眼的质量，焊条、铆钉、螺栓等不另增加质量"。工作内容新增"探伤"、"涂刷防火涂料"和"补刷油漆"，将原来的"试拼"修改为"拼装"，删除原来的"制作"、"运输"、"连接"和"除锈、油漆"					
2	13规范	040307002	钢板梁	1. 材料品种、规格； 2. 部位； 3. 探伤要求； 4. 防火要求； 5. 补刷油漆品种、色彩、工艺要求	按设计图示尺寸以质量计算。不扣除孔眼的质量，焊条、铆钉、螺栓等不另增加质量（计量单位：t）	1. 拼装； 2. 安装； 3. 探伤； 4. 涂刷防火涂料； 5. 补刷油漆
	08规范	040307002	钢板梁	1. 材质； 2. 部位； 3. 油漆品种、色彩、工艺要求	按设计图示尺寸以质量计算（不包括螺栓、焊缝质量）（计量单位：t）	1. 制作； 2. 运输； 3. 试拼； 4. 安装； 5. 连接； 6. 除锈、油漆
	说明：项目特征描述新增"材料品种、规格"、"探伤要求"和"防火要求"，将原来的"油漆品种、色彩、工艺要求"修改为"补刷油漆品种、色彩、工艺要求"，删除原来的"材质"。工程量计算规则将原来的"（不包括螺栓、焊缝质量）"修改为"不扣除孔眼的质量，焊条、铆钉、螺栓等不另增加质量"。工作内容新增"探伤"、"涂刷防火涂料"和"补刷油漆"，将原来的"试拼"修改为"拼装"，删除原来的"制作"、"运输"、"连接"和"除锈、油漆"					
3	13规范	040307003	钢桁梁	1. 材料品种、规格； 2. 部位； 3. 探伤要求； 4. 防火要求； 5. 补刷油漆品种、色彩、工艺要求	按设计图示尺寸以质量计算。不扣除孔眼的质量，焊条、铆钉、螺栓等不另增加质量（计量单位：t）	1. 拼装； 2. 安装； 3. 探伤； 4. 涂刷防火涂料； 5. 补刷油漆

序号	版别	项目编码	项目名称	项目特征	工程量计算规则	工作内容
3	08 规范	040307003	钢桁梁	1. 材质; 2. 部位; 3. 油漆品种、色彩、工艺要求	按设计图示尺寸以质量计算(不包括螺栓、焊缝质量)(计量单位:t)	1. 制作; 2. 运输; 3. 试拼; 4. 安装; 5. 连接; 6. 除锈、油漆
	说明:项目特征描述新增"材料品种、规格"、"探伤要求"和"防火要求",将原来的"油漆品种、色彩、工艺要求"修改为"补刷油漆品种、色彩、工艺要求",删除原来的"材质"。工程量计算规则将原来的"(不包括螺栓、焊缝质量)"修改为"不扣除孔眼的质量,焊条、铆钉、螺栓等不另增加质量"。工作内容新增"探伤"、"涂刷防火涂料"和"补刷油漆",将原来的"试拼"修改为"拼装",删除原来的"制作"、"运输"、"连接"和"除锈、油漆"					
4	13 规范	040307004	钢拱	1. 材料品种、规格; 2. 部位; 3. 探伤要求; 4. 防火要求; 5. 补刷油漆品种、色彩、工艺要求	按设计图示尺寸以质量计算。不扣除孔眼的质量,焊条、铆钉、螺栓等不另增加质量(计量单位:t)	1. 拼装; 2. 安装; 3. 探伤; 4. 涂刷防火涂料; 5. 补刷油漆
	08 规范	040307004	钢拱	1. 材质; 2. 部位; 3. 油漆品种、色彩、工艺要求	按设计图示尺寸以质量计算(不包括螺栓、焊缝质量)(计量单位:t)	1. 制作; 2. 运输; 3. 试拼; 4. 安装; 5. 连接; 6. 除锈、油漆
	说明:项目特征描述新增"材料品种、规格"、"探伤要求"和"防火要求",将原来的"油漆品种、色彩、工艺要求"修改为"补刷油漆品种、色彩、工艺要求",删除原来的"材质"。工程量计算规则将原来的"(不包括螺栓、焊缝质量)"修改为"不扣除孔眼的质量,焊条、铆钉、螺栓等不另增加质量"。工作内容新增"探伤"、"涂刷防火涂料"和"补刷油漆",将原来的"试拼"修改为"拼装",删除原来的"制作"、"运输"、"连接"和"除锈、油漆"					
5	13 规范	040307005	劲性钢结构	1. 材料品种、规格; 2. 部位; 3. 探伤要求; 4. 防火要求; 5. 补刷油漆品种、色彩、工艺要求	按设计图示尺寸以质量计算。不扣除孔眼的质量,焊条、铆钉、螺栓等不另增加质量(计量单位:t)	1. 拼装; 2. 安装; 3. 探伤; 4. 涂刷防火涂料; 5. 补刷油漆
	08 规范	040307006	劲性钢结构	1. 材质; 2. 部位; 3. 油漆品种、色彩、工艺要求	按设计图示尺寸以质量计算(不包括螺栓、焊缝质量)(计量单位:t)	1. 制作; 2. 运输; 3. 试拼; 4. 安装; 5. 连接; 6. 除锈、油漆
	说明:项目特征描述新增"材料品种、规格"、"探伤要求"和"防火要求",将原来的"油漆品种、色彩、工艺要求"修改为"补刷油漆品种、色彩、工艺要求",删除原来的"材质"。工程量计算规则将原来的"(不包括螺栓、焊缝质量)"修改为"不扣除孔眼的质量,焊条、铆钉、螺栓等不另增加质量"。工作内容新增"探伤"、"涂刷防火涂料"和"补刷油漆",将原来的"试拼"修改为"拼装",删除原来的"制作"、"运输"、"连接"和"除锈、油漆"					

序号	版别	项目编码	项目名称	项目特征	工程量计算规则	工作内容
6	13规范	040307006	钢结构叠合梁	1. 材料品种、规格； 2. 部位； 3. 探伤要求； 4. 防火要求； 5. 补刷油漆品种、色彩、工艺要求	按设计图示尺寸以质量计算。不扣除孔眼的质量，焊条、铆钉、螺栓等不另增加质量（计量单位：t）	1. 拼装； 2. 安装； 3. 探伤； 4. 涂刷防火涂料； 5. 补刷油漆
	08规范	040307007	钢结构叠合梁	1. 材质； 2. 部位； 3. 油漆品种、色彩、工艺要求	按设计图示尺寸以质量计算（不包括螺栓、焊缝质量）（计量单位：t）	1. 制作； 2. 运输； 3. 试拼； 4. 安装； 5. 连接； 6. 除锈、油漆
		说明：项目特征描述新增"材料品种、规格"、"探伤要求"和"防火要求"，将原来的"油漆品种、色彩、工艺要求"修改为"补刷油漆品种、色彩、工艺要求"，删除原来的"材质"。工程量计算规则将原来的"（不包括螺栓、焊缝质量）"修改为"不扣除孔眼的质量，焊条、铆钉、螺栓等不另增加质量"。工作内容新增"探伤"、"涂刷防火涂料"和"补刷油漆"，将原来的"试拼"修改为"拼装"，删除原来的"制作"、"运输"、"连接"和"除锈、油漆"					
7	13规范	040307007	其他钢构件	1. 材料品种、规格； 2. 部位； 3. 探伤要求； 4. 防火要求； 5. 补刷油漆品种、色彩、工艺要求	按设计图示尺寸以质量计算。不扣除孔眼的质量，焊条、铆钉、螺栓等不另增加质量（计量单位：t）	1. 拼装； 2. 安装； 3. 探伤； 4. 涂刷防火涂料； 5. 补刷油漆
	08规范	040307005	钢构件	1. 材质； 2. 部位； 3. 油漆品种、色彩、工艺要求	按设计图示尺寸以质量计算（不包括螺栓、焊缝质量）（计量单位：t）	1. 制作； 2. 运输； 3. 试拼； 4. 安装； 5. 连接； 6. 除锈、油漆
		说明：项目名称扩展为"其他钢构件"。项目特征描述新增"材料品种、规格"、"探伤要求"和"防火要求"，将原来的"油漆品种、色彩、工艺要求"修改为"补刷油漆品种、色彩、工艺要求"，删除原来的"材质"。工程量计算规则将原来的"（不包括螺栓、焊缝质量）"修改为"不扣除孔眼的质量，焊条、铆钉、螺栓等不另增加质量"。工作内容新增"探伤"、"涂刷防火涂料"和"补刷油漆"，将原来的"试拼"修改为"拼装"，删除原来的"制作"、"运输"、"连接"和"除锈、油漆"					
8	13规范	040307008	悬（斜拉）索	1. 材料品种、规格； 2. 直径； 3. 抗拉强度； 4. 防护方式	按设计图示尺寸以质量计算（计量单位：t）	1. 拉索安装； 2. 张拉、索力调整、锚固； 3. 防护壳制作、安装
	08规范	040307008	钢拉索	1. 材质； 2. 直径； 3. 防护方式		1. 拉索安装； 2. 张拉； 3. 锚具； 4. 防护壳制作、安装
		说明：项目名称修改为"悬（斜拉）索"。项目特征描述新增"材料品种、规格"和"抗拉强度"，删除原来的"材质"。工作内容将原来的"张拉"扩展为"张拉、索力调整、锚固"，删除原来的"锚具"					

序号	版别	项目编码	项目名称	项目特征	工程量计算规则	工作内容
9	13规范	040307009	钢拉杆	1. 材料品种、规格； 2. 直径； 3. 抗拉强度； 4. 防护方式	按设计图示尺寸以质量计算（计量单位：t）	1. 连接、紧锁件安装； 2. 钢拉杆安装； 3. 钢拉杆防腐； 4. 钢拉杆防护壳制作、安装
	08规范	040307009	钢拉杆	1. 材质； 2. 直径； 3. 防护方式		
	说明：项目名称修改为"悬（斜拉）索"。项目特征描述新增"材料品种、规格"和"抗拉强度"，删除原来的"材质"					

3.1.8 装饰

装饰工程量清单项目设置、项目特征描述的内容、计量单位及工程量计算规则等的变化对照情况，见表 3-8。

装饰工程（编码：040308） 表 3-8

序号	版别	项目编码	项目名称	项目特征	工程量计算规则	工作内容
1	13规范	040308001	水泥砂浆抹面	1. 砂浆配合比； 2. 部位； 3. 厚度	按设计图示尺寸以面积计算（计量单位：m²）	1. 基层清理； 2. 砂浆抹面
	08规范	040308001	水泥砂浆抹面			砂浆抹面
	说明：工作内容新增"基层清理"					
2	13规范	040308002	剁斧石饰面	1. 材料； 2. 部位； 3. 形式； 4. 厚度	按设计图示尺寸以面积计算（计量单位：m²）	1. 基层清理； 2. 饰面
	08规范	040308003	剁斧石饰面			饰面
	说明：工作内容新增"基层清理"					
3	13规范	040308003	镶贴面层	1. 材质； 2. 规格； 3. 厚度； 4. 部位	按设计图示尺寸以面积计算（计量单位：m²）	1. 基层清理； 2. 镶贴面层； 3. 勾缝
	08规范	040308006	镶贴面层			镶贴面层
	说明：工作内容新增"基层清理"和"勾缝"					
4	13规范	040308004	涂料	1. 材料品种； 2. 部位	按设计图示尺寸以面积计算（计量单位：m²）	1. 基层清理； 2. 涂料涂刷
	08规范	040308007	水质涂料			涂料涂刷
	说明：项目名称简化为"涂料"。工作内容新增"基层清理"					

序号	版别	项目编码	项目名称	项目特征	工程量计算规则	工作内容
5	13规范	040308005	油漆	1. 材料品种； 2. 部位； 3. 工艺要求	按设计图示尺寸以面积计算（计量单位：m²）	1. 除锈； 2. 刷油漆
	08规范	040308008	油漆			
	说明：各项目内容未做修改					

注：如遇本清单项目缺项时，可按现行国家标准《房屋建筑与装饰工程工程量计算规范》GB 50854 中相关项目编码列项。

3.1.9 其他

其他工程量清单项目设置、项目特征描述的内容、计量单位及工程量计算规则等的变化对照情况，见表 3-9。

其他（编码：040309）　　　　　　　　　　　　　　　　表 3-9

序号	版别	项目编码	项目名称	项目特征	工程量计算规则	工作内容
1	13规范	040309001	金属栏杆	1. 栏杆材质、规格； 2. 油漆品种、工艺要求	1. 按设计图示尺寸以质量计算（计量单位：t）； 2. 按设计图示尺寸以延长米计算（计量单位：m）	1. 制作、运输、安装； 2. 除锈、刷油漆
	08规范	040309001	金属栏杆	1. 材质； 2. 规格； 3. 油漆品种、工艺要求	按设计图示尺寸以质量计算（计量单位：t）	
	说明：项目特征描述将原来的"材质"和"规格"归并为"栏杆材质、规格"。工程量计算规则新增"按设计图示尺寸以延长米计算（计量单位：m）"					
2	13规范	040309002	石质栏杆	材料品种、规格	按设计图示尺寸以长度计算（计量单位：m）	制作、运输、安装
	08规范	—	—	—	—	—
	说明：新增项目内容					
3	13规范	040309003	混凝土栏杆	1. 混凝土强度等级； 2. 规格尺寸	按设计图示尺寸以长度计算（计量单位：m）	制作、运输、安装
	08规范	—	—	—	—	—
	说明：新增项目内容					
4	13规范	040309004	橡胶支座	1. 材质； 2. 规格、型号； 3. 形式	按设计图示数量计算（计量单位：个）	支座安装
	08规范	040309002	橡胶支座	1. 材质； 2. 规格		
	说明：项目特征描述新增"形式"，将原来的"规格"扩展为"规格、型号"					

序号	版别	项目编码	项目名称	项目特征	工程量计算规则	工作内容
5	2013 计量规范	040309005	钢支座	1. 规格、型号； 2. 形式	按设计图示数量计算（计量单位：个）	支座安装
	08 规范	040309003	钢支座	1. 材质； 2. 规格； 3. 形式		
	说明：项目特征描述将原来的"材质"和"规格"归并为"规格、型号"					
6	13 规范	040309006	盆式支座	1. 材质； 2. 承载力	按设计图示数量计算（计量单位：个）	支座安装
	08 规范	040309004	盆式支座			
	说明：各项目内容未做修改					
7	13 规范	040309007	桥梁伸缩装置	1. 材料品种； 2. 规格、型号； 3. 混凝土种类； 4. 混凝土强度等级	以米计量，按设计图示尺寸以延长米计算（计量单位：m）	1. 制作、安装； 2. 混凝土拌合、运输、浇筑
	08 规范	040309006	桥梁伸缩装置	1. 材料品种； 2. 规格	按设计图示尺寸以延长米计算（计量单位：m）	1. 制作、安装； 2. 嵌缝
	说明：项目特征描述新增"混凝土种类"和"混凝土强度等级"，将原来的"规格"扩展为"规格、型号"。规格、型号新增"以米计量"。工作内容新增"混凝土拌合、运输、浇筑"，删除原来的"嵌缝"					
8	13 规范	040309008	隔声屏障	1. 材料品种； 2. 结构形式； 3. 油漆品种、工艺要求	按设计图示尺寸以面积计算（计量单位：m²）	1. 制作、安装； 2. 除锈、刷油漆
	08 规范	040309007	隔声屏障			
	说明：各项目内容未做修改					
9	13 规范	040309009	桥面排（泄）水管	1. 材料品种； 2. 管径	按设计图示以长度计算（计量单位：m）	进水口、排（泄）水管制作、安装
	08 规范	040309008	桥面泄水管	1. 材料； 2. 管径； 3. 滤层要求		1. 进水口、泄水管制作、安装； 2. 滤层铺设
	说明：项目名称修改为"桥面排（泄）水管"。项目特征描述将原来的"材料"扩展为"材料品种"，删除原来的"滤层要求"。工作内容将原来的"进水口、泄水管制作、安装"修改为"进水口、排（泄）水管制作、安装"，删除原来的"滤层铺设"					
10	13 规范	040309010	防水层	1. 部位； 2. 材料品种、规格； 3. 工艺要求	按设计图示尺寸以面积计算（计量单位：m²）	防水层铺涂
	08 规范	040309009	防水层	1. 材料品种； 2. 规格； 3. 部位； 4. 工艺要求		
	说明：项目特征描述将原来的"材料品种"和"规格"归并为"材料品种、规格"					

注：支座垫石混凝土按《市政工程工程量计算规范》（GB 50857—2013）附录 C.3 混凝土基础项目编码列项。

3.1.10 相关问题及说明

（1）本章清单项目各类预制桩均按成品构件编制，购置费用应计入综合单价中，如采用现场预制，包括预制构件制作的所有费用。

（2）当以体积为计量单位计算混凝土工程量时，不扣除构件内钢筋、螺栓、预埋铁件、张拉孔道和单个面积≤0.3m² 的孔洞所占体积，但应扣除型钢混凝土构件中型钢所占体积。

（3）桩基陆上工作平台搭拆工作内容包括在相应的清单项目中，若为水上工作平台搭拆，应按附录 L 措施项目相关项目单独编码列项。

3.2 工程量清单编制实例

3.2.1 实例 3-1

1. 背景资料

某桥梁工程桩基础平面如图 3-1 所示。

钢筋混凝土灌注桩采用泥浆护壁回旋钻机钻孔，孔直径 φ600，单桩设计长度为 11m，钻孔深度 11.35m。

施工土质为黏土，灌注桩混凝土强度等级为 C30，常用 HPB300 级钢筋 φ12；搭拆陆上工作平台、土方、泥浆制作不计，护筒埋设深度为 1.5m，护筒底标高为桩顶设计高，残泥浆外运 2km，凿除桩头长度按 0.5m 计算。

计算说明：

（1）仅计算泥浆护壁成孔灌注桩、截桩头的工程量。

（2）计算结果保留两位小数。

2. 问题

根据以上背景资料及现行国家标准《建设工程工程量清单计价规范》（GB 50500—2013）、《市政工程工程量计算规范》（GB 50857—2013），试列出该桥梁工程桩基础钻孔灌注桩分部分项工程量清单。

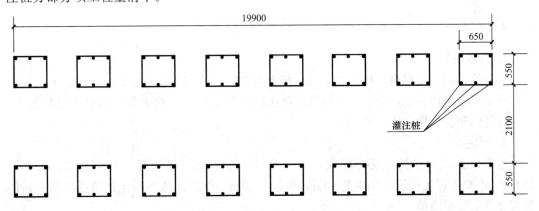

图 3-1　桩基础平面图（单位：cm）

3. 参考答案（表 3-10 和表 3-11）

清单工程量计算表　　　　　　　　　　　　　　　　　表 3-10

工程名称：某工程

序号	项目编码	清单项目名称	计算式	工程量合计	计量单位
		基础数据	灌注桩规格：ϕ600； 灌注桩根数：6×16＝96 根； 灌注桩长度：11m； 灌注桩钻孔深度 11.35m； 截桩长度：0.5m		
1	040301004001	泥浆护壁成孔灌注桩	11×6×16＝1056（m）	1056	m
2	040301011001	截桩头	0.5×3.1416×0.3×0.3×6 ×16＝13.57（m³）	13.57	m³

分部分项工程和单价措施项目清单与计价表　　　　　　　表 3-11

工程名称：某工程

序号	项目编码	项目名称	项目特征描述	计量单位	工程量	金额（元）		
						综合单价	合价	其中暂估价
1	040301004001	泥浆护壁成孔灌注桩	1. 地层情况：黏土； 2. 空桩长度、桩长：0.35m，11m； 3. 桩径：600mm； 4. 成孔方法：泥浆护壁旋转成孔； 5. 混凝土种类、强度等级：普通混凝土，C30	m	1056			
2	040301011001	截桩头	1. 桩类型：灌注桩； 2. 桩头截面、高度：ϕ600，0.5m； 3. 混凝土强度等级：C30； 4. 有无钢筋：有	m³	13.57			

3.2.2　实例 3-2

1. 背景资料

某单跨混凝土板拱桥，拱板宽 15m，桥台宽 15.8m，如图 3-2 所示。

已知拱板侧面为 95.57m²，拱桥拱座侧面积为 183.58m²；两者均采用 C25 混凝土。

计算结果保留两位小数。

2. 问题

根据以上背景资料及现行国家标准《建设工程工程量清单计价规范》GB 50500—2013、《市政工程工程量计算规范》GB 50857—2013，试列出该混凝土拱桥拱座和拱板的分部分项工程量清单。

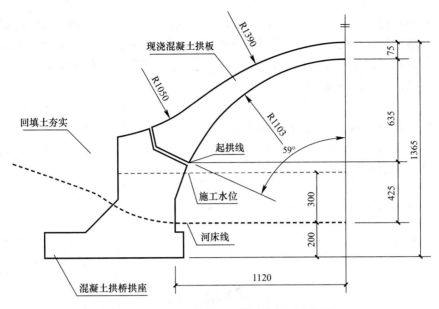

图 3-2　某单跨混凝土板拱桥纵断面示意图

3. 参考答案（表 3-12 和表 3-13）

表 3-12

清单工程量计算表

工程名称：某工程

序号	项目编码	项目名称	计算式	工程量合计	计量单位
		拱板侧面积	题目给定：95.57m²		
		拱座侧面积	题目给定：183.58m²		
1	040303008001	混凝土拱桥拱座	C25 混凝土： 183.58×15.8×2=5801.13（m³）	5801.13	m³
2	040303014001	混凝土板拱	C25 混凝土： 95.57×15=1433.55（m³）	1433.55	m³

表 3-13

分部分项工程和单价措施项目清单与计价表

工程名称：某工程

序号	项目编码	项目名称	项目特征描述	计量单位	工程量	金额（元）		
						综合单价	合价	其中 暂估价
1	040303008001	混凝土拱桥拱座	混凝土强度等级：C25	m³	5801.13			
2	040303014001	混凝土板拱	1. 部位：板拱 2. 混凝土强度等级：C25	m³	1433.55			

3.2.3　实例 3-3

1. 背景资料

某一桥台后浆砌混凝土预制块挡土墙工程，如图 3-3 所示。

已知挡墙自桥台后两侧各长 22m。每 8m 设二毡三油沉降缝一道，常水位以上每隔 5m 设 $\phi150$ 塑料管泄水孔一处，后设砂石反滤层，厚度 10cm 内，每处 $1m^3$，墙面勾凸缝。

混凝土基础（15％毛石含量）、压顶为预拌混凝土，采用钢框木模板。

计算结果保留两位小数。

2. 问题

根据以上背景资料及现行国家标准《建设工程工程量清单计价规范》GB 50500—2013、《市政工程工程量计算规范》GB 50857—2013，试列出该浆砌混凝土预制块挡土墙工程的分部分项工程量清单。

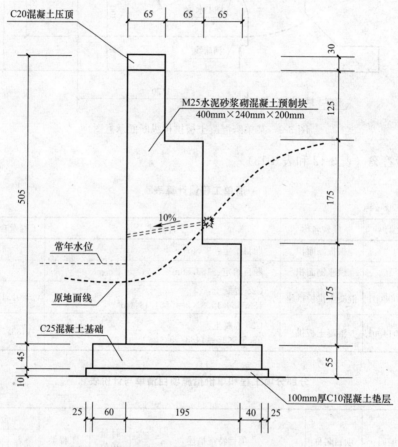

图 3-3 浆砌混凝土预制块挡土墙工程（单位：cm）

3. 参考答案（表 3-14 和表 3-15）

清单工程量计算表

表 3-14

工程名称：某工程

序号	项目编码	项目名称	计算式	工程量合计	计量单位
1	040305001001	垫层	100mm 厚 C10 混凝土垫层： $(2.95+0.25\times2)\times0.10\times44=15.18$（$m^3$）	15.18	m^3
2	040303002001	混凝土基础	C25 混凝土基础： $0.45\times2.95\times44=58.41$（$m^3$）	58.41	m^3

续表

序号	项目编码	清单项目名称	计算式	工程量合计	计量单位
3	040305003001	浆砌块料	M25 水泥砂浆砌混凝土预制块： $(0.65 \times 1.25 + (1.3 + 1.3 + 0.65) \times 1.75) \times 22 \times 2$ $= 286.00$（m³）	286.00	m³
4	040303016001	混凝土挡墙压顶	C20 混凝土： $0.65 \times 0.30 \times 22 \times 2 = 8.58$（m³）	8.58	m³
5	041102002001	现浇混凝土 基础模板	$(0.45 + 0.55) \times 44 + (0.45 + 0.55) \times 2.95/2 \times 2$ $= 46.95$（m²）	46.95	m²
6	041102018001	现浇混凝土 压顶模板	$0.25 \times 44 \times 2 = 22.00$（m²）	22.00	m²

分部分项工程和单价措施项目清单与计价表　　　　表 3-15

工程名称：某工程

序号	项目编码	项目名称	项目特征描述	计量单位	工程量	金额（元）		
						综合单价	合价	其中 暂估价
			桥涵工程					
1	040305001001	垫层	1. 材料品种、规格：C10 混凝土； 2. 厚度：100mm	m³	15.18			
2	040303002001	混凝土基础	1. 混凝土强度等级：C25； 2. 嵌料（毛石）比例：15％毛石含量	m³	58.41			
3	040305003001	浆砌块料	1. 部位：挡土墙； 2. 材料品种、规格：混凝土预制块，400mm×240mm×200mm； 3. 砂浆强度等级：M25； 4. 泄水孔材料品种、规格：φ150 塑料管； 5. 滤水层要求：砂石反滤层； 6. 沉降缝要求：每 8m 设二毡三油沉降缝一道	m³	286.00			
4	040303016001	混凝土挡墙压顶	1. 混凝土强度等级：C20； 2. 沉降缝要求：每 8m 设二毡三油沉降缝一道	m³	8.58			
			措施项目					
5	041102002001	现浇混凝土 基础模板	构件类型：现浇混凝土基础	m²	46.95			
6	041102018001	现浇混凝土 压顶模板	构件类型：现浇混凝土压顶	m²	22.00			

3.2.4 实例 3-4

1. 背景资料

某市区河道钢筋混凝土梁桥，挡土墙自桥台后两侧各长 25m，总长 50m，如图 3-4 所示。

墙身采用 M7.5 浆砌块石，表面 M7.5 水泥砂浆勾凸缝，基础为 C15（40）毛石混凝土（毛石掺量 15%）厚 40cm，下设 8cm 厚 C15（40）素混凝土垫层及 20cm 厚碎石垫层，挡土墙每隔 20m 设一道沉降缝，一毡二油填缝，墙身每间隔 3m 设直径 150mm 硬塑料管泄水孔，30cm 厚级配碎石反滤层，每处 0.1m³。

计算说明：

（1）不考虑挡土墙土方开挖、墙后背回填。

（2）仅计算该挡土墙垫层、墙身、压顶的工程量及相应模板的工程量。

（2）现浇混凝土按现场就近拌制，不考虑场内运输。

（3）计算结果保留两位小数。

2. 问题

根据以上背景资料及现行国家标准《建设工程工程量清单计价规范》GB 50500—2013、《市政工程工程量计算规范》GB 50857—2013，试列出挡土墙工程分部分项工程量清单。

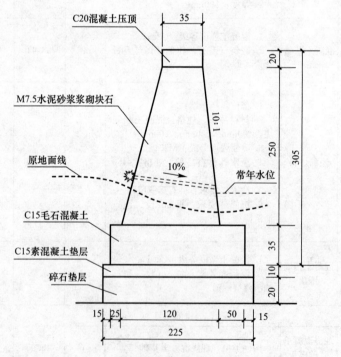

图 3-4 桥台挡土墙断面图（单位：cm）

3. 参考答案（表 3-16 和表 3-17）

清单工程量计算表　　　　　　　　　　　　　　　　　表 3-16

工程名称：某工程

序号	项目编码	项目名称	计算式	工程量合计	计量单位
1	040305001001	垫层	20cm 厚碎石垫层： $2.25 \times 50 \times 0.2 = 22.50$（m³）	22.50	m³
2	040303001001	混凝土垫层	10cm 厚 C15 素混凝土垫层： $2.25 \times 0.10 \times 50 = 11.25$（m³）	11.25	m³
3	040303002001	混凝土基础	35cm 厚 C15 毛石混凝土基础（15%毛石含量）： $(1.2+0.5+0.25) \times 0.35 \times 50 = 34.13$（m³）	34.13	m³
4	040305003001	浆砌块料	M7.5 浆砌块石挡土墙： $(0.35+1.2) \times 2.5/2 \times 50 = 96.88$（m³）	96.88	m³
5	040303016001	混凝土挡土墙压顶	C20 混凝土压顶： $0.35 \times 0.2 \times 50 = 3.50$（m³）	3.50	m³
6	041102001001	混凝土垫层模板	$2.25 \times 0.1 \times 2 + 0.1 \times 50 \times 2 = 10.45$（m²）	10.45	m²
7	041102002001	混凝土基础模板	$(1.2+0.5+0.25) \times 0.35 \times 2 + 0.35 \times 50 \times 2$ $= 36.37$（m²）	36.37	m²
8	041102018001	混凝土挡土墙压顶模板	$0.35 \times 0.2 \times 2 + 0.2 \times 50 \times 2 = 20.14$（m²）	20.14	m²

分部分项工程和单价措施项目清单与计价表　　　　　　　表 3-17

工程名称：某工程

序号	项目编码	项目名称	项目特征描述	计量单位	工程量	综合单价	合价	其中 暂估价
						金额（元）		
			桥涵工程					
1	040305001001	垫层	1. 材料品种、规格：碎石； 2. 厚度：20cm	m³	22.50			
2	040303001001	混凝土垫层	混凝土强度等级：C15	m³	11.25			
3	040303002001	混凝土基础	1. 混凝土强度等级：C15； 2. 嵌料（毛石）比例：15%毛石含量	m³	34.13			
4	040305003001	浆砌块料	1. 部位：挡土墙； 2. 材料品种、规格：块石； 3. 砂浆强度等级：M7.5； 4. 泄水孔材料品种、规格：硬塑料管，直径150mm； 5. 滤水层要求：级配碎石反滤层，厚30cm，每处 0.1m³； 6. 沉降缝要求：每隔20m 设一道沉降缝，一毡二油沉降缝	m³	96.88			

续表

序号	项目编码	项目名称	项目特征描述	计量单位	工程量	金额（元）		
						综合单价	合价	其中
								暂估价
5	040303016001	混凝土挡土墙压顶	1. 混凝土强度等级：C20； 2. 沉降缝要求：每隔20m设一道沉降缝，一毡二油沉降缝	m³	3.50			
			措施项目					
6	041102001001	混凝土垫层模板	构件类型：混凝土垫层	m²	10.45			
7	041102002001	混凝土基础模板	构件类型：混凝土基础	m²	36.37			
8	041102018001	混凝土挡土墙压顶模板	构件类型：混凝土挡土墙压顶	m²	20.14			

3.2.5 实例3-5

1. 背景资料

某单跨混凝土简支梁桥，地质为砂黏土土层。桥台基础采用 $\phi1000$ 钻孔灌注桩基础（C30），承台宽度为24m，单个承台设置16根灌注桩，如图3-5和图3-6所示。桩基采用围堰抽水施工法，回旋钻机成孔。

计算说明：

（1）灌注桩成桩后截桩头高度按0.50m计算。

（2）一个桥台灌注桩基础钢筋（HPB300，$\phi12$）用量为10.151t。

（3）支模高度自承台下表面算至台身上表面。

（4）计算结果保留三位小数。

2. 问题

根据以上背景资料及现行国家标准《建设工程工程量清单计价规范》GB 50500—2013、《市政工程工程量计算规范》GB 50857—2013，试列出一个桥台承台、桥台台身的混凝土、模板及钢筋的工程量，以及钻孔灌注桩的分部分项工程量清单。

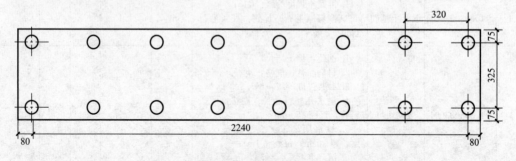

图3-5　某单跨混凝土简支梁桥单个桥台平面图（单位：cm）

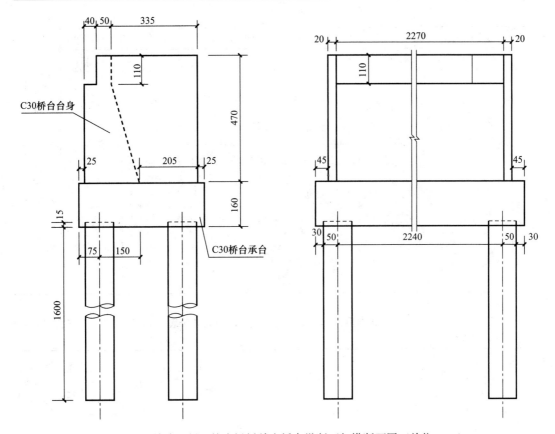

图 3-6 某单跨混凝土简支梁桥单个桥台纵断面与横断面图（单位：cm）

3. 参考答案（表 3-18 和表 3-19）

清单工程量计算表　　　　　　　　　　　　　　　　　表 3-18

工程名称：某工程

序号	项目编码	项目名称	计算式	工程量合计	计量单位
		基础数据	承台长度：24m 承台宽度：3.85＋0.4＋0.25×2＝4.75（m）		
1	040301004001	泥浆护壁成孔灌注桩	机械成孔灌注桩桩长：16＋0.15＝16.15（m）； 孔深：16＋0.50＝15.50（m）； 空桩长＝16.50—16.15＝0.35（m）。 小计：16.15×16＝258.400（m）	258.400	m
2	040301011001	截桩头	3.1416×0.5×0.5×(0.5×1)×16＝6.283（m³）	6.283	m³
3	040303003001	混凝土承台	不扣除灌注桩深入承台的部分所占的体积： V＝1.6×4.75×24＝182.400（m³）	182.400	m³
4	040303005001	混凝土台身	1. 侧壁： V_1＝[4.7×(3.85＋0.4)－0.4×1.1]×0.2×2 ＝7.814（m³） 2. 台身后壁： V_2＝[0.5×1.1＋(0.5＋0.4＋0.75＋1.5－0.25) ×(4.7－1.1)/2]×(22.70－0.10×2) ＝129.825（m³）	129.825	m³

93

续表

序号	项目编码	清单项目名称	计算式	工程量合计	计量单位
5	040901001001	钢筋	10.151	10.151	t
6	041102003001	混凝土承台模板	扣除底模灌注桩所占面积： $S=1.6\times4.75\times2+1.6\times24\times2-3.1416\times0.5$ $\times0.5\times16$ $=79.434\ (m^2)$	79.434	m^2
7	041102005001	混凝土 台身模板	支模高度自承台下表面算至台身上表面，即 $160+470=630\ (mm)$： $S=[4.7\times(3.85+0.4)-0.4\times1.1]\times2+[1.1$ $\times(3.85-0.5)+(3.85-0.5+2.05)\times(4.7$ $-1.1)/2]\times2+4.7\times0.2\times2+\{1.1+[(4.7$ $-1.1)^2+(3.85-2.05-0.5)^2]^{0.5}\}\times22.7$ $+(4.7+0.4)\times24$ $=67.760+234.266$ $=302.026\ (m^2)$	302.026	m^2

分部分项工程和单价措施项目清单与计价表　　　　表 3-19

工程名称：某工程

序号	项目编码	项目名称	项目特征描述	计量单位	工程量	综合单价	合价	暂估价
			桥涵工程					
1	040301004001	泥浆护壁成孔灌注桩	1. 地层情况：砂黏土； 2. 空桩长度、桩长：0.35m，16.15m； 3. 桩径：$\phi1000$； 4. 成孔方法：浆护壁旋转成孔； 5. 混凝土种类、强度等级：普通混凝土，C30	m	258.400			
2	040301011001	截桩头	1. 桩类型：钻孔灌注桩； 2. 桩头截面、高度：$\phi1000$，10cm； 3. 混凝土强度等级：C30； 4. 有无钢筋：有	m^3	6.283			
3	040303003001	混凝土承台	混凝土强度等级：C30	m^3	182.400			
4	040303005001	混凝土台身	1. 部位：混凝土台身； 2. 混凝土强度等级：C30	m^3	129.825			
			措施项目					
5	040901001001	钢筋	1. 钢筋种类：HPB300； 2. 钢筋规格：$\phi12$	t	10.151			
6	041102003001	混凝土承台模板	构件类型：混凝土承台	m^2	79.434			
7	041102005001	混凝土台身模板	1. 构件类型：混凝土台身； 2. 支模高度：630cm	m^2	302.026			

3.2.6　实例 3-6

1. 背景资料

某简支板梁桥，上部结构采用装配式预应力空心板梁，下部结构为：$\phi 800$ 钻孔灌注桩基础（C20 混凝土，孔深 17.3m，HPB300 级钢筋），C25 混凝土承台，C25 混凝土重力式桥台台身，具体设计布置如图 3-7～图 3-9 所示。已知：承台宽度为 23.2m，台身、台帽宽度为 22m。桩位处土质为砂性土和黏性土。混凝土采用预拌商品混凝土。

计算说明：

（1）凿除桩头按 0.45m/根计。

（2）不考虑护筒设置；不计算钢筋。

（3）不计算台帽和台身的模板工程量。

（4）计算结果保留三位小数。

2. 问题

根据以上背景资料及现行国家标准《建设工程工程量清单计价规范》GB 50500—2013、《市政工程工程量计算规范》GB 50857—2013，试计算一座桥台的桩基础、承台、台帽和台身的分部分项工程量清单。

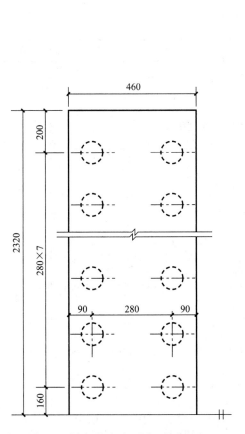

图 3-7　桥台基础平面图（单位：cm）

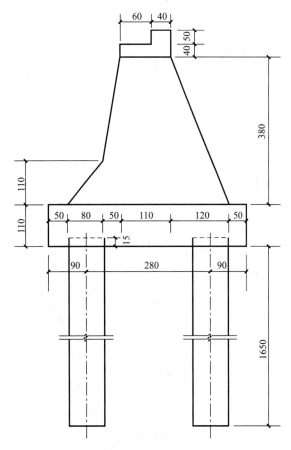

图 3-8　桥台剖面图（单位：cm）

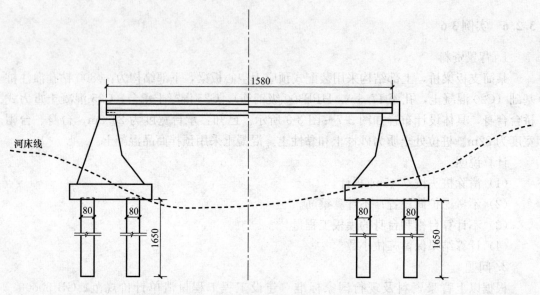

图 3-9 桥台立面和纵断面示意图（单位：cm）

3. 参考答案（表 3-20 和表 3-21）

清单工程量计算表   表 3-20

工程名称：某工程

序号	项目编码	项目名称	计算式	工程量合计	计量单位
		基础数据	灌注桩：直径 800mm，18 根 截桩头长度：0.45m 灌注桩长度：16.5+0.15+0.45=17.10（m） 承台宽度 23.2m，台身、台帽宽度 22m		
1	040301004001	泥浆护壁钻孔灌注桩	C25 混凝土 ϕ800： 空桩长=17.3−17.1=0.20（m）。 17.1×18=307.80（m）	307.80	m
2	040301011001	截桩头	截桩头长度：0.45m； 3.1416×0.4×0.4×0.45×18=4.072（m³）	4.072	m³
3	040303003001	混凝土承台	C25 混凝土，扣除桩头所占体积： 23.2×4.6×1.1−3.1416×0.4×0.4×18×0.15 =116.035（m³）	116.035	m³
4	040303004001	混凝土台帽	台帽耳墙体积为 0.165m³： [(0.6+0.4)×(0.5+0.4)−0.6×0.5]×22+0.165 =13.365（m³）	13.365	m³
5	040303005001	混凝土台身	混凝土台身宽度为 22m： [(1+2.4)×(3.8−1.1)/2+(2.4+0.8+0.5+ 1.1+1.2)×1.1/2]×22=173.580(m³)	173.580	m³

序号	项目编码	项目名称	计算式	工程量合计	计量单位
6	041102003001	承台模板	$(23.2\times2+4.6\times2)\times1.1+(23.2\times4.6-3.1416\times0.4\times0.4\times18)=158.832$（m²）	158.832	m²

分部分项工程和单价措施项目清单与计价表 　　表 3-21

工程名称：某工程

序号	项目编码	项目名称	项目特征描述	计量单位	工程量	金额（元）		
						综合单价	合价	其中 暂估价
桥涵工程								
1	040301004001	泥浆护壁钻孔灌注桩	1. 地层情况：砂性土和黏性土； 2. 空桩长度、桩长：0.2m，17.10m； 3. 桩径：$\phi800$； 4. 成孔方法：泥浆护壁旋转成孔； 5. 混凝土种类、强度等级：普通混凝土，C20	m	307.80			
2	040301011001	截桩头	1. 桩类型：泥浆护壁钻孔灌注桩； 2. 桩头截面、高度：800mm，0.45m； 3. 混凝土强度等级： 4. 有无钢筋：有	m³	4.072			
3	040303003001	混凝土承台	混凝土强度等级：C25	m³	116.035			
4	040303004001	混凝土台帽	1. 部位：混凝土台帽； 2. 混凝土强度等级：C25	m³	13.365			
5	040303005001	混凝土台身	1. 部位：混凝土台身； 2. 混凝土强度等级：C25	m³	173.580			
措施项目								
6	041102003001	承台模板	构件类型承台模板	m²	158.832			

3.2.7 实例 3-7

1. 背景资料

某单跨梁桥，桥台为分离式群桩基础（台帽：C30；承台：C25 非泵送混凝土，18 根），尺寸如图 3-10 所示。土质为三类土层，桩顶凿除按 45cm 计，构件采用场内 250m 机械运输。

计算说明：

（1）假设：单个承台基础钢筋用量为 1.5t，打入群桩 $\phi10$ 的钢筋用量为 1t，群桩 $\phi12$ 的钢筋用量为 3.5t；钢筋混凝土桩比重为 2.5t/m³。

（2）不计竖拆桩架及废料弃置。

（3）支模高度自承台下表面算至台身上表面。

（4）计算结果保留两位小数。

2. 问题

根据以上背景资料及现行国家标准《建设工程工程量清单计价规范》GB 50500—2013、《市政工程工程量计算规范》GB 50857—2013，试列出一个混凝土承台基础的分部分项工程量清单。

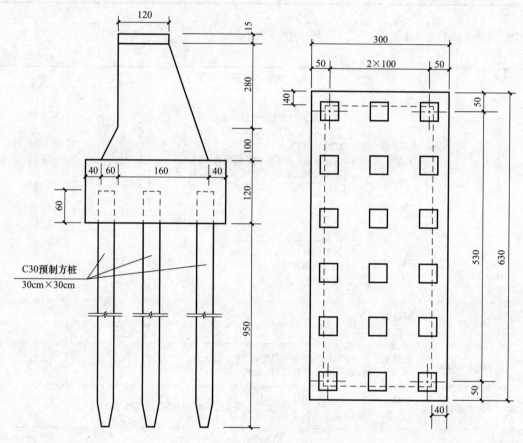

图 3-10　某桥台示意图（单位：cm）

3. 参考答案（表 3-22 和表 3-23）

清单工程量计算表

表 3-22

工程名称：某工程

序号	项目编码	项目名称	计算式	工程量合计	计量单位
		基础数据	预制混凝土方桩根数：3×6＝18（根） 预制混凝土方桩长度：9.50＋0.60＝10.10（m） 预制混凝土方桩送桩深度：9.65m 预制混凝土方桩截面尺寸：300mm×300mm 截桩头长度：0.45m		

续表

序号	项目编码	项目名称	计算式	工程量合计	计量单位
1	040301001001	预制钢筋混凝土方桩	10.1×18＝181.80 (m)	181.800	m
2	040301011001	截桩头	0.3×0.3×0.45×18＝0.729 (m²)	0.729	m²
3	040303003001	混凝土承台	3×6.3×1.2＝22.68m³	22.680	m³
4	040303005001	混凝土台身	[(1.2＋1.8)×2.8/2＋(1.8＋2.2)×1/2]×(6.3－0.4×2)＝6.2×(6.3－0.4×2)＝34.100 (m³)	34.100	m³
5	040303004001	混凝土台帽	1.2×0.15×(6.3－0.4×2)＝0.99 (m³)	0.990	m³
6	041102003001	混凝土承台模板	(3＋6.3)×2×1.2＋3×6.3－18×0.3×0.3＝39.600 (m²)	39.600	m²
7	041102004001	混凝土台帽模板	(1.2＋6.3－0.4×2)×2×0.15＝2.010 (m²)	2.010	m²
8	041102005001	混凝土台身模板	支模高度自承台下表面算至台身上表面，即1.5＋1.0＋2.8＝5.3 (m)。 {2.8＋(1＋0.6×0.6)^0.5＋[(2.2－0.6－1.2)²＋(2.8＋1)²]^0.5}×(6.3－0.4×2) ＝[2.8＋1.166＋(0.16＋14.44)^0.5]×5.5 ＝[2.8＋1.166＋3.821]×5.5 ＝42.829 (m²)	42.829	m²

分部分项工程和单价措施项目清单与计价表　　表 3-23

工程名称：某工程

序号	项目编码	项目名称	项目特征描述	计量单位	工程量	综合单价	合价	其中 暂估价
桥涵工程								
1	040301001001	预制钢筋混凝土方桩	1. 地层情况：三类土； 2. 送桩深度、桩长：9.65m，10.1m； 3. 桩截面：30cm×30cm； 4. 混凝土强度等级：C30	m	181.800			
2	040301011001	截桩头	1. 桩类型：预制钢筋混凝土方桩； 2. 桩头截面、高度：30cm×30cm，0.45m； 3. 混凝土强度等级：C30； 4. 有无钢筋：有	m²	0.729			
3	040303003001	混凝土承台	混凝土强度等级：C25	m³	22.680			
4	040303005001	混凝土台身	1. 部位：混凝土台身； 2. 混凝土强度等级：C25	m³	34.100			

99

续表

序号	项目编码	项目名称	项目特征描述	计量单位	工程量	金额（元）		
						综合单价	合价	其中
								暂估价
5	040303004001	混凝土台帽	1. 部位：混凝土台帽； 2. 混凝土强度等级：C30	m³	0.990			
措施项目								
6	041102003001	混凝土承台模板	构件类型混凝土承台	m²	39.600			
7	041102004001	混凝土台帽模板	1. 构件类型：混凝土台帽； 2. 支模高度：5.45m	m²	2.010			
8	041102005001	混凝土台身模板	1. 构件类型：混凝土台身； 2. 支模高度：5.3	m²	42.829			

3.2.8 实例 3-8

1. 背景资料

某河道在建桥梁近岸桥台挡墙墙长 45m，如图 3-11 所示。

砌筑墙身用块石规格为 250mm×250mm×800mm～300mm×300mm×1000mm，墙身设二毡三油伸缩缝，每隔 15m 布置一道；每段 15m 侧墙布置 5 根 ϕ100 塑料泄水管，每根泄水管长 1.5m，泄水管后设 30cm 厚 50cm 宽碎石反滤层沿墙通长布置，反滤层四个面外裹土工布；墙前浆砌块石面勾凸缝。

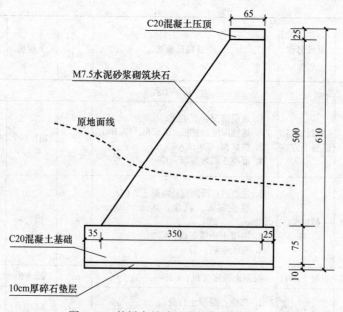

图 3-11 某桥台挡墙示意图（单位：cm）

计算说明：

（1）仅计算垫层、混凝土基础、浆砌块料、混凝土挡墙压顶、挡墙基础模板、挡墙压顶模板的工程量。

（2）计算结果保留三位小数。

2. 问题

根据以上背景资料及现行国家标准《建设工程工程量清单计价规范》GB 50500—2013、《市政工程工程量计算规范》GB 50857—2013，试列出侧墙工程主体结构的分部分项工程量清单。

3. 参考答案（表 3-24 和表 3-25）

清单工程量计算表　　　　　　　　　　　　　　　　表 3-24

工程名称：某工程

序号	项目编码	项目名称	计算式	工程量合计	计量单位
		基础数据	侧墙长度：45m； 侧墙高度：6.1m		
1	040305001001	垫层	4.1×0.1×45＝18.450（m³）	18.450	m³
2	040303002001	混凝土基础	C20 混凝土基础： 4.1×0.75×45＝138.375（m³）	138.375	m³
3	040305003001	浆砌块料	M7.5 浆砌块石墙身： (0.65＋3.5)/2×5×45＝466.875（m³）	466.875	m³
4	040303016001	混凝土 挡墙压顶	C20 混凝土压顶： 0.65×0.25×45＝7.313（m³）	7.313	m³
5	041102002001	基础模板	0.75×2×45＋(45/15－1)×0.8×3.5 ＝73.100（m²）	73.100	m²
6	041102018001	压顶模板	0.25×2×45＋(45/15－1)×0.25×0.65 ＝22.825（m²）	22.825	m²

分部分项工程和单价措施项目清单与计价表　　　　　　　　表 3-25

工程名称：某工程

序号	项目编码	项目名称	项目特征描述	计量单位	工程量	综合单价	合价	其中 暂估价
			桥涵工程					
1	040305001001	垫层	1. 材料品种、规格：碎石； 2. 厚度：100mm	m³	18.450			
2	040303002001	混凝土 基础	混凝土强度等级：C20	m³	138.375			

续表

序号	项目编码	项目名称	项目特征描述	计量单位	工程量	金额（元）			
						综合单价	合价	其中	
								暂估价	
3	040305003001	浆砌块料	1. 部位：挡墙墙身； 2. 材料品种、规格：块石，250mm×250mm×800mm～300mm×300mm×1000mm； 3. 砂浆强度等级：M7.5水泥砂浆； 4. 泄水孔材料品种、规格：塑料管，φ80mm； 5. 滤水层要求：30cm厚50cm宽碎石反滤层沿墙通长布置，反滤层四个面外裹土工布； 6. 沉降缝要求：二毡三油伸缩缝每15m一道	m³	466.875				
4	040303016001	混凝土挡墙压顶	1. 混凝土强度等级：C20； 2. 沉降缝要求：二毡三油伸缩缝每15m一道	m³	7.313				
措施项目									
5	041102002001	基础模板	构件类型：挡墙基础	m²	73.100				
6	041102018001	压顶模板	构件类型：挡墙压顶	m²	22.825				

4 隧 道 工 程

针对《市政工程工程量计算规范》GB 50857—2013（以下简称"13 规范"）、《建设工程工程量清单计价规范》GB 50500—2008（以下简称"08 规范"），"13 规范"在项目编码、项目名称、项目特征、计量单位、工程量计算规则、工作内容等方面，均有变化。

1. 清单项目变化

"13 规范"在"08 规范"的基础上，隧道工程增加 14 个项目、减少 11 个项目，具体如下：

（1）隧道岩石开挖：增加"小导管"、"管棚"和"注浆"3 个清单项目。

（2）岩石隧道衬砌：增加"仰拱填充"、"沟道盖板"、"透水管"和"变形缝"4 个项目，将原"混凝土拱部衬砌"分为"混凝土仰拱衬砌"和"混凝土顶拱衬砌"分别编码列项。删除原"浆砌块石"和"干砌块石"2 个项目。

（3）盾构掘进：增加"盾构机调头"、"盾构机转场运输"和"盾构基座"3 个项目，删除原"钢筋混凝土复合管片"和"钢管片"2 个项目。

（4）管节顶升和旁通道：增加"钢筋混凝土顶升管节"、"垂直顶升设备安、拆"、"钢筋混凝土复合管片"和"钢管片"4 个项目。

（5）隧道沉井：增加"沉井混凝土隔墙"的清单项目。

（6）混凝土结构：删除原"混凝土衬墙"、"隧道内衬侧墙"、"隧道内支承墙"、"隧道内衬弓形底板"、"隧道内混凝土路面"5 个项目，其中"混凝土衬墙"、"隧道内衬侧墙"、"隧道内支承墙"、"隧道内衬弓形底板"分别并入混凝土结构的"混凝土墙"和"混凝土底板"的清单项目中列项。

（7）删除地下连续墙一节 4 个项目。

2. 应注意的问题

（1）"13 规范"增加了以下说明：

1）岩石隧道衬砌：增加砌筑构筑物的清单列项说明。

2）盾构掘进：增加衬砌壁后压浆、预制钢筋混凝土管片和盾构基座 3 项清单列项的使用说明。

3）增加隧道沉井垫层的清单列项说明。

4）增加隧道内道路路面铺装、顶部和边墙内衬装饰、垫层、基础、内衬弓形底板、侧墙、支承墙等项目的清单列项说明。

（2）遇岩石隧道衬砌清单项目未列的砌筑构筑物时，应按"13 规范"附录 C 桥涵工程中相关项目编码列项。

（3）衬砌壁后压浆清单项目在编制工程量清单时，其工程数量可为暂估量，结算时按现场签证数量计算。

（4）盾构基座清单项目系指常用的钢结构，如果是钢筋混凝土结构，应按"13 规范"附录 D.7 中相关项目进行列项。

（5）钢筋混凝土管片按成品编制项目，购置费用应计入综合单价中。如采用现场预制，包括预制构件制作和试拼装的所有费用。

（6）沉井垫层按"13规范"附录C桥涵工程中相关项目编码列项。

（7）隧道洞内道路路面铺装应按"13规范"附录B道路工程相关清单项目编码列项。

（8）隧道洞内顶部和边墙内衬的装饰应按"13规范"附录C桥涵工程相关清单项目编码列项。

（9）隧道内其他结构混凝土包括楼梯、电缆沟、车道侧石等。

（10）垫层、基础应按"13规范"附录C桥涵工程相关清单项目编码列项。

（11）隧道内衬弓形底板、侧墙、支承墙应按"13规范"附录混凝土底板、混凝土墙的相关清单项目编码列项，并在项目特征中描述其类别、部位。

4.1 工程量计算依据六项变化及说明

4.1.1 隧道岩石开挖

隧道岩石开挖工程量清单项目设置、项目特征描述的内容、计量单位及工程量计算规则等的变化对照情况，见表4-1。

隧道岩石开挖（编码：040401）　　　　　　　　　表4-1

序号	版别	项目编码	项目名称	项目特征	工程量计算规则	工作内容
1	13规范	040401001	平洞开挖	1. 岩石类别； 2. 开挖断面； 3. 爆破要求； 4. 弃碴运距	按设计图示结构断面尺寸乘以长度以体积计算（计量单位：m³）	1. 爆破或机械开挖； 2. 施工面排水； 3. 出碴； 4. 弃碴场内堆放、运输； 5. 弃碴外运
	08规范	040401001	平洞开挖	1. 岩石类别； 2. 开挖断面； 3. 爆破要求		1. 爆破或机械开挖； 2. 临时支护； 3. 施工排水； 4. 弃碴运输； 5. 弃碴外运
	说明：项目特征描述新增"弃碴运距"。工作内容新增"出碴"，将原来的"施工排水"扩展为"施工面排水"，"弃碴运输"扩展为"弃碴场内堆放、运输"，删除原来的"临时支护"					
2	13规范	040401002	斜井开挖	1. 岩石类别； 2. 开挖断面； 3. 爆破要求； 4. 弃碴运距	按设计图示结构断面尺寸乘以长度以体积计算（计量单位：m³）	1. 爆破或机械开挖； 2. 施工面排水； 3. 出碴； 4. 弃碴场内堆放、运输； 5. 弃碴外运

序号	版别	项目编码	项目名称	项目特征	工程量计算规则	工作内容
2	08 规范	040401002	斜洞开挖	1. 岩石类别； 2. 开挖断面； 3. 爆破要求	按设计图示结构断面尺寸乘以长度以体积计算（计量单位：m³）	1. 爆破或机械开挖； 2. 临时支护； 3. 施工排水； 4. 洞内石方运输； 5. 弃碴外运
	说明：项目特征描述新增"弃碴运距"。工作内容新增"出碴"，将原来的"施工排水"扩展为"施工面排水"，"洞内石方运输"扩展为"弃碴场内堆放、运输"，删除原来的"临时支护"					
3	2013 计量规范	040401003	竖井开挖	1. 岩石类别； 2. 开挖断面； 3. 爆破要求； 4. 弃碴运距	按设计图示结构断面尺寸乘以长度以体积计算（计量单位：m³）	1. 爆破或机械开挖； 2. 施工面排水； 3. 出碴； 4. 弃碴场内堆放、运输； 5. 弃碴外运
	08 规范	040401003	竖井开挖	1. 岩石类别； 2. 开挖断面； 3. 爆破要求		1. 爆破或机械开挖； 2. 施工排水； 3. 弃碴运输； 4. 弃碴外运
	说明：项目特征描述新增"弃碴运距"。工作内容新增"出碴"，将原来的"施工排水"扩展为"施工面排水"，"弃碴运输"扩展为"弃碴场内堆放、运输"					
4	13 规范	040401004	地沟开挖	1. 断面尺寸； 2. 岩石类别； 3. 爆破要求； 4. 弃碴运距	按设计图示结构断面尺寸乘以长度以体积计算（计量单位：m³）	1. 爆破或机械开挖； 2. 施工面排水； 3. 出碴； 4. 弃碴场内堆放、运输； 5. 弃碴外运
	08 规范	040401004	地沟开挖	1. 断面尺寸； 2. 岩石类别； 3. 爆破要求		1. 爆破或机械开挖； 2. 弃碴运输； 3. 施工排水； 4. 弃碴外运
	说明：项目特征描述新增"弃碴运距"。工作内容新增"出碴"，将原来的"施工排水"扩展为"施工面排水"，"弃碴运输"扩展为"弃碴场内堆放、运输"					
5	13 规范	040401005	小导管	1. 类型； 2. 材料品种； 3. 管径、长度	按设计图示尺寸以长度计算（计量单位：m）	1. 制作； 2. 布眼； 3. 钻孔； 4. 安装
	08 规范	—	—	—	—	—
	说明：新增项目内容					

续表

序号	版别	项目编码	项目名称	项目特征	工程量计算规则	工作内容
6	13 规范	040401006	管棚	1. 类型； 2. 材料品种； 3. 管径、长度	按设计图示尺寸以长度计算（计量单位：m）	1. 制作； 2. 布眼； 3. 钻孔； 4. 安装
	08 规范	—	—	—	—	—
	说明：新增项目内容					
7	13 规范	040401007	注浆	1. 浆液种类； 2. 配合比	按设计注浆量以体积计算（计量单位：m³）	1. 浆液制作； 2. 钻孔注浆； 3. 堵孔
	08 规范	—	—	—	—	—
	说明：新增项目内容					

注：弃碴运距可以不描述，但应注明由投标人根据施工现场实际情况自行考虑决定报价。

4.1.2 岩石隧道衬砌

岩石隧道衬砌工程量清单项目设置、项目特征描述的内容、计量单位及工程量计算规则等的变化对照情况，见表 4-2。

岩石隧道衬砌（编码：040402） 表 4-2

序号	版别	项目编码	项目名称	项目特征	工程量计算规则	工作内容
1	13 规范	040402001	混凝土仰拱衬砌	1. 拱跨径； 2. 部位； 3. 厚度； 4. 混凝土强度等级	按设计图示尺寸以体积计算（计量单位：m³）	1. 模板制作、安装、拆除； 2. 混凝土拌合、运输、浇筑； 3. 养护
		040402002	混凝土顶拱衬砌			
	08 规范	040402001	混凝土拱部衬砌	1. 断面尺寸； 2. 混凝土强度等级、石料最大粒径		1. 混凝土浇筑； 2. 养生
	说明：项目名称拆分为"混凝土仰拱衬砌"和"混凝土顶拱衬砌"。项目特征描述新增"拱跨径"、"部位"和"厚度"，将原来的"混凝土强度等级、石料最大粒径"简化为"混凝土强度等级"，删除原来的"断面尺寸"。工作内容新增"模板制作、安装、拆除"，将原来的"混凝土浇筑"扩展为"混凝土拌合、运输、浇筑"，"养生"修改为"养护"					
2	13 规范	040402003	混凝土边墙衬砌	1. 部位； 2. 厚度； 3. 混凝土强度等级	按设计图示尺寸以体积计算（计量单位：m³）	1. 模板制作、安装、拆除； 2. 混凝土拌合、运输、浇筑； 3. 养护
	08 规范	040402002	混凝土边墙衬砌	1. 断面尺寸； 2. 混凝土强度等级、石料最大粒径		1. 混凝土浇筑； 2. 养生
	说明：项目特征描述新增"部位"和"厚度"，将原来的"混凝土强度等级、石料最大粒径"简化为"混凝土强度等级"，删除原来的"断面尺寸"。工作内容新增"模板制作、安装、拆除"，将原来的"混凝土浇筑"扩展为"混凝土拌合、运输、浇筑"，"养生"修改为"养护"					

续表

序号	版别	项目编码	项目名称	项目特征	工程量计算规则	工作内容
3	13规范	040402004	混凝土竖井衬砌	1. 厚度；2. 混凝土强度等级	按设计图示尺寸以体积计算（计量单位：m³）	1. 模板制作、安装、拆除；2. 混凝土拌合、运输、浇筑；3. 养护
	08规范	040402003	混凝土竖井衬砌	1. 断面尺寸；2. 混凝土强度等级、石料最大粒径		1. 混凝土浇筑；2. 养生
	说明：项目特征描述新增"厚度"，将原来的"混凝土强度等级、石料最大粒径"简化为"混凝土强度等级"，删除原来的"断面尺寸"。工作内容新增"模板制作、安装、拆除"，将原来的"混凝土浇筑"扩展为"混凝土拌合、运输、浇筑"，"养生"修改为"养护"						
4	13规范	040402005	混凝土沟道	1. 断面尺寸；2. 混凝土强度等级	按设计图示尺寸以体积计算（计量单位：m³）	1. 模板制作、安装、拆除；2. 混凝土拌合、运输、浇筑；3. 养护
	08规范	040402004	混凝土沟道	1. 断面尺寸；2. 混凝土强度等级、石料最大粒径		1. 混凝土浇筑；2. 养生
	说明：项目特征描述将原来的"混凝土强度等级、石料最大粒径"简化为"混凝土强度等级"。工作内容新增"模板制作、安装、拆除"，将原来的"混凝土浇筑"扩展为"混凝土拌合、运输、浇筑"，"养生"修改为"养护"						
5	13规范	040402006	拱部喷射混凝土	1. 结构形式；2. 厚度；3. 混凝土强度等级；4. 掺加材料品种、用量	按设计图示尺寸以面积计算（计量单位：m²）	1. 清洗基层；2. 混凝土拌合、运输、浇筑、喷射；3. 收回弹料；4. 喷射施工平台搭设、拆除
	08规范	040402005	拱部喷射混凝土	1. 厚度；2. 混凝土强度等级、石料最大粒径		1. 清洗岩石；2. 喷射混凝土
	说明：项目特征描述新增"结构形式"和"掺加材料品种、用量"，将原来的"混凝土强度等级、石料最大粒径"简化为"混凝土强度等级"。工作内容新增"混凝土拌合、运输、浇筑、喷射"、"收回弹料"和"喷射施工平台搭设、拆除"，将原来的"清洗岩石"修改为"清洗基层"，删除原来的"喷射混凝土"						

序号	版别	项目编码	项目名称	项目特征	工程量计算规则	工作内容
6	13规范	040402007	边墙喷射混凝土	1. 结构形式； 2. 厚度； 3. 混凝土强度等级； 4. 掺加材料品种、用量	按设计图示尺寸以面积计算（计量单位：m²）	1. 清洗基层； 2. 混凝土拌合、运输、浇筑、喷射； 3. 收回弹料； 4. 喷射施工平台搭设、拆除
	08规范	040402006	边墙喷射混凝土	1. 厚度； 2. 混凝土强度等级、石料最大粒径		1. 清洗岩石； 2. 喷射混凝土
	说明：项目特征描述新增"结构形式"和"掺加材料品种、用量"，将原来的"混凝土强度等级、石料最大粒径"简化为"混凝土强度等级"。工作内容新增"混凝土拌合、运输、浇筑、喷射"、"收回弹料"和"喷射施工平台搭设、拆除"，将原来的"清洗岩石"修改为"清洗基层"，删除原来的"喷射混凝土"					
7	13规范	040402008	拱圈砌筑	1. 断面尺寸； 2. 材料品种、规格； 3. 砂浆强度等级	按设计图示尺寸以体积计算（计量单位：m³）	1. 砌筑； 2. 勾缝； 3. 抹灰
	08规范	040402007	拱圈砌筑	1. 断面尺寸； 2. 材料品种； 3. 规格； 4. 砂浆强度等级		
	说明：项目特征描述将原来的"材料品种"和"规格"归并为"材料品种、规格"					
8	13规范	040402009	边墙砌筑	1. 厚度； 2. 材料品种、规格； 3. 砂浆强度等级	按设计图示尺寸以体积计算（计量单位：m³）	1. 砌筑； 2. 勾缝； 3. 抹灰
	08规范	040402008	边墙砌筑	1. 厚度； 2. 材料品种； 3. 规格； 4. 砂浆强度等级		
	说明：项目特征描述将原来的"材料品种"和"规格"归并为"材料品种、规格"					

序号	版别	项目编码	项目名称	项目特征	工程量计算规则	工作内容
9	13规范	040402010	砌筑沟道	1. 断面尺寸； 2. 材料品种、规格； 3. 砂浆强度等级	按设计图示尺寸以体积计算（计量单位：m³）	1. 砌筑； 2. 勾缝； 3. 抹灰
	08规范	040402009	砌筑沟道	1. 断面尺寸； 2. 材料品种； 3. 规格； 4. 砂浆强度		
	说明：项目特征描述将原来的"材料品种"和"规格"归并为"材料品种、规格"					
10	13规范	040402011	洞门砌筑	1. 形状； 2. 材料品种、规格； 3. 砂浆强度等级	按设计图示尺寸以体积计算（计量单位：m³）	1. 砌筑； 2. 勾缝； 3. 抹灰
	08规范	040402010	洞门砌筑	1. 形状； 2. 材料； 3. 规格； 4. 砂浆强度等级		
	说明：项目特征描述将原来的"材料"和"规格"归并为"材料品种、规格"					
11	13规范	040402012	锚杆	1. 直径； 2. 长度； 3. 锚杆类型； 4. 砂浆强度等级	按设计图示尺寸以质量计算（计量单位：t）	1. 钻孔； 2. 锚杆制作、安装； 3. 压浆
	08规范	040402011	锚杆	1. 直径； 2. 长度； 3. 类型		
	说明：项目特征描述新增"砂浆强度等级"，将原来的"类型"扩展为"锚杆类型"					
12	13规范	040402013	充填压浆	1. 部位； 2. 浆液成分强度	按设计图示尺寸以体积计算（计量单位：m³）	1. 打孔、安装； 2. 压浆
	08规范	040402012	充填压浆			
	说明：各项目内容未做修改					
13	13规范	040402014	仰拱填充	1. 填充材料； 2. 规格； 3. 强度等级	按设计图示回填尺寸以体积计算（计量单位：m³）	1. 配料； 2. 填充
	08规范	—	—	—	—	—
	说明：新增项目内容					

序号	版别	项目编码	项目名称	项目特征	工程量计算规则	工作内容
14	13规范	040402015	透水管	1. 材质； 2. 规格	按设计图示尺寸以长度计算（计量单位：m）	安装
	08规范	—	—	—	—	—
	说明：新增项目内容					
15	13规范	040402016	沟道盖板	1. 材质； 2. 规格尺寸； 3. 强度等级	按设计图示尺寸以长度计算（计量单位：m）	制作、安装
	08规范	—	—	—	—	—
	说明：新增项目内容					
16	13规范	040402017	变形缝	1. 类别； 2. 材料品种、规格； 3. 工艺要求	按设计图示尺寸以长度计算（计量单位：m）	制作、安装
	08规范	—	—	—	—	—
	说明：新增项目内容					
17	13规范	040402018	施工缝	1. 类别； 2. 材料品种、规格； 3. 工艺要求	按设计图示尺寸以长度计算（计量单位：m）	制作、安装
	08规范	—	—	—	—	—
	说明：新增项目内容					
18	13规范	040402019	柔性防水层	材料品种、规格	按设计图示尺寸以面积计算（计量单位：m²）	铺设
	08规范	040402015	柔性防水层	1. 材料； 2. 规格		防水层铺设
	说明：项目特征描述将原来的"材料"和"规格"归并为"材料品种、规格"。工作内容将原来的"防水层铺设"简化为"铺设"					

注：遇本节清单项目未列的砌筑构筑物时，应按《市政工程工程量计算规范》GB 50857—2013 附录 C 桥涵工程中相关项目编码列项。

4.1.3 盾构掘进

盾构掘进工程量清单项目设置、项目特征描述的内容、计量单位及工程量计算规则等对照情况，见表 4-3。

盾构掘进（编号：040403）   表 4-3

序号	版别	项目编码	项目名称	项目特征	工程量计算规则	工作内容
1	13规范	040403001	盾构吊装及吊拆	1. 直径； 2. 规格型号； 3. 始发方式	按设计图示数量计算（计量单位：台·次）	1. 盾构机安装、拆除； 2. 车架安装、拆除； 3. 管线连接、调试、拆除

续表

序号	版别	项目编码	项目名称	项目特征	工程量计算规则	工作内容
1	08 规范	040403001	盾构吊装、吊拆	1. 直径； 2. 规格、型号	按设计图示数量计算 （计量单位：台·次）	1. 整体吊装； 2. 分体吊装； 3. 车架安装
	说明：项目名称修改为"盾构吊装及吊拆"。项目特征描述新增"始发方式"，将原来的"规格、型号"修改为"规格型号"。工作内容新增"盾构机安装、拆除"和"管线连接、调试、拆除"，将原来的"车架安装"扩展为"车架安装、拆除"，删除原来的"整体吊装"和"分体吊装"						
2	13 规范	040403002	盾构掘进	1. 直径； 2. 规格； 3. 形式； 4. 掘进施工段类别； 5. 密封舱材料品种； 6. 弃土（浆）运距	按设计图示掘进长度计算（计量单位：m）	1. 掘进； 2. 管片拼装； 3. 密封舱添加材料； 4. 负环管片拆除； 5. 隧道内管线路铺设、拆除； 6. 泥浆制作； 7. 泥浆处理； 8. 土方、废浆外运
	08 规范	040403002	隧道盾构掘进	1. 直径； 2. 规格； 3. 形式		1. 负环段掘进； 2. 出洞段掘进； 3. 进洞段掘进； 4. 正常段掘进； 5. 负环管片拆除； 6. 隧道内管线路拆除； 7. 土方外运
	说明：项目名称简化为"盾构掘进"。项目特征描述新增"掘进施工段类别"、"密封舱材料品种"和"弃土（浆）运距"。工作内容新增"管片拼装"、"密封舱添加材料"、"泥浆制作"和"泥浆处理"，将原来的"负环段掘进"、"出洞段掘进"、"进洞段掘进"和"正常段掘进"归并为"掘进"，"隧道内管线路拆除"扩展为"隧道内管线路铺设、拆除"，"土方外运"扩展为"土方、废浆外运"						
3	13 规范	040403003	衬砌壁后压浆	1. 浆液品种； 2. 配合比	按管片外径和盾构壳体外径所形成的充填体积计算（计量单位：m³）	1. 制浆； 2. 送浆； 3. 压浆； 4. 封堵； 5. 清洗； 6. 运输
	08 规范	040403003	衬砌压浆	1. 材料品种； 2. 配合比； 3. 砂浆强度等级； 4. 石料最大粒径		1. 同步压浆； 2. 分块压浆
	说明：项目名称扩展为"衬砌壁后压浆"。项目特征描述将原来的"材料品种"修改为"浆液品种"，删除原来的"砂浆强度等级"和"石料最大粒径"。工作内容新增"制浆"、"送浆"、"封堵"、"清洗"和"运输"，将原来的"同步压浆"和"分块压浆"归并为"压浆"						

序号	版别	项目编码	项目名称	项目特征	工程量计算规则	工作内容
4	13规范	040403004	预制钢筋混凝土管片	1. 直径； 2. 厚度； 3. 宽度； 4. 混凝土强度等级	按设计图示尺寸以体积计算（计量单位：m³）	1. 运输； 2. 试拼装； 3. 安装
4	08规范	040403004	预制钢筋混凝土管片	1. 直径； 2. 厚度； 3. 宽度； 4. 混凝土强度等级、石料最大粒径		1. 钢筋混凝土管片制作； 2. 管片成环试拼（每100环试拼一组）； 3. 管片安装； 4. 管片场内外运输
	说明：项目特征描述将原来的"混凝土强度等级、石料最大粒径"简化为"混凝土强度等级"。工作内容将原来的"管片成环试拼（每100环试拼一组）；"简化为"试拼装"，"管片安装"简化为"安装"，"管片场内外运输"简化为"运输"，删除原来的"钢筋混凝土管片制作"						
5	13规范	040403005	管片设置密封条	1. 管片直径、宽度、厚度； 2. 密封条材料； 3. 密封条规格	按设计图示数量计算（计量单位：环）	密封条安装
5	08规范	040403007	管片设置密封条	1. 直径； 2. 材料； 3. 规格		密封条安装
	说明：项目特征描述将原来的"直径"扩展为"管片直径、宽度、厚度"，"材料"扩展为"密封条材料"，"规格"扩展为"密封条规格"						
6	13规范	040403006	隧道洞口柔性接缝环	1. 材料； 2. 规格； 3. 部位； 4. 混凝土强度等级	按设计图示以隧道管片外径周长计算（计量单位：m）	1. 制作、安装临时防水环板； 2. 制作、安装、拆除临时止水缝； 3. 拆除临时钢环板； 4. 拆除洞口环管片； 5. 安装钢环板； 6. 柔性接缝环； 7. 洞口钢筋混凝土环圈
6	08规范	040403008	隧道洞口柔性接缝环	1. 材料； 2. 规格		1. 拆临时防水环板； 2. 安装、拆除临时止水带； 3. 拆除洞口环管片； 4. 安装钢环板； 5. 柔性接缝环； 6. 洞口混凝土环圈
	说明：项目特征描述新增"部位"和"混凝土强度等级"。工作内容新增"制作、安装临时防水环"和"拆除临时钢环板"，将原来的"安装、拆除临时止水带"扩展为"制作、安装、拆除临时止水缝"，"洞口混凝土环圈"扩展为"洞口钢筋混凝土环圈"，删除原来的"拆临时防水环板"						

续表

序号	版别	项目编码	项目名称	项目特征	工程量计算规则	工作内容
7	13规范	040403007	管片嵌缝	1. 直径； 2. 材料； 3. 规格	按设计图示数量计算（计量单位：环）	1. 管片嵌缝槽表面处理、配料嵌缝； 2. 管片手孔封堵
	08规范	040403009	管片嵌缝			1. 管片嵌缝； 2. 管片手孔封堵
	说明：工作内容将原来的"管片嵌缝"扩展为"管片嵌缝槽表面处理、配料嵌缝"					
8	13规范	040403008	盾构机调头	1. 直径； 2. 规格型号； 3. 始发方式	按设计图示数量计算（计量单位：台·次）	1. 钢板、基座铺设； 2. 盾构拆卸； 3. 盾构调头、平行移运定位； 4. 盾构拼装； 5. 连接管线、调试
	08规范	—	—	—	—	—
	说明：新增项目内容					
9	13规范	040403009	盾构机转场运输	1. 直径； 2. 规格型号； 3. 始发方式	按设计图示数量计算（计量单位：台·次）	1. 盾构机安装、拆除； 2. 车架安装、拆除； 3. 盾构机、车架转场运输
	08规范	—	—	—	—	—
	说明：新增项目内容					
10	13规范	040403010	盾构基座	1. 材质； 2. 规格； 3. 部位	按设计图示尺寸以质量计算（计量单位：t）	1. 制作； 2. 安装； 3. 拆除
	08规范	—	—	—	—	—
	说明：新增项目内容					

注：1. 衬砌壁后压浆清单项目在编制工程量清单时，其工程数量可为暂估量，结算时按现场签证数量计算。
　　2. 盾构基座系指常用的钢结构，如果是钢筋混凝土结构，应按《市政工程工程量计算规范》GB 50857—2013 附录 D.7 沉管隧道中相关项目进行列项。
　　3. 钢筋混凝土管片按成品编制，购置费用应计入综合单价中。

4.1.4　管节顶升、旁通道

管节顶升、旁通道工程量清单项目设置、项目特征描述的内容、计量单位及工程量计算规则等的变化对照情况，见表 4-4。

管节顶升、旁通道（编码：040404） 表 4-4

序号	版别	项目编码	项目名称	项目特征	工程量计算规则	工作内容
1	13 规范	040404001	钢筋混凝土顶升管节	1. 材质； 2. 混凝土强度等级	按设计图示尺寸以体积计算（计量单位：m³）	1. 钢模板制作； 2. 混凝土拌合、运输、浇筑； 3. 养护； 4. 管节试拼装； 5. 管节场内外运输
	08 规范	—	—	—	—	—
	说明：新增项目内容					
2	13 规范	040404002	垂直顶升设备安装、拆除	规格、型号	按设计图示数量计算（计量单位：套）	1. 基座制作和拆除； 2. 车架、设备吊装就位； 3. 拆除、堆放
	08 规范	—	—	—	—	—
	说明：新增项目内容					
3	13 规范	040404003	管节垂直顶升	1. 断面； 2. 强度； 3. 材质	按设计图示以顶升长度计算（计量单位：m）	1. 管节吊运； 2. 首节顶升； 3. 中间节顶升； 4. 尾节顶升
	08 规范	040404001	管节垂直顶升			1. 钢壳制作； 2. 混凝土浇筑； 3. 管节试拼装； 4. 管节顶升
	说明：工作内容新增"管节吊运"、"首节顶升"、"中间节顶升"和"尾节顶升"，删除原来的"钢壳制作"、"混凝土浇筑"、"管节试拼装"和"管节顶升"					
4	13 规范	040404004	安装止水框、连系梁	材质	按设计图示尺寸以质量计算（计量单位：t）	制作、安装
	08 规范	040404002	安装止水框、连系梁			1. 止水框制作、安装； 2. 连系梁制作、安装
	说明：工作内容简化原来的"止水框制作、安装"和"连系梁制作、安装"简化为"制作、安装"					
5	13 规范	040404005	阴极保护装置	1. 型号； 2. 规格	按设计图示数量计算（计量单位：组）	1. 恒电位仪安装； 2. 阳极安装； 3. 阴极安装； 4. 参变电极安装； 5. 电缆敷设； 6. 接线盒安装
	08 规范	040404003	阴极保护装置			
	说明：各项目内容未做修改					

续表

序号	版别	项目编码	项目名称	项目特征	工程量计算规则	工作内容
6	13规范	040404006	安装取、排水头	1. 部位; 2. 尺寸	按设计图示数量计算（计量单位：个）	1. 顶升口揭顶盖; 2. 取排水头部安装
	08规范	040404004	安装取排水头	1. 部位（水中、陆上）; 2. 尺寸		
	说明：项目名称修改为"安装取、排水头"。项目特征描述将原来的"部位（水中、陆上）"简化为"部位"						
7	13规范	040404007	隧道内旁通道开挖	1. 土壤类别; 2. 土体加固方式	按设计图示尺寸以体积计算（计量单位：m³）	1. 土体加固; 2. 支护; 3. 土方暗挖; 4. 土方运输
	08规范	040404005	隧道内旁通道开挖	土壤类别		1. 地基加固; 2. 管片拆除; 3. 支护; 4. 土方暗挖; 5. 土方运输
	说明：项目特征描述新增"土体加固方式"。工作内容将原来的"地基加固"修改为"土体加固"，删除原来的"管片拆除"						
8	13规范	040404008	旁通道结构混凝土	1. 断面; 2. 混凝土强度等级	按设计图示尺寸以体积计算（计量单位：m³）	1. 模板制作、安装; 2. 混凝土拌合、运输、浇筑; 3. 洞门接口防水
	08规范	040404006	旁通道结构混凝土	1. 断面; 2. 混凝土强度等级、石料最大粒径		1. 混凝土浇筑; 2. 洞门接口防水
	说明：项目特征描述将原来的"混凝土强度等级、石料最大粒径"简化为"混凝土强度等级"。工作内容新增"模板制作、安装"，将原来的"混凝土浇筑"扩展为"混凝土拌合、运输、浇筑"						
9	13规范	040404009	隧道内集水井	1. 部位; 2. 材料; 3. 形式	按设计图示数量计算（计量单位：座）	1. 拆除管片建集水井; 2. 不拆管片建集水井
	08规范	040404007	隧道内集水井			
	说明：各项目内容未作修改						
10	13规范	040404010	防爆门	1. 形式; 2. 断面	按设计图示数量计算（计量单位：扇）	1. 防爆门制作; 2. 防爆门安装
	08规范	040404008	防爆门	1. 形式; 2. 断面		1. 防爆门制作; 2. 防爆门安装
	说明：各项目内容未做修改						

序号	版别	项目编码	项目名称	项目特征	工程量计算规则	工作内容
11	13 规范	040404011	钢筋混凝土复合管片	1. 图集、图纸名称； 2. 构件代号、名称； 3. 材质； 4. 混凝土强度等级	按设计图示尺寸以体积计算（计量单位：m³)	1. 构件制作； 2. 试拼装； 3. 运输、安装
	08 规范	—	—	—	—	—
	说明：新增项目内容					
12	13 规范	040404012	钢管片	1. 材质； 2. 探伤要求	按设计图示以质量计算（计量单位：t)	1. 钢管片制作； 2. 试拼装； 3. 探伤； 4. 运输、安装
	08 规范	—	—	—	—	—
	说明：新增项目内容					

4.1.5 隧道沉井

隧道沉井工程量清单项目设置、项目特征描述的内容、计量单位及工程量计算规则等的变化对照情况，见表4-5。

隧道沉井（编码：040405） 表 4-5

序号	版别	项目编码	项目名称	项目特征	工程量计算规则	工作内容
1	13 规范	040405001	沉井井壁混凝土	1. 形状； 2. 规格； 3. 混凝土强度等级	按设计尺寸以外围井筒混凝土体积计算（计量单位：m³)	1. 模板制作、安装、拆除； 2. 刃脚、框架、井壁混凝土浇筑； 3. 养护
	08 规范	040405001	沉井井壁混凝土	1. 形状； 2. 混凝土强度等级、石料最大粒径	按设计尺寸以井筒混凝土体积计算（计量单位：m³)	1. 沉井砂垫层； 2. 刃脚混凝土垫层； 3. 混凝土浇筑； 4. 养生
	说明：项目特征描述新增"规格"，将原来的"混凝土强度等级、石料最大粒径"简化为"混凝土强度等级"。工程量计算规则将原来的"以井筒混凝土体积"修改为"以外围井筒混凝土体积"。工作内容新增"模板制作、安装、拆除"，将原来的"刃脚混凝土垫层"和"混凝土浇筑"归并为"刃脚、框架、井壁混凝土浇筑"，"养生"修改为"养护"					

续表

序号	版别	项目编码	项目名称	项目特征	工程量计算规则	工作内容
2	13规范	040405002	沉井下沉	1. 下沉深度； 2. 弃土运距	按设计图示井壁外围面积乘以下沉深度以体积计算（计量单位：m³）	1. 垫层凿除； 2. 排水挖土下沉； 3. 不排水下沉； 4. 触变泥浆制作、输送； 5. 弃土外运
	08规范	040405002	沉井下沉	深度		1. 排水挖土下沉； 2. 不排水下沉； 3. 土方场外运输
	说明：项目特征描述新增"弃土运距"，将原来的"深度"扩展为"下沉深度"。工作内容新增"垫层凿除"和"触变泥浆制作、输送"，将原来的"土方场外运输"修改为"弃土外运"					
3	13规范	040405003	沉井混凝土封底	混凝土强度等级	按设计图示尺寸以体积计算（计量单位：m³）	1. 混凝土干封底； 2. 混凝土水下封底
	08规范	040405003	沉井混凝土封底	混凝土强度等级、石料最大粒径		
	说明：项目特征描述将原来的"混凝土强度等级、石料最大粒径"简化为"混凝土强度等级"					
4	13规范	040405004	沉井混凝土底板	混凝土强度等级	按设计图示尺寸以体积计算（计量单位：m³）	1. 模板制作、安装、拆除； 2. 混凝土拌合、运输、浇筑； 3. 养护
	08规范	040405004	沉井混凝土底板	混凝土强度等级、石料最大粒径		1. 混凝土浇筑； 2. 养生
	说明：项目特征描述将原来的"混凝土强度等级、石料最大粒径"简化为"混凝土强度等级"。工作内容新增"模板制作、安装、拆除"，将原来的"混凝土浇筑"扩展为"混凝土拌合、运输、浇筑"，"养生"修改为"养护"					
5	13规范	040405005	沉井填心	材料品种	按设计图示尺寸以体积计算（计量单位：m³）	1. 排水沉井填心； 2. 不排水沉井填心
	08规范	040405005	沉井填心			
	说明：各项目内容未做修改					
6	13规范	040405006	沉井混凝土隔墙	混凝土强度等级	按设计图示尺寸以体积计算（计量单位：m³）	1. 模板制作、安装、拆除； 2. 混凝土拌合、运输、浇筑； 3. 养护
	08规范	—	—	—	—	—
	说明：新增项目内容					
7	13规范	040405007	钢封门	1. 材质； 2. 尺寸	按设计图示尺寸以质量计算（计量单位：t）	1. 钢封门安装； 2. 钢封门拆除
	08规范	040405006	钢封门			
	说明：各项目内容未做修改					

注：沉井垫层按《市政工程工程量计算规范》GB 50857—2013附录C桥涵工程中相关项目编码列项。

4.1.6 混凝土结构

混凝土结构工程量清单项目设置、项目特征描述的内容、计量单位及工程量计算规则等的变化对照情况，见表 4-6。

混凝土结构（编码：040406）　　　　　　　　　　　表 4-6

序号	版别	项目编码	项目名称	项目特征	工程量计算规则	工作内容
1	13 规范	040406001	混凝土地梁	1. 类别、部位；2. 混凝土强度等级	按设计图示尺寸以体积计算（计量单位：m³）	1. 模板制作、安装、拆除；2. 混凝土拌合、运输、浇筑；3. 养护
	08 规范	040407001	混凝土地梁	1. 垫层厚度、材料品种、强度；2. 混凝土强度等级、石料最大粒径		1. 垫层铺设；2. 混凝土浇筑；3. 养生
	说明：项目特征描述新增"类别、部位"，将原来的"混凝土强度等级、石料最大粒径"简化为"混凝土强度等级"，删除原来的"垫层厚度、材料品种、强度"。工作内容新增"模板制作、安装、拆除"，将原来的"混凝土浇筑"扩展为"混凝土拌合、运输、浇筑"，"养生"修改为"养护"，删除原来的"垫层铺设"						
2	13 规范	040406002	混凝土底板	1. 类别、部位；2. 混凝土强度等级	按设计图示尺寸以体积计算（计量单位：m³）	1. 模板制作、安装、拆除；2. 混凝土拌合、运输、浇筑；3. 养护
	08 规范	040407002	钢筋混凝土底板	1. 垫层厚度、材料品种、强度；2. 混凝土强度等级、石料最大粒径		1. 垫层铺设；2. 混凝土浇筑；3. 养生
		040407008	隧道内衬弓形底板	1. 混凝土强度等级；2. 石料最大粒径		1. 混凝土浇筑；2. 养生
	说明：项目名称归并为"混凝土底板"。项目特征描述新增"类别、部位"，删除原来的"石料最大粒径"和"垫层厚度、材料品种、强度"。工作内容新增"模板制作、安装、拆除"，将原来的"混凝土浇筑"扩展为"混凝土拌合、运输、浇筑"，"养生"修改为"养护"，删除原来的"垫层铺设"						
3	13 规范	040406003	混凝土柱	1. 类别、部位；2. 混凝土强度等级	按设计图示尺寸以体积计算（计量单位：m³）	1. 模板制作、安装、拆除；2. 混凝土拌合、运输、浇筑；3. 养护
	08 规范	040407005	混凝土柱	混凝土强度等级、石料最大粒径		1. 混凝土浇筑；2. 养生
	说明：项目特征描述新增"类别、部位"，将原来的"混凝土强度等级、石料最大粒径"简化为"混凝土强度等级"。工作内容新增"模板制作、安装、拆除"，将原来的"混凝土浇筑"扩展为"混凝土拌合、运输、浇筑"，"养生"修改为"养护"						

续表

序号	版别	项目编码	项目名称	项目特征	工程量计算规则	工作内容
4	13 规范	040406004	混凝土墙	1. 类别、部位； 2. 混凝土强度等级	按设计图示尺寸以体积计算（计量单位：m³）	1. 模板制作、安装、拆除； 2. 混凝土拌合、运输、浇筑； 3. 养护
	08 规范	040407004	混凝土衬墙	混凝土强度等级、石料最大粒径		1. 混凝土浇筑； 2. 养生
		040407009	隧道内衬侧墙	1. 混凝土强度等级； 2. 石料最大粒径		
		040407011	隧道内支承墙	1. 强度； 2. 石料最大粒径		

说明：项目名称归并为"混凝土墙"。项目特征描述新增"类别、部位"，删除原来的"石料最大粒径"。工作内容新增"模板制作、安装、拆除"，将原来的"混凝土浇筑"扩展为"混凝土拌合、运输、浇筑"，"养生"修改为"养护"

序号	版别	项目编码	项目名称	项目特征	工程量计算规则	工作内容
5	13 规范	040406005	混凝土梁	1. 类别、部位； 2. 混凝土强度等级	按设计图示尺寸以体积计算（计量单位：m³）	1. 模板制作、安装、拆除； 2. 混凝土拌合、运输、浇筑； 3. 养护
	08 规范	040407006	混凝土梁	1. 部位； 2. 混凝土强度等级、石料最大粒径		1. 混凝土浇筑； 2. 养生

说明：项目特征描述新增"类别、部位"，将原来的"混凝土强度等级、石料最大粒径"简化为"混凝土强度等级"。工作内容新增"模板制作、安装、拆除"，将原来的"混凝土浇筑"扩展为"混凝土拌合、运输、浇筑"，"养生"修改为"养护"

序号	版别	项目编码	项目名称	项目特征	工程量计算规则	工作内容
6	13 规范	040406006	混凝土平台、顶板	1. 类别、部位； 2. 混凝土强度等级	按设计图示尺寸以体积计算（计量单位：m³）	1. 模板制作、安装、拆除； 2. 混凝土拌合、运输、浇筑； 3. 养护
	08 规范	040407007	混凝土平台、顶板	1. 混凝土强度等级； 2. 石料最大粒径		1. 混凝土浇筑； 2. 养生

说明：项目特征描述新增"类别、部位"，删除原来的"石料最大粒径"。工作内容新增"模板制作、安装、拆除"，将原来的"混凝土浇筑"扩展为"混凝土拌合、运输、浇筑"，"养生"修改为"养护"

续表

序号	版别	项目编码	项目名称	项目特征	工程量计算规则	工作内容
7	13 规范	040406007	圆隧道内架空路面	1. 厚度； 2. 混凝土强度等级	按设计图示尺寸以体积计算（计量单位：m³）	1. 模板制作、安装、拆除； 2. 混凝土拌合、运输、浇筑； 3. 养护
	08 规范	040407013	圆隧道内架空路面	1. 厚度； 2. 强度等级 3. 石料最大粒径		1. 混凝土浇筑； 2. 养生

说明：项目特征描述删除原来的"石料最大粒径"，将原来的"强度等级"扩展为"混凝土强度等级"。工作内容新增"模板制作、安装、拆除"，将原来的"混凝土浇筑"扩展为"混凝土拌合、运输、浇筑"，"养生"修改为"养护"

序号	版别	项目编码	项目名称	项目特征	工程量计算规则	工作内容
8	13 规范	040406008	隧道内其他结构混凝土	1. 部位、名称； 2. 混凝土强度等级	按设计图示尺寸以体积计算（计量单位：m³）	1. 模板制作、安装、拆除； 2. 混凝土拌合、运输、浇筑； 3. 养护
	08 规范	040407014	隧道内附属结构混凝土	1. 不同项目名称，如楼梯、电缆构、车道侧石等； 2. 混凝土强度等级、石料最大粒径		1. 混凝土浇筑； 2. 养生

说明：项目名称修改为"隧道内其他结构混凝土"。项目特征描述新增"部位、名称"，将原来的"混凝土强度等级、石料最大粒径"简化为"混凝土强度等级"，删除原来的"不同项目名称，如楼梯、电缆构、车道侧石等"。工作内容新增"模板制作、安装、拆除"，将原来的"混凝土浇筑"扩展为"混凝土拌合、运输、浇筑"，"养生"修改为"养护"

注：1. 隧道洞内道路路面铺装应按《市政工程工程量计算规范》GB 50857—2013 附录 B 道路工程相关清单项目编码列项。
2. 隧道洞内顶部和边墙内衬的装饰应按《市政工程工程量计算规范》GB 50857—2013 附录 C 桥涵工程相关清单项目编码列项。
3. 隧道内其他结构混凝土包括楼梯、电缆沟、车道侧石等。
4. 垫层、基础应按《市政工程工程量计算规范》GB 50857—2013 附录 C 桥涵工程相关清单项目编码列项。
5. 隧道内衬弓形底板、侧墙、支承墙应按本表混凝土底板、混凝土墙的相关清单项目编码列项，并在项目特征中描述其类别、部位。

4.1.7　沉管隧道

沉管隧道工程量清单项目设置、项目特征描述的内容、计量单位及工程量计算规则等的变化对照情况，见表 4-7。

沉管隧道（编码：040407）

表 4-7

序号	版别	项目编码	项目名称	项目特征	工程量计算规则	工作内容
1	13 规范	040407001	预制沉管底垫层	1. 材料品种、规格； 2. 厚度	按设计图示沉管底面积乘以厚度以体积计算（计量单位：m³）	1. 场地平整； 2. 垫层铺设
	08 规范	040408001	预制沉管底垫层	1. 规格； 2. 材料； 3. 厚度	按设计图示尺寸以沉管底面积乘以厚度以体积计算（计量单位：m³）	
	说明：项目特征描述将原来的"规格"和"材料"归并为"材料品种、规格"。工程量计算规则简化说明将原来的"按设计图示尺寸以沉管底面积"修改为"按设计图示尺寸以沉管底面积"						
2	13 规范	040407002	预制沉管钢底板	1. 材质； 2. 厚度	按设计图示尺寸以质量计算（计量单位：t）	钢底板制作、铺设
	08 规范	040408002	预制沉管钢底板			
	说明：各项目内容未做修改						
3	13 规范	040407003	预制沉管混凝土板底	混凝土强度等级	按设计图示尺寸以体积计算（计量单位：m³）	1. 模板制作、安装、拆除； 2. 混凝土拌合、运输、浇筑； 3. 养护； 4. 底板预埋注浆管
	08 规范	040408003	预制沉管混凝土板底	混凝土强度等级、石料最大粒径		1. 混凝土浇筑； 2. 养生； 3. 底板预埋注浆管
	说明：项目特征描述将原来的"混凝土强度等级、石料最大粒径"简化为"混凝土强度等级"。工作内容新增"模板制作、安装、拆除"，将原来的"混凝土浇筑"扩展为"混凝土拌合、运输、浇筑"，"养生"修改为"养护"						
4	13 规范	040407004	预制沉管混凝土侧墙	混凝土强度等级	按设计图示尺寸以体积计算（计量单位：m³）	1. 模板制作、安装、拆除； 2. 混凝土拌合、运输、浇筑； 3. 养护
	08 规范	040408004	预制沉管混凝土侧墙	混凝土强度等级、石料最大粒径		1. 混凝土浇筑； 2. 养生
	说明：项目特征描述将原来的"混凝土强度等级、石料最大粒径"简化为"混凝土强度等级"。工作内容新增"模板制作、安装、拆除"，将原来的"混凝土浇筑"扩展为"混凝土拌合、运输、浇筑"，"养生"修改为"养护"						

续表

序号	版别	项目编码	项目名称	项目特征	工程量计算规则	工作内容
5	13规范	040407005	预制沉管混凝土顶板	混凝土强度等级	按设计图示尺寸以体积计算（计量单位：m³）	1. 模板制作、安装、拆除； 2. 混凝土拌合、运输、浇筑； 3. 养护
	08规范	040408005	预制沉管混凝土顶板	混凝土强度等级、石料最大粒径		1. 混凝土浇筑； 2. 养生
	说明：项目特征描述将原来的"混凝土强度等级、石料最大粒径"简化为"混凝土强度等级"。工作内容新增"模板制作、安装、拆除"，将原来的"混凝土浇筑"扩展为"混凝土拌合、运输、浇筑"，"养生"修改为"养护"					
6	13规范	040407006	沉管外壁防锚层	1. 材质品种； 2. 规格	按设计图示尺寸以面积计算（计量单位：m²）	铺设沉管外壁防锚层
	08规范	040408006	沉管外壁防锚层			
	说明：各项目内容未做修改					
7	13规范	040407007	鼻托垂直剪力键	材质	按设计图示尺寸以质量计算（计量单位：t）	1. 钢剪力键制作； 2. 剪力键安装
	08规范	040408007	鼻托垂直剪力键			
	说明：各项目内容未做修改					
8	13规范	040407008	端头钢壳	1. 材质、规格； 2. 强度	按设计图示尺寸以质量计算（计量单位：t）	1. 端头钢壳制作； 2. 端头钢壳安装； 3. 混凝土浇筑
	08规范	040408008	端头钢壳	1. 材质、规格； 2. 强度； 3. 石料最大粒径		
	说明：项目特征描述删除原来的"石料最大粒径"					
9	13规范	040407009	端头钢封门	1. 材质； 2. 尺寸	按设计图示尺寸以质量计算（计量单位：t）	1. 端头钢封门制作； 2. 端头钢封门安装； 3. 端头钢封门拆除
	08规范	040408009	端头钢封门			
	说明：各项目内容未做修改					
10	13规范	040407010	沉管管段浮运临时供电系统	规格	按设计图示管段数量计算（计量单位：套）	1. 发电机安装、拆除； 2. 配电箱安装、拆除； 3. 电缆安装、拆除； 4. 灯具安装、拆除
	08规范	040408010	沉管管段浮运临时供电系统			
	说明：各项目内容未做修改					

续表

序号	版别	项目编码	项目名称	项目特征	工程量计算规则	工作内容
11	13规范	040407011	沉管管段浮运临时供排水系统	规格	按设计图示管段数量计算（计量单位：套）	1. 泵阀安装、拆除； 2. 管路安装、拆除
	08规范	040408011	沉管管段浮运临时供排水系统			
	说明：各项目内容未做修改					
12	13规范	040407012	沉管管段浮运临时通风系统	规格	按设计图示管段数量计算（计量单位：套）	1. 进排风机安装、拆除； 2. 风管路安装、拆除
	08规范	040408012	沉管管段浮运临时通风系统			
	说明：各项目内容未做修改					
13	13规范	040407013	航道疏浚	1. 河床土质； 2. 工况等级； 3. 疏浚深度	按河床原断面与管段浮运时设计断面之差以体积计算（计量单位：m³）	1. 挖泥船开收工； 2. 航道疏浚挖泥； 3. 土方驳运、卸泥
	08规范	040408013	航道疏浚			
	说明：各项目内容未做修改					
14	13规范	040407014	沉管河床基槽开挖	1. 河床土质； 2. 工况等级； 3. 挖土深度	按河床原断面与槽设计断面之差以体积计算（计量单位：m³）	1. 挖泥船开收工； 2. 沉管基槽挖泥； 3. 沉管基槽清淤； 4. 土方驳运、卸泥
	08规范	040408014	沉管河床基槽开挖			
	说明：各项目内容未做修改					
15	13规范	040407015	钢筋混凝土块沉石	1. 工况等级； 2. 沉石深度	按设计图示尺寸以体积计算（计量单位：m³）	1. 预制钢筋混凝土块； 2. 装船、驳运、定位沉石； 3. 水下铺平石块
	08规范	040408015	钢筋混凝土块沉石			
	说明：各项目内容未做修改					
16	13规范	040407016	基槽抛铺碎石	1. 工况等级； 2. 石料厚度； 3. 沉石深度	按设计图示尺寸以体积计算（计量单位：m³）	1. 石料装运； 2. 定位抛石、水下铺平石块
	08规范	040408016	基槽抛铺碎石	1. 工况等级； 2. 石料厚度； 3. 铺石深度		1. 石料装运； 2. 定位抛石； 3. 水下铺平石料
	说明：项目特征描述将原来的"铺石深度"修改为"沉石深度"。工作内容将原来的"定位抛石"和"水下铺平石料"归并为"定位抛石、水下铺平石块"					

序号	版别	项目编码	项目名称	项目特征	工程量计算规则	工作内容
17	13 规范	040407017	沉管管节浮运	1. 单节管段质量； 2. 管段浮运距离	按设计图示尺寸和要求以沉管管节质量和浮运距离的复合单位计算（计量单位：kt·m）	1. 干坞放水； 2. 管段起浮定位； 3. 管段浮运； 4. 加载水箱制作、安装、拆除； 5. 系缆柱制作、安装、拆除
	08 规范	040408017	沉管管节浮运			
	说明：各项目内容未做修改					
18	13 规范	040407018	管段沉放连接	1. 单节管段重量； 2. 管段下沉深度	按设计图示数量计算（计量单位：节）	1. 管段定位； 2. 管段压水下沉； 3. 管段端面对接； 4. 管节拉合
	08 规范	040408018	管段沉放连接			
	说明：各项目内容未做修改					
19	13 规范	040407019	砂肋软体排覆盖	1. 材料品种； 2. 规格	按设计图示尺寸以沉管顶面积加侧面外表面积计算（计量单位：m²）	水下覆盖软体排
	08 规范	040408019	砂肋软体排覆盖			
	说明：各项目内容未做修改					
20	13 规范	040407020	沉管水下压石	1. 材料品种； 2. 规格	按设计图示尺寸以顶、侧压石的体积计算（计量单位：m³）	1. 装石船开收工； 2. 定位抛石、卸石； 3. 水下铺石
	08 规范	040408020	沉管水下压石			
	说明：各项目内容未做修改					
21	13 规范	040407021	沉管接缝处理	1. 接缝连接形式； 2. 接缝长度	按设计图示数量计算（计量单位：条）	1. 接缝拉合； 2. 安装止水带； 3. 安装止水钢板； 4. 混凝土拌合、运输、浇筑
	08 规范	040408021	沉管接缝处理			1. 接缝拉合； 2. 安装止水带； 3. 安装止水钢板； 4. 混凝土浇筑
	说明：工作内容将原来的"混凝土浇筑"扩展为"混凝土拌合、运输、浇筑"					
22	13 规范	040407022	沉管底部压浆固封充填	1. 压浆材料； 2. 压浆要求	按设计图示尺寸以体积计算（计量单位：m³）	1. 制浆； 2. 管底压浆； 3. 封孔
	08 规范	040408022	沉管底部压浆固封充填			
	说明：各项目内容未做修改					

4.2 工程量清单编制实例

4.2.1 实例 4-1

1. 背景资料

某市政道路隧道长 160m，洞口桩号为 K3＋300 和 K3＋460，其中 K3＋300～K0＋360 段岩石为普坚石，此段隧道的设计断面，如图 4-1 所示。

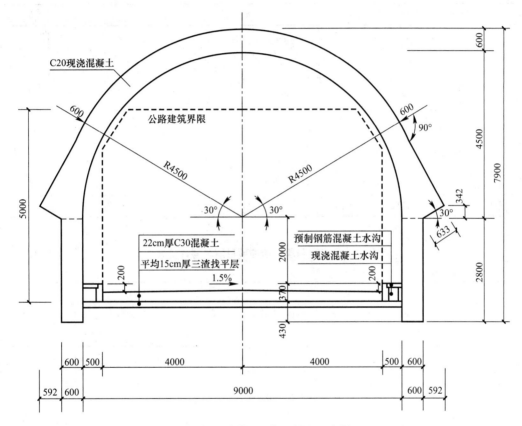

图 4-1 隧道洞口断面衬砌示意图

设计开挖断面积为 68.80m²，采用光面爆破施工；拱部衬砌断面积为 10.37m²。开挖出的废碴运距 1.5km。

边墙厚为 600mm，C20 混凝土，边墙断面积为 3.658m²。混凝土水沟断面尺寸 500mm×25mm，C20 混凝土，预制钢筋混凝土水沟盖板规格为 450mm×1000mm×10mm，C30 混凝土。

计算说明：

（1）主洞超挖部分不计算。

（2）仅计算平洞开挖、混凝土顶拱衬砌、混凝土边墙衬砌、混凝土沟道、沟道盖板的工程量。

（3）计算结果保留两位小数。

2. 问题

根据以上背景资料及现行国家标准《建设工程工程量清单计价规范》GB 50500—2013、《市政工程工程量计算规范》GB 50857—2013，试列出该隧道 K3＋300～K3＋360段的隧道要求计算的分部分项工程量清单。

3. 参考答案（表 4-8 和表 4-9）

清单工程量计算表　　　　　　　　　　　　　　　　　　　　　表 4-8

工程名称：某工程

序号	项目编码	项目名称	计算式	工程量合计	计量单位
1	040401001001	平洞开挖	普坚石，设计断面 66.67m²：68.80×60＝4128.00（m³）	4128.00	m³
2	040402002001	混凝土顶拱衬砌	拱部拱顶厚 60cm C20 混凝土：10.37×60＝622.20（m³）	622.20	m³
3	040402003001	混凝土边墙衬砌	边墙衬砌厚 60cm C20 混凝土：3.658×60＝219.48（m³）	219.48	m³
4	040402005001	混凝土沟道	断面尺寸 500mm×25mm：0.5×0.25×60＝7.50（m³）	7.50	m³
5	040402016001	沟道盖板	60	60	m

分部分项工程和单价措施项目清单与计价表　　　　　　　　　表 4-9

工程名称：某工程

序号	项目编码	项目名称	项目特征描述	计量单位	工程量	综合单价	合价	其中 暂估价
1	040401001001	平洞开挖	1. 岩石类别：普坚石； 2. 开挖断面：68.80； 3. 爆破要求：光面爆破； 4. 弃碴运距：1.5km	m³	4128.00			
2	040402002001	混凝土顶拱衬砌	1. 拱跨径：4.5m； 2. 部位：顶拱； 3. 厚度：600mm； 4. 混凝土强度等级：C20	m³	622.20			
3	040402003001	混凝土边墙衬砌	1. 部位：边墙； 2. 厚度：600mm； 3. 混凝土强度等级：C20	m³	219.48			
4	040402005001	混凝土沟道	1. 断面尺寸：500mm×25mm； 2. 混凝土强度等级：C20	m³	7.50			

续表

序号	项目编码	项目名称	项目特征描述	计量单位	工程量	金额（元）		
						综合单价	合价	其中暂估价
5	040402016001	沟道盖板	1. 材质：预制钢筋混凝土； 2. 规格尺寸：450mm×1000mm×10mm； 3. 强度等级：C30	m	60			

4.2.2 实例4-2

1. 背景资料

某隧道长150m，隧道处于普坚石地段，采用光面爆破平洞开挖方式，衬砌为C20混凝土现浇，其尺寸如图4-2所示。

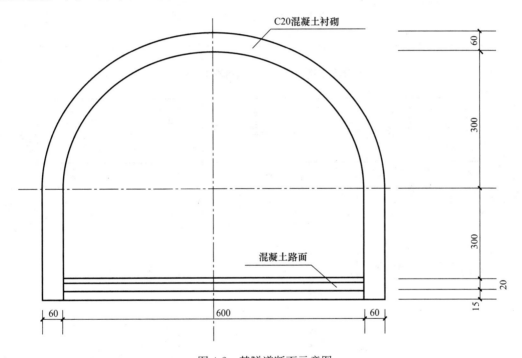

图4-2 某隧道断面示意图

计算说明：

（1）不考虑洞体超挖。

（2）衬砌包括拱部和边墙两部分。

（3）仅计算平洞开挖、混凝土顶拱衬砌、混凝土边墙衬砌的工程量。

（4）计算结果保留两位小数。

2. 问题

根据以上背景资料及现行国家标准《建设工程工程量清单计价规范》GB 50500—2013、《市政工程工程量计算规范》GB 50857—2013，试列出该隧道平洞开挖和衬砌的分部分项工程量清单。

3. 参考答案（表 4-10 和表 4-11）

清单工程量计算表　　　　　　　　　　　　　　　表 4-10

工程名称：某工程

序号	项目编码	清单项目名称	计算式	工程量合计	计量单位
1	040401001001	平洞开挖	光面爆破平洞开挖： 1. 开挖断面面积： $0.5 \times 3.14 \times (3+0.6) \times (3+0.6) + (6+0.6 \times 2) \times 2$ $= 34.747$（m³） 2. 开挖体积： $150 \times 34.747 = 5212.05$（m³）	5212.05	m³
2	040402002001	混凝土顶拱衬砌	C20 混凝土顶拱衬砌： $150 \times [0.5 \times 3.14 \times (3+0.6) \times (3+0.6) - 0.5 \times 3.14 \times 3 \times 3] = 932.58$（m³）	932.58	m³
3	040402003001	混凝土边墙衬砌	C20 混凝土边墙衬砌： $150 \times 0.6 \times 2 \times 2 = 360.00$（m³）	360.00	m³

分部分项工程和单价措施项目清单与计价表　　　　　　　表 4-11

工程名称：某工程

序号	项目编码	项目名称	项目特征描述	计量单位	工程量	综合单价	合价	其中暂估价
						金额（元）		
1	040401001001	平洞开挖	1. 岩石类别：普坚石； 2. 开挖断面：34.747m²； 3. 爆破要求：光面爆破； 4. 弃碴运距：1.5km	m³	5212.05			
2	040402002001	混凝土顶拱衬砌	1. 拱跨径：3.6； 2. 部位：混凝土顶拱； 3. 厚度：600mm； 4. 混凝土强度等级：C20	m³	932.58			
3	040402003001	混凝土边墙衬砌	1. 部位：混凝土边墙； 2. 厚度：600mm； 3. 混凝土强度等级：C20	m³	360.00			

4.2.3 实例 4-3

1. 背景资料

某隧道衬砌设计图，如图 4-3 所示。

已知：隧道长 100m，普坚岩，光面爆破，弃碴运距 1.2km。边墙高 2.65m；隧道锚杆用量 0.678t/m，锚杆直径为 20mm，长为 2.5m。

计算说明：

（1）仅计算平洞开挖、顶拱砌筑、边墙砌筑、喷射混凝土及锚杆的工程量。

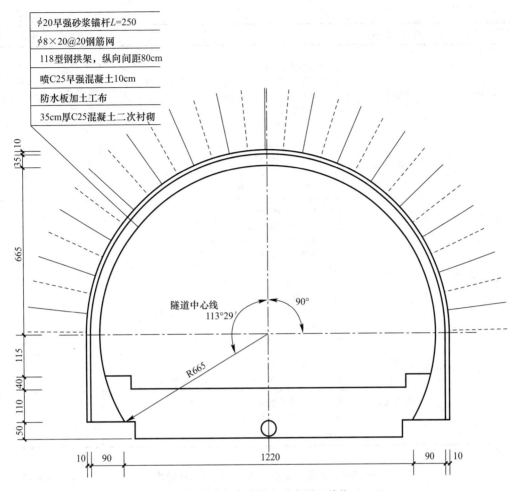

图 4-3　某隧道复合式衬砌示意图（单位：cm）

（2）π 取值 3.14。

（3）计算结果保留两位小数。

2. 问题

根据以上背景资料及现行国家标准《建设工程工程量清单计价规范》GB 50500—2013、《市政工程工程量计算规范》GB 50857—2013，试列出该隧道要求计算的分部分项工程量清单。

3. 参考答案（表 4-12 和表 4-13）

清单工程量计算表　　　　　　　　　　　　　　　　　　　表 4-12

工程名称：某工程

序号	项目编码	项目名称	计算式	工程量合计	计量单位
		基础数据	隧道长 100m，普坚岩，光面爆破，弃碴运距 1.2km。 边墙高：115＋40＋110＝265（cm） 隧道锚杆用量 0.678t，锚杆直径为 20mm，长为 2.5m		

续表

序号	项目编码	清单项目名称	计算式	工程量合计	计量单位
1	040401001001	平洞开挖	1. 开挖断面面积： $3.14×7.1×7.1×0.5+2.65×7.1×2+(12.20-0.5×2)×0.5=122.374$（$m^2$） 2. 开挖工程量： $122.374×100=12237.40$（m^3）	12237.40	m^3
2	040402002001	混凝土顶拱衬砌	C25 混凝土 35cm 厚顶拱二次衬砌： $[3.14×7×7×0.5-3.14×(7-0.35)×(7-0.35)×0.5]×100=750.07$（$m^3$）	750.07	m^3
3	040402003001	混凝土边墙衬砌	C25 混凝土边墙二次衬砌： 1. 单侧边墙内缘夹角： $113°29'-90°=23°29'=23.483°$ 2. 单侧边墙截面积： $2.65×7-3.14×6.65×6.65×23.483/360-0.5×12.20/2×(1.1+0.4+1.15)=1.4097$（$m^2$） 3. 平均厚度： $1.4097/(1.10+0.4+1.15)=0.532$（m） 4. 边墙体积： $1.4097×2×100=281.94$（m^3）	281.94	m^3
4	040402006001	拱部喷射混凝土	10cm 厚 C25 早强混凝土： $2×3.14×(7+0.1/2)×0.5×100=2213.7$（$m^2$）	221.37	m^2
5	040402007001	边墙喷射混凝土	10 厚 C25 早强混凝土： $2.65×2×100=530$（m^2）	530	m^2
6	040402012001	锚杆	$0.678×100=67.80$（t）	67.80	t

分部分项工程和单价措施项目清单与计价表　　　　　　　　　　表 4-13

工程名称：某工程

序号	项目编码	项目名称	项目特征描述	计量单位	工程量	金额（元）		
						综合单价	合价	其中 暂估价
1	040401001001	平洞开挖	1. 岩石类别：普坚石； 2. 开挖断面：122.374m^2； 3. 爆破要求：光面爆破； 4. 弃碴运距：1.2km	m^3	12237.37			
2	040402002001	混凝土顶拱衬砌	1. 拱跨径：6.65m； 2. 部位：混凝土顶拱； 3. 厚度：35cm； 4. 混凝土强度等级：C25	m^3	750.07			
3	040402003001	混凝土边墙衬砌	1. 部位：混凝土边墙； 2. 厚度：平均0.532m； 3. 混凝土强度等级：C25	m^3	281.94			
4	040402006001	拱部喷射混凝土	1. 结构形式：隧道洞口混凝土顶拱； 2. 厚度：10cm； 3. 混凝土强度等级：C25	m^2	221.37			

续表

序号	项目编码	项目名称	项目特征描述	计量单位	工程量	金额（元）		
						综合单价	合价	其中暂估价
5	040402007001	边墙喷射混凝土	1. 结构形式：隧道洞口边墙； 2. 厚度：10cm； 3. 混凝土强度等级：C25	m²	530			
6	040402012001	锚杆	1. 直径：20mm； 2. 长度：2.5m； 3. 锚杆类型：早强注浆锚杆； 4. 砂浆强度等级：m²5	t	67.80			

4.2.4 实例 4-4

1. 背景资料

某隧道衬砌设计图，如图 4-4 所示。

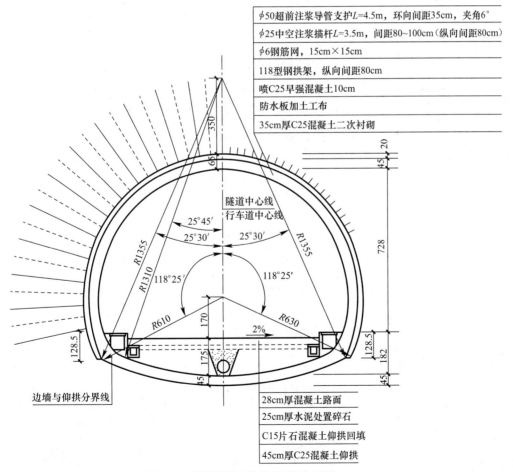

图 4-4　某隧道衬砌结构示意图（单位：cm）

已知：隧道长 100m，普坚岩，光面爆破，弃碴运距 1.6km。

计算说明：

（1）仅计算平洞开挖、混凝土仰拱衬砌、混凝土顶拱衬砌、混凝土边墙衬砌、拱部喷射混凝土、边墙喷射混凝土的工程量。

（2）不考虑超挖工程量。

（3）π 取值 3.14。

（4）计算结果保留两位小数。

2. 问题

根据以上背景资料及现行国家标准《建设工程工程量清单计价规范》GB 50500—2013、《市政工程工程量计算规范》GB 50857—2013，试列出该隧道要求计算的分部分项工程量清单。

3. 参考答案（表 4-14 和表 4-15）

清单工程量计算表

表 4-14

工程名称：某工程

序号	项目编码	清单项目名称	计算式	工程量合计	计量单位
		基础数据	1. 角度换算： 118°25′=118.42° 25°30′=25.5° 20°45′=20.75° 2. 不考虑超挖工程量。 3. 隧道长度 100m		
1	040401001001	平洞开挖	π 取值 3.14。仰拱顶点与半径 6.1m 圆弧圆心连线夹角 360−118.42×2=123.16° 1. 洞口截面面积： 3.14×6.3×6.3×(118.42×2/360)+0.5×6.1×6.1×sin61.58°+3.14×13.55×13.55×25.5×2/360−0.5×13.55×13.55×sin25.5°=140.45（m²） 2. 平洞体积： 140.45×100=14045（m³）	14045	m³
2	040402001001	混凝土仰拱衬砌	按图示仰拱和顶拱的分界线计算。 1. 仰拱跨径： 2×13.55×sin25.5°=11.67m 2. 仰拱断面面积： 3.14×(13.55×13.55−13.10×13.10)×25.5×2/360=5.335（m²） 3. 仰拱体积： 5.335×100=533.50（m³）	533.50	m³
3	040402002001	混凝土顶拱衬砌	按图示仰拱和顶拱的分界线计算。 1. 顶拱断面面积： 3.14×(6.1×6.1−5.65×5.65)×180/360=8.301（m²） 2. 顶拱体积： 8.301×100=830.10（m³）	830.10	m³

续表

序号	项目编码	清单项目名称	计算式	工程量合计	计量单位
4	040402003001	混凝土边墙砌筑	按图示仰拱和顶拱的分界线计算。 1. 顶拱断面面积： $3.14×(6.1×6.1-5.65×5.65)×(118.42×2-180)/360=2.621$（$m^2$） 2. 顶拱体积： $2.621×100=262.10$（m^3）	262.10	m^3
5	040402006001	拱部喷射混凝土	20cm 厚 C25 早强混凝土： $3.14×6.1×100=1915.40$（m^2）	1915.40	m^2
6	040402007001	边墙喷射混凝土	20cm 厚 C25 早强混凝土。 $2×3.14×6.1×(118.42×2-180)/360×100=604.84$（$m^2$）	604.84	m^2

分部分项工程和单价措施项目清单与计价表　　　　表 4-15

工程名称：某工程

序号	项目编码	项目名称	项目特征描述	计量单位	工程量	金额（元）		
						综合单价	合价	其中 暂估价
1	040401001001	平洞开挖	1. 岩石类别：普坚石； 2. 开挖断面：140.45m²； 3. 爆破要求：光面爆破； 4. 弃碴运距：1.6km	m^3	14045			
2	040402001001	混凝土仰拱衬砌	1. 拱跨径：11.67m； 2. 部位：混凝土仰拱； 3. 厚度：45cm； 4. 混凝土强度等级：C25	m^3	533.50			
3	040402002001	混凝土顶拱衬砌	1. 拱跨径：12.6m； 2. 部位：混凝土顶拱； 3. 厚度：45cm； 4. 混凝土强度等级 C25	m^3	830.10			
4	040402003001	混凝土边墙衬砌	1. 部位：混凝土边墙； 2. 厚度：45cm； 3. 混凝土强度等级 C25	m^3	262.10			
5	040402006001	拱部喷射混凝土	1. 结构形式：混凝土顶拱； 2. 厚度：20cm； 3. 混凝土强度等级：C25	m^2	1915.40			
6	040402007001	边墙喷射混凝土	1. 结构形式：混凝土边墙； 2. 厚度：20cm； 3. 混凝土强度等级：C25	m^2	604.84			

5 管网工程、水处理工程与生活垃圾处理

针对《市政工程工程量计算规范》GB 50857—2013（以下简称"13 规范"）、《建设工程工程量清单计价规范》GB 50500—2008（以下简称"08 规范"），"13 规范"在项目编码、项目名称、项目特征、计量单位、工程量计算规则、工作内容等方面，均有变化。

1. 管网工程

（1）清单项目变化

"13 规范"在"08 规范"的基础上，管网工程增加 14 个项目、减少 73 个项目，具体如下：

原"构筑物"一节 30 个清单项目移入水处理工程中"水处理构筑物"；原"设备安装"一节 22 个清单项目移入水处理工程中"水处理设备"；原"顶管工程"一节 5 个清单项目移入本附录"管道铺设中"。

1）管道铺设：将"08 规范"分散在不同小节的相关项目进行调整汇集至本节：如"08 规范""D5.2 管件、钢支架制作、安装及新旧管连接"中的新旧管连接项目；"D5.5 顶管工程"所有项目；"D5.6 构筑物"中方沟项目统一并入管道铺设。

删除了原"陶土管铺设"、"镀锌管铺设"、"管道沉管跨越"和原 D5.7 构筑物中的"牺牲阳极"项目。将各类管材的顶进项目合并统一执行顶管项目。

增加了"直埋式预制保温管管道铺设"、"夯管"、"顶（夯）管工作坑"、"土壤加固"、"临时放水管线"和"警示（示踪）带铺设"等 6 个项目。

2）管件、阀门及附件安装：对"08 规范"D5.2 管件、钢支架制作、安装及新旧管连接及 D5.3 阀门、水表、消火栓安装两节的名称和内容进行了调整。将涉及管件、阀门及附件安装的所有项目设置为"管件、阀门及附件安装"小节；将涉及支架、支墩的所有项目移至"支架制作及安装"小节。

删除了原"预应力混凝土管转换件安装"、"气体置换"、"钢管道间法兰连接"、"法兰钢管件安装"、"调长器" 5 个项目。增加了"法兰盘安装" 1 个项目。将原"防水套管制作、安装"项目名称改为"套管制作、安装"。

3）支架制作及安装：对"08 规范"D5.2 管件、钢支架制作、安装及新旧管连接中涉及支架的项目与 D5.4 井类、设备基础中涉及支墩的项目移至本节内。

增加了"金属吊架制作安装"、"砌筑支墩" 2 个项目。

4）管道附属构筑物：删除了原"雨水进水井"、"其他砌筑井"、"设备基础"、"混凝土工作井" 4 个项目，增加了"砌筑井筒"和"预制混凝土井筒" 2 个项目。

增加了"预制塑料检查井"、"整体化粪池"、"雨水口" 3 个项目。

（2）应注意的问题

"警示带（示踪带）铺设"项目：计算工程量时还要注意相关规范对不同管径铺设条数的规定。

2. 水处理工程

（1）清单项目变化

"13 规范"在"08 规范"的基础上，水处理工程增加 76 个项目，具体如下：

水处理构筑物一节为"08 规范"附录中 D.5.6 构筑物中的项目移入而成，水处理设备一节包括了"08 规范"附录中 D.5.7 设备安装中的给水工程设备和增补的污水处理设备。

水处理设备：增加"压榨机"、"刮砂机"、"吸砂机"、"刮吸泥机"、"撇渣机"、"砂（泥）水分离器"、"滗水器"、"推进器"、"加药设备"等 21 个项目；删除原"管道安装"项目；将燃气"凝水缸"、"调压器"、"过滤器"、"分离器"等项目移入管网工程。

（2）应注意的问题

1）"13 规范"增加了①各类垫层如何编码列项的说明。②水处理工程中建筑物、园林绿化等如何编码列项的说明。③各类标准、定型设备如何编码列项的说明。

2）水处理工程中建筑物应按《房屋建筑和装饰工程工程量计算规范》GB 50854—2013 中相关项目编码列项；园林绿化项目应按《园林绿化工程工程量计算规范》GB 50858—2013 中相关项目编码列项。

3）水处理工程清单项目工作内容中均未包括土（石）方开挖、回填夯实等内容，发生时应按"13 规范"附录 A 土石方工程中相关项目编码列项。

4）水处理工程设备安装工程只列了水处理工程专用设备的项目，各类仪表、泵、阀门等标准、定型设备应按《通用安装工程工程量计算规范》GB 50856—2013 中相关项目编码列项。

3. 生活垃圾处理工程

（1）清单项目变化

"13 规范"在"08 规范"的基础上，生活垃圾处理新增 26 个项目，具体如下：

1）垃圾卫生填埋：包括"场地平整"、"垃圾坝"、"压实黏土防渗层"、"高密度聚乙烯（HDPE）膜"、"钠基膨润土防水毯（GCL)"、"土工合成材料"等 20 个项目。

2）垃圾焚烧：包括"汽车衡"、"自动感应洗车装置"、"破碎机"、"垃圾卸料门"、"垃圾抓斗起重机"、"焚烧炉体"等 6 个清单项目。

（2）应注意的问题

1）垃圾处理工程中的建筑物、园林绿化等应按相关专业计量规范中清单项目编码列项。

2）生活垃圾处理工程清单项目工作内容中均未包括土（石）方开挖、回填夯实等，应按"13 规范"附录 A 土石方工程中相关项目编码列项；边坡处理应按"13 规范"附录 C 桥涵工程中相关项目编码列项。

3）生活垃圾处理工程设备安装工程只列出了生活垃圾处理工程专用设备的项目，其余设备，例如除尘装置、除渣设备、烟气净化设备、飞灰固化设备、发电设备及各类风机、仪表、泵、阀门等标准、定型设备按《通用安装工程工程量计算规范》GB 50856—2013 中相关项目编码列项。

5.1 管网工程工程量计算依据六项变化及说明

5.1.1 管道铺设

管道铺设工程量清单项目设置、项目特征描述的内容、计量单位及工程量计算规则等的变化对照情况，见表 5-1。

管道铺设（编码：040501） 表 5-1

序号	版别	项目编码	项目名称	项目特征	工程量计算规则	工作内容
1	13规范	040501001	混凝土管	1. 垫层、基础材质及厚度； 2. 管座材质； 3. 规格； 4. 接口方式； 5. 铺设深度； 6. 混凝土强度等级； 7. 管道检验及试验要求	按设计图示中心线长度以延长米计算。不扣除附属构筑物、管件及阀门等所占长度（计量单位：m）	1. 垫层、基础铺筑及养护； 2. 模板制作、安装、拆除； 3. 混凝土拌合、运输、浇筑、养护； 4. 预制管枕安装； 5. 管道铺设； 6. 管道接口； 7. 管道检验及试验
	08规范	040501002	混凝土管道铺设	1. 管有筋无筋； 2. 规格； 3. 埋设深度； 4. 接口形式； 5. 垫层厚度、材料品种、强度； 6. 基础断面形式、混凝土强度等级、石料最大粒径	按设计图示管道中心线长度以延长米计算，不扣除中间井及管件、阀门所占的长度（计量单位：m）	1. 垫层铺筑； 2. 混凝土基础浇筑； 3. 管道防腐； 4. 管道铺设； 5. 管道接口； 6. 混凝土管座浇筑； 7. 预制管枕安装； 8. 井壁（墙）凿洞； 9. 检测及试验； 10. 冲洗消毒或吹扫

说明：项目名称简化为"混凝土管"。项目特征描述新增"垫层、基础材质及厚度"、"管座材质"和"管道检验及试验要求"，将原来的"埋设深度"修改为"铺设深度"，"基础断面形式、混凝土强度等级、石料最大粒径"简化为"混凝土强度等级"，删除原来的"垫层厚度、材料品种、强度"和"管有筋无筋"。工程量计算规则将原来的"按设计图示管道中心线长度以延长米计算，不扣除中间井及管件、阀门所占的长度"修改为"按设计图示中心线长度以延长米计算。不扣除附属构筑物、管件及阀门等所占长度"。工作内容新增"模板制作、安装、拆除"，将原来的"垫层铺筑"扩展为"垫层、基础铺筑及养护"，"混凝土基础浇筑"扩展为"混凝土拌合、运输、浇筑、养护"，"检测及试验"扩展为"管道检验及试验"，删除原来的"管道防腐"、"混凝土管座浇筑"、"预制管枕安装"、"井壁（墙）凿洞"和"冲洗消毒或吹扫"

序号	版别	项目编码	项目名称	项目特征	工程量计算规则	工作内容
	13规范	040501002	钢管	1. 垫层、基础材质及厚度； 2. 材质及规格； 3. 接口方式； 4. 铺设深度； 5. 管道检验及试验要求； 6. 集中防腐运距	按设计图示中心线长度以延长米计算。不扣除附属构筑物、管件及阀门等所占长度（计量单位：m）	1. 垫层、基础铺筑及养护； 2. 模板制作、安装、拆除； 3. 混凝土拌合、运输、浇筑、养护； 4. 管道铺设； 5. 管道检验及试验； 6. 集中防腐运输
2	08规范	040501005	钢管铺设	1. 管材材质； 2. 管材规格； 3. 埋设深度； 4. 防腐、保温要求； 5. 压力等级； 6. 垫层厚度、材料品种、强度； 7. 基础断面形式、混凝土强度、石料最大粒径	按设计图示管道中心线长度以延长米计算（支管长度从主管中心到支管末端交接处的中心），不扣除管件、阀门、法兰所占的长度。新旧管连接时，计算到碰头的阀门中心处（计量单位：m）	1. 垫层铺筑； 2. 混凝土基础浇筑； 3. 混凝土管座浇筑； 4. 管道防腐、保温； 5. 管道铺设； 6. 管道接口； 7. 检测及试验； 8. 消毒冲洗或吹扫
	说明：项目名称简化为"钢管"。项目特征描述新增"垫层、基础材质及厚度"、"接口方式"、"管道检验及试验要求"和"集中防腐运距"，将原来的"管材材质"和"管材规格"归并为"材质及规格,"埋设深度"修改为"铺设深度"，删除原来的"防腐、保温要求"、"压力等级"、"垫层厚度、材料品种、强度"和"基础断面形式、混凝土强度、石料最大粒径"。工程量计算规则简化说明。工作内容新增"模板制作、安装、拆除"和"集中防腐运输"，将原来的"垫层铺筑"扩展为"垫层、基础铺筑及养护"，"混凝土基础浇筑"扩展为"混凝土拌合、运输、浇筑、养护"，"检测及试验"扩展为"管道检验及试验"，删除原来的"混凝土管座浇筑"、"管道防腐、保温"、"管道接口"和"消毒冲洗或吹扫"					
3	13规范	040501003	铸铁管	1. 垫层、基础材质及厚度； 2. 材质及规格； 3. 接口方式； 4. 铺设深度； 5. 管道检验及试验要求； 6. 集中防腐运距	按设计图示中心线长度以延长米计算。不扣除附属构筑物、管件及阀门等所占长度（计量单位：m）	1. 垫层、基础铺筑及养护； 2. 模板制作、安装、拆除； 3. 混凝土拌合、运输、浇筑、养护； 4. 管道铺设； 5. 管道检验及试验； 6. 集中防腐运输

续表

序号	版别	项目编码	项目名称	项目特征	工程量计算规则	工作内容
3	08 规范	040501004	铸铁管铺设	1. 管材材质； 2. 管材规格； 3. 埋设深度； 4. 接口形式； 5. 防腐、保温要求； 6. 垫层厚度、材料品种、强度； 7. 基础断面形式、混凝土强度、石料最大粒径	按设计图示管道中心线长度以延长米计算，不扣除井、管件、阀门所占的长度（计量单位：m）	1. 垫层铺筑； 2. 混凝土基础浇筑； 3. 管道防腐； 4. 管道铺设； 5. 管道接口； 6. 混凝土管座浇筑； 7. 井壁（墙）凿洞； 8. 检测及试验； 9. 冲洗消毒或吹扫

　　说明：项目名称简化为"铸铁管"。项目特征描述新增"垫层、基础材质及厚度"、"管道检验及试验要求"和"集中防腐运距"，将原来的"管材材质"和"管材规格"归并为"材质及规格"，"埋设深度"修改为"铺设深度"，删除原来的"防腐、保温要求"、"垫层厚度、材料品种、强度"和"基础断面形式、混凝土强度、石料最大粒径"。工程量计算规则将原来的"按设计图示管道中心线长度以延长米计算，不扣除井、管件、阀门所占的长度"修改为"按设计图示中心线长度以延长米计算。不扣除附属构筑物、管件及阀门等所占长度"。工作内容新增"模板制作、安装、拆除"和"集中防腐运输"，将原来的"垫层铺筑"扩展为"垫层、基础铺筑及养护"，"混凝土基础浇筑"扩展为"混凝土拌合、运输、浇筑、养护"，"检测及试验"扩展为"管道检验及试验"，删除原来的"管道防腐"、"管道接口"、"混凝土管座浇筑"、"井壁（墙）凿洞"和"冲洗消毒或吹扫"

序号	版别	项目编码	项目名称	项目特征	工程量计算规则	工作内容
	13 规范	040501004	塑料管	1. 垫层、基础材质及厚度； 2. 材质及规格； 3. 连接形式； 4. 铺设深度； 5. 管道检验及试验要求	按设计图示中心线长度以延长米计算。不扣除附属构筑物、管件及阀门等所占长度（计量单位：m）	1. 垫层、基础铺筑及养护； 2. 模板制作、安装、拆除； 3. 混凝土拌合、运输、浇筑、养护； 4. 管道铺设； 5. 管道检验及试验
4	08 规范	040501006	塑料管道铺设	1. 管道材料名称； 2. 管材规格； 3. 埋设深度； 4. 接口形式； 5. 垫层厚度、材料品种、强度； 6. 基础断面形式、混凝土强度等级、石料最大粒径； 7. 探测线要求	按设计图示管道中心线长度以延长米计算（支管长度从主管中心到支管末端交接处的中心），不扣除管件、阀门、法兰所占的长度。新旧管连接时，计算到碰头的阀门中心处（计量单位：m）	1. 垫层铺筑； 2. 混凝土基础浇筑； 3. 管道防腐； 4. 管道铺设； 5. 探测线敷设； 6. 管道接口； 7. 混凝土管座浇筑； 8. 井壁（墙）凿洞； 9. 检测及试验； 10. 消毒冲洗及吹扫

序号	版别	项目编码	项目名称	项目特征	工程量计算规则	工作内容
4				说明：项目名称简化为"塑料管"。项目特征描述新增"垫层、基础材质及厚度"、"连接形式"和"管道检验及试验要求"，将原来的"管道材料名称"和"管材规格"归并为"材质及规格"，"埋设深度"修改为"铺设深度"，删除原来的"接口形式"、"垫层厚度、材料品种、强度"、"基础断面形式、混凝土强度等级、石料最大粒径"和"探测线要求"。工程量计算规则简化说明。工作内容新增"模板制作、安装、拆除"，将原来的"垫层铺筑"扩展为"垫层、基础铺筑及养护"，"混凝土基础浇筑"扩展为"混凝土拌合、运输、浇筑、养护"，"检测及试验"扩展为"管道检验及试验"，删除原来的"管道防腐"、"探测线敷设"、"管道接口"、"混凝土管座浇筑"、"井壁（墙）凿洞"和"消毒冲洗及吹扫"			
5	13 规范	040501005	直埋式预制保温管	1. 垫层材质及厚度； 2. 材质及规格； 3. 接口方式； 4. 铺设深度； 5. 管道检验及试验的要求	按设计图示中心线长度以延长米计算。不扣除附属构筑物、管件及阀门等所占长度（计量单位：m）	1. 垫层铺筑及养护； 2. 管道铺设； 3. 接口处保温； 4. 管道检验及试验
	08 规范	—	—	—	—	—
				说明：新增项目内容			
6	13 规范	040501006	管道架空跨越	1. 管道架设高度； 2. 管道材质及规格； 3. 接口方式； 4. 管道检验及试验要求； 5. 集中防腐运距	按设计图示中心线长度以延长米计算。不扣除管件及阀门等所占长度（计量单位：m）	1. 管道架设； 2. 管道检验及试验； 3. 集中防腐运输
	08 规范	040501010	管道架空跨越	1. 管材材质； 2. 管径、壁厚； 3. 跨越跨度； 4. 支承形式； 5. 防腐、保温要求； 6. 压力等级	按设计图示管道中心线长度计算，不扣除管件、阀门、法兰所占的长度（计量单位：m）	1. 支承结构制作、安装； 2. 防腐； 3. 管道铺设； 4. 接口； 5. 检测及试验； 6. 冲洗消毒或吹扫； 7. 管道保温； 8. 防护
				说明：项目特征描述新增"管道架设高度"、"接口方式"、"管道检验及试验要求"和"集中防腐运距"，将原来的"管材材质"修改为"管道材质及规格"，删除原来的"管径、壁厚"、"跨越跨度"、"支承形式"、"防腐、保温要求"和"压力等级"。工程量计算规则将原来的"按设计图示管道中心线长度计算，不扣除管件、阀门、法兰所占的长度"修改为"按设计图示中心线长度以延长米计算。不扣除管件及阀门等所占长度"。工作内容新增"管道架设"和"集中防腐运输"，将原来的"检测及试验"扩展为"管道检验及试验"，删除原来的"支承结构制作、安装"、"防腐"、"管道铺设"、"接口"、"冲洗消毒或吹扫"、"管道保温"和"防护"			

续表

序号	版别	项目编码	项目名称	项目特征	工程量计算规则	工作内容
	13规范	040501007	隧道（沟、管）内管道	1. 基础材质及厚度； 2. 混凝土强度等级； 3. 材质及规格； 4. 接口方式； 5. 管道检验及试验要求； 6. 集中防腐运距	按设计图示中心线长度以延长米计算。不扣除附属构筑物、管件及阀门等所占长度（计量单位：m）	1. 基础铺筑、养护； 2. 模板制作、安装、拆除； 3. 混凝土拌合、运输、浇筑、养护； 4. 管道铺设； 5. 管道检测及试验； 6. 集中防腐运输
7	08规范	040501009	套管内铺设管道	1. 管材材质； 2. 管径、壁厚； 3. 接口形式； 4. 防腐要求； 5. 保温要求； 6. 压力等级	按设计图示管道中心线长度计算（计量单位：m）	1. 基础铺筑（支架制作、安装）； 2. 管道防腐； 3. 穿管铺设； 4. 接口； 5. 检测及试验； 6. 冲洗消毒或吹扫； 7. 管道保温； 8. 防护
	说明：项目名称修改为"隧道（沟、管）内管道"。项目特征描述新增"基础材质及厚度"、"混凝土强度等级"、"管道检验及试验要求"和"集中防腐运距"，将原来的"管材材质"修改为"材质及规格"，"接口形式"修改为"接口方式"，删除原来的"管径、壁厚"、"防腐要求"、"保温要求"和"压力等级"。工程量计算规则将原来的"按设计图示管道中心线长度计算"修改为"按设计图示中心线长度以延长米计算。不扣除附属构筑物、管件及阀门等所占长度"。工作内容新增"模板制作、安装、拆除"、"混凝土拌合、运输、浇筑、养护"、"管道铺设"和"集中防腐运输"，将原来的"基础铺筑（支架制作、安装）"修改为"基础铺筑、养护"，删除原来的"管道防腐"、"穿管铺设"、"接口"、"检测及试验"、"冲洗消毒或吹扫"、"管道保温"和"防护"					
8	13规范	040501008	水平导向钻进	1. 土壤类别； 2. 材质及规格； 3. 一次成孔长度； 4. 接口方式； 5. 泥浆要求； 6. 管道检验及试验要求； 7. 集中防腐运距	按设计图示长度以延长米计算。扣除附属构筑物（检查井）所占的长度（计量单位：m）	1. 设备安装、拆除； 2. 定位、成孔； 3. 管道接口； 4. 拉管； 5. 纠偏、监测； 6. 泥浆制作、注浆； 7. 管道检测及试验； 8. 集中防腐运输； 9. 泥浆、土方外运

序号	版别	项目编码	项目名称	项目特征	工程量计算规则	工作内容
8	08规范	040505005	水平导向钻进	1. 土壤类别； 2. 管径； 3. 管材材质	按设计图示尺寸以长度计算（计量单位：m）	1. 钻进； 2. 泥浆制作； 3. 扩孔； 4. 穿管； 5. 余方弃置
	说明：项目特征描述新增"一次成孔长度"、"接口方式"、"泥浆要求"、"管道检验及试验要求"和"集中防腐运距"，将原来的"管材材质"修改为"材质及规格"，删除原来的"管径"。工程量计算规则将原来的"按设计图示尺寸以长度计算"修改为"按设计图示长度以延长米计算。扣除附属构筑物（检查井）所占的长度"。工作内容新增"设备安装、拆除"、"定位、成孔"、"管道接口"、"拉管"、"纠偏、监测"、"管道检测及试验"和"集中防腐运输"，将原来的"泥浆制作"扩展为"泥浆制作、注浆"，"余方弃置"修改为"泥浆、土方外运"，删除原来的"钻进"、"扩孔"和"穿管"						
9	13规范	040501009	夯管	1. 土壤类别； 2. 材质及规格； 3. 一次夯管长度； 4. 接口方式； 5. 管道检验及试验要求； 6. 集中防腐运距	按设计图示长度以延长米计算。扣除附属构筑物（检查井）所占的长度（计量单位：m）	1. 设备安装、拆除； 2. 定位、夯管； 3. 管道接口； 4. 纠偏、监测； 5. 管道检测及试验； 6. 集中防腐运输； 7. 土方外运
	08规范	—	—	—	—	—
	说明：新增项目内容						
10	13规范	040501010	顶（夯）管工作坑	1. 土壤类别； 2. 工作坑平面尺寸及深度； 3. 支撑、围护方式； 4. 垫层、基础材质及厚度； 5. 混凝土强度等级； 6. 设备、工作台主要技术要求	按设计图示数量计算（计量单位：座）	1. 支撑、围护； 2. 模板制作、安装、拆除 3. 混凝土拌合、运输、浇筑、养护； 4. 工作坑内备、工作台安装及拆除
	08规范	—	—	—	—	—
	说明：新增项目内容						

续表

序号	版别	项目编码	项目名称	项目特征	工程量计算规则	工作内容
11	13规范	040501011	预制混凝土工作坑	1. 土壤类别； 2. 工作坑平面尺寸及深度； 3. 垫层、基础材质及厚度； 4. 混凝土强度等级； 5. 设备、工作台主要技术要求； 6. 混凝土构件运距	按设计图示数量计算（计量单位：座）	1. 混凝土工作坑制作； 2. 下沉、定位； 3. 模板制作、安装、拆除； 4. 混凝土拌合、运输、浇筑、养护； 5. 工作坑内设备、工作台安装及拆除； 6. 混凝土构件运输
	08规范	—	—	—	—	—
	说明：项新增项目内容					
12	13规范	040501012	顶管	1. 土壤类别； 2. 顶管工作方式； 3. 管道材质及规格； 4. 中继间规格； 5. 工具管材质及规格； 6. 触变泥浆要求； 7. 管道检验及试验要求； 8. 集中防腐运距	按设计图示长度以延长米计算。扣除附属构筑物（检查井）所占的长度（计量单位：m）	1. 管道顶进； 2. 管道接口； 3. 中继间、工具管及附属设备安装拆除； 4. 管内挖、运土及土方提升； 5. 机械顶管设备调向； 6. 纠偏、监测； 7. 触变泥浆制作、注浆； 8. 洞口止水； 9. 管道检测及试验； 10. 集中防腐运输； 11. 泥浆、土方外运
	08规范	040505001	混凝土管道顶进	1. 土壤类别； 2. 管径； 3. 深度； 4. 规格	按设计图示尺寸以长度计算（计量单位：m）	1. 顶进后座及坑内工作平台搭拆； 2. 顶进设备安装、拆除； 3. 中继间安装、拆除； 4. 触变泥浆减阻； 5. 套环安装； 6. 防腐涂刷； 7. 挖土、管道顶进； 8. 洞口止水处理； 9. 余方弃置
		040505002	钢管顶进	1. 土壤类别； 2. 材质； 3. 管径； 4. 深度		
		040505003	铸铁管顶进	1. 土壤类别； 2. 管径； 3. 深度		

序号	版别	项目编码	项目名称	项目特征	工程量计算规则	工作内容
12	08 规范	040505004	硬塑料管顶进	1. 土壤类别； 2. 管径； 3. 深度	按设计图示尺寸以长度计算（计量单位：m）	1. 顶进后座及坑内工作平台搭拆； 2. 顶进设备安装、拆除； 3. 套环安装； 4. 管道顶进； 5. 洞口止水处理； 6. 余方弃置
	说明：项目名称归并为"顶管"。项目特征描述新增"顶管工作方式"、"管道材质及规格"、"中继间规格"、"工具管材质及规格"、"触变泥浆要求"、"管道检验及试验要求"和"集中防腐运距"，删除原来的"管径"、"深度"、"规格"、"材质"和"深度"。工程量计算规则将原来的"按设计图示尺寸以长度计算"修改为"按设计图示长度以延长米计算"。扣除附属构筑物（检查井）所占的长度。工作内容新增"管道接口"、"管内挖、运土及土方提升"、"机械顶管设备调向"、"纠偏、监测"、"管道检测及试验"、"集中防腐运输"和"泥浆、土方外运"，将原来的"顶进后座及坑内工作平台搭拆"简化为"管道顶进"、"中继间安装、拆除"扩展为"中继间、工具管及附属设备安装拆除"、"触变泥浆减阻"扩展为"触变泥浆制作、注浆"、"洞口止水处理"简化为"洞口止水"，删除原来的"顶进设备安装"、"套环安装"、"防腐涂刷"、"挖土、管道顶进"和"余方弃置"						
13	13 规范	040501013	土壤加固	1. 土壤类别； 2. 加固填充材料； 3. 加固方式	1. 按设计图示加固段长度以延长米计算（计量单位：m）； 2. 按设计图示加固段体积以立方米计算（计量单位：m³）	打孔、调浆、灌注
	08 规范	—	—	—	—	—
	说明：新增项目内容						
14	13 规范	040501014	新旧管连接	1. 材质及规格； 2. 连接方式； 3. 带（不带）介质连接	按设计图示数量计算（计量单位：处）	1. 切管； 2. 钻孔； 3. 连接
	08 规范	040502014	新旧管连接（碰头）	1. 管材材质； 2. 管材管径； 3. 管材接口		1. 新旧管连接； 2. 马鞍卡子安装； 3. 接管挖眼； 4. 钻眼攻丝
	说明：项目名称简化为"新旧管连接"。项目特征描述新增"连接方式"和"带（不带）介质连接"，将原来的"管材材质"修改为"材质及规格"，删除原来的"管材管径"和"管材接口"。工作内容新增"切管"和"钻孔"，将原来的"新旧管连接"简化为"连接"，删除原来的"马鞍卡子安装"、"接管挖眼"和"钻眼攻丝"						
15	13 规范	040501015	临时放水管线	1. 材质及规格； 2. 铺设方式； 3. 接口形式	按放水管线长度以延长米计算，不扣除管件、阀门所占长度（计量单位：）	管线铺设、拆除
	08 规范	—	—	—	—	—
	说明：新增项目内容						

续表

序号	版别	项目编码	项目名称	项目特征	工程量计算规则	工作内容
16	13规范	040501016	砌筑方沟	1. 断面规格； 2. 垫层、基础材质及厚度； 3. 砌筑材料品种、规格、强度等级； 4. 混凝土强度等级； 5. 砂浆强度等级、配合比； 6. 勾缝、抹面要求； 7. 盖板材质及规格； 8. 伸缩缝（沉降缝）要求； 9. 防渗、防水要求； 10. 混凝土构件运距	按设计图示尺寸以延长米计算（计量单位：m）	1. 模板制作、安装、拆除； 2. 混凝土拌合、运输、浇筑、养护； 3. 砌筑； 4. 勾缝、抹面； 5. 盖板安装； 6. 防水、止水； 7. 混凝土构件运输
		040501017	混凝土方沟	1. 断面规格； 2. 垫层、基础材质及厚度； 3. 混凝土强度等级； 4. 伸缩缝（沉降缝）要求； 5. 盖板材质、规格； 6. 防渗、防水要求； 7. 混凝土构件运距	按设计图示尺寸以延长米计算（计量单位：m）	1. 模板制作、安装、拆除； 2. 混凝土拌合、运输、浇筑、养护； 3. 盖板安装； 4. 防水、止水； 5. 混凝土构件运输
	08规范	040506001	管道方沟	1. 断面； 2. 材料品种； 3. 混凝土强度等级、石料最大粒径； 4. 深度； 5. 垫层、基础：厚度、材料品种、强度	按设计图示尺寸以长度计算（计量单位：m）	1. 垫层铺筑； 2. 方沟基础； 3. 墙身砌筑； 4. 拱盖砌筑或盖板预制、安装； 5. 勾缝； 6. 抹面； 7. 混凝土浇筑

说明：项目名称拆分为"砌筑方沟"和"混凝土方沟"。项目特征描述的"砌筑方沟"新增"垫层、基础材质及厚度"、"砌筑材料品种、规格、强度等级"、"砂浆强度等级、配合比"、"勾缝、抹面要求"、"盖板材质及规格"、"伸缩缝（沉降缝）要求"、"防渗、防水要求"和"混凝土构件运距"，将原来的"断面"扩展为"断面规格"，"混凝土强度等级、石料最大粒径"简化为"混凝土强度等级"，删除原来的"材料品种"、"深度"和"垫层、基础：厚度、材料品种、强度"；"混凝土方沟"新增"垫层、基础材质及厚度"、"伸缩缝（沉降缝）要求"、"盖板材质、规格"、"防渗、防水要求"和"混凝土构件运距"，将原来的"断面"扩展为"断面规格"，"混凝土强度等级、石料最大粒径"简化为"混凝土强度等级"，删除原来的"材料品种"、"深度"和"垫层、基础：厚度、材料品种、强度"。工程量计算规则将原来的"以长度计算"修改为"以延长米计算"。工作内容新增"模板制作、安装、拆除"、"盖板安装"、"防水、止水"和"混凝土构件运输"，将原来的"混凝土浇筑"扩展为"混凝土拌合、运输、浇筑、养护"，删除原来的"垫层铺筑"、"方沟基础"、"墙身砌筑"和"拱盖砌筑或盖板预制、安装"

续表

序号	版别	项目编码	项目名称	项目特征	工程量计算规则	工作内容
17	13规范	040501018	砌筑渠道	1. 断面规格； 2. 垫层、基础材质及厚度； 3. 砌筑材料品种、规格、强度等级； 4. 混凝土强度等级； 5. 砂浆强度等级、配合比； 6. 勾缝、抹面要求； 7. 伸缩缝（沉降缝）要求； 8. 防渗、防水要求	按设计图示尺寸以延长米计算（计量单位：m）	1. 模板制作、安装、拆除； 2. 混凝土拌合、运输、浇筑、养护； 3. 渠道砌筑； 4. 勾缝、抹面； 5. 防水、止水
	08规范	040501007	砌筑渠道	1. 渠道断面； 2. 渠道材料； 3. 砂浆强度等级； 4. 埋设深度； 5. 垫层厚度、材料品种、强度； 6. 基础断面形式、混凝土强度等级、石料最大粒径		1. 垫层铺筑； 2. 渠道基础； 3. 墙身砌筑； 4. 止水带安装； 5. 拱盖砌筑或盖板预制、安装； 6. 勾缝； 7. 抹面； 8. 防腐； 9. 渠道渗漏试验
	说明：项目特征描述新增"断面规格"、"垫层、基础材质及厚度"、"砌筑材料品种、规格、强度等级"、"勾缝、抹面要求"、"伸缩缝（沉降缝）要求"和"防渗、防水要求"，将原来的"砂浆强度等级"扩展为"砂浆强度等级、配合比"，"基础断面形式、混凝土强度等级、石料最大粒径"简化为"混凝土强度等级"，删除原来的"渠道断面"、"渠道材料"、"埋设深度"和"垫层厚度、材料品种、强度"。工作内容新增"模板制作、安装、拆除"、"混凝土拌合、运输、浇筑、养护"、"渠道砌筑"和"防水、止水"，将原来的"勾缝"和"抹面"归并为"勾缝、抹面"，删除原来的"垫层铺筑"、"渠道基础"、"墙身砌筑"、"止水带安装"、"拱盖砌筑或盖板预制、安装"、"防腐"和"渠道渗漏试验"						
18	13规范	040501019	混凝土渠道	1. 断面规格； 2. 垫层、基础材质及厚度； 3. 混凝土强度等级； 4. 伸缩缝（沉降缝）要求； 5. 防渗、防水要求； 6. 混凝土构件运距	按设计图示尺寸以延长米计算（计量单位：m）	1. 模板制作、安装、拆除； 2. 混凝土拌合、运输、浇筑、养护； 3. 防水、止水； 4. 混凝土构件运输

续表

序号	版别	项目编码	项目名称	项目特征	工程量计算规则	工作内容
18	08规范	040501008	混凝土渠道	1. 渠道断面； 2. 埋设深度； 3. 垫层厚度、材料品种、强度； 4. 基础断面形式、混凝土强度等级、石料最大粒径	按设计图示尺寸以长度计算（计量单位：m）	1. 垫层铺筑； 2. 渠道基础； 3. 墙身浇筑； 4. 止水带安装； 5. 渠盖浇筑或盖板预制、安装； 6. 抹面； 7. 防腐； 8. 渠道渗漏试验
	说明：项目特征描述新增"断面规格"、"垫层、基础材质及厚度"、"伸缩缝（沉降缝）要求"、"防渗、防水要求"和"混凝土构件间距"，将原来的"基础断面形式、混凝土强度等级、石料最大粒径"简化为"混凝土强度等级"，删除原来的"渠道断面"、"埋设深度"和"垫层厚度、材料品种、强度"。工程量计算规则将原来的"以长度计算"修改为"以延长米计算"。工作内容新增"模板制作、安装、拆除"、"混凝土拌合、运输、浇筑、养护"、"防水、止水"和"混凝土构件运输"，删除原来的"垫层铺筑"、"渠道基础"、"墙身浇筑"、"止水带安装"、"渠盖浇筑或盖板预制、安装"、"抹面"、"防腐"和"渠道渗漏试验"						
19	13规范	040501020	警示（示踪）带铺设	规格	按铺设长度以延长米计算（计量单位：m）	铺设
	08规范	—	—	—	—	—
	说明：新增项目内容						

注： 1. 管道架空跨越铺设的支架制作、安装及支架基础、垫层应按《市政工程工程量计算规范》GB 50857—2013附录E.3支架制作及安装相关清单项目编码列项。
　　　2. 管道铺设项目中的做法如为标准设计，也可在项目特征中标注标准图集号。

5.1.2　管件、阀门及附件安装

　　管件、阀门及附件安装工程量清单项目设置、项目特征描述的内容、计量单位及工程量计算规则等的变化对照情况，见表5-2。

管件、阀门及附件安装（编码：040502） 表5-2

序号	版别	项目编码	项目名称	项目特征	工程量计算规则	工作内容
1	13规范	040502001	铸铁管管件	1. 种类； 2. 材质及规格； 3. 接口形式	按设计图示数量计算（计量单位：个）	安装
	08规范	040502002	铸铁管件安装	1. 类型； 2. 材质； 3. 规格； 4. 接口形式		
	说明：项目名称简化为"铸铁管管件"。项目特征描述将原来的"材质"和"规格"归并为"材质及规格"						
2	13规范	040502002	钢管管件制作、安装	1. 种类； 2. 材质及规格； 3. 接口形式	按设计图示数量计算（计量单位：个）	制作、安装

续表

序号	版别	项目编码	项目名称	项目特征	工程量计算规则	工作内容
2	08规范	040502003	钢管件安装	1. 管件类型； 2. 管径、壁厚； 3. 压力等级	按设计图示数量计算（计量单位：个）	1. 制作； 2. 安装
	说明：项目名称扩展为"钢管管件制作、安装"。项目特征描述新增"种类"、"材质及规格"和"接口形式"，删除原来的"管件类型"、"管径、壁厚"和"压力等级"。工作内容将原来的"制作"和"安装"归并为"制作、安装"						
3	13规范	040502003	塑料管管件	1. 种类； 2. 材质及规格； 3. 连接方式	按设计图示数量计算（计量单位：个）	安装
	08规范	040502005	塑料管件安装	1. 管件类型； 2. 材质； 3. 管径、壁厚； 4. 接口； 5. 探测线要求		1. 塑料管件安装； 2. 探测线敷设
	说明：项目名称修改为"塑料管管件"。项目特征描述新增"种类"和"连接方式"，将原来的"材质"扩展为"材质及规格"，删除原来的"管件类型"、"管径、壁厚"、"接口"和"探测线要求"。工作内容将原来的"塑料管件安装"简化为"安装"，删除原来的"探测线敷设"						
4	13规范	040502004	转换件	1. 材质及规格； 2. 接口形式	按设计图示数量计算（计量单位：个）	安装
	08规范	040502001	预应力混凝土管转换件安装	转换件规格		安装
		040502006	钢塑转换件安装			
	说明：项目名称归并为"转换件"。项目特征描述新增"接口形式"，将原来的"转换件规格"修改为"材质及规格"						
5	13规范	040502005	阀门	1. 种类； 2. 材质及规格； 3. 连接方式； 4. 试验要求	按设计图示数量计算（计量单位：个）	安装
	08规范	040503001	阀门安装	1. 公称直径； 2. 压力要求； 3. 阀门类型		1. 阀门解体、检查、清洗、研磨； 2. 法兰片焊接； 3. 操纵装置安装； 4. 阀门安装； 5. 阀门压力试验
	说明：项目名称简化为"阀门"。项目特征描述新增"种类"、"材质及规格"、"连接方式"和"试验要求"，删除原来的"公称直径"、"压力要求"和"阀门类型"。工作内容将原来的内容简化为"安装"，删除原来的"阀门解体、检查、清洗、研磨"、"法兰片焊接"、"操纵装置安装"、"阀门安装"和"阀门压力试验"						

序号	版别	项目编码	项目名称	项目特征	工程量计算规则	工作内容
6	13规范	040502006	法兰	1. 材质、规格、结构形式； 2. 连接方式； 3. 焊接方式； 4. 垫片材质	按设计图示数量计算（计量单位：个）	安装
	08规范	040502004	法兰钢管件安装	1. 管件类型； 2. 管径、壁厚； 3. 压力等级		1. 法兰片焊接； 2. 法兰管件安装
		040502007	钢管道间法兰连接	1. 平焊法兰； 2. 对焊法兰； 3. 绝缘法兰； 4. 公称直径； 5. 压力等级		1. 法兰片焊接； 2. 法兰连接

说明：项目名称归并为"法兰"。项目特征描述新增"材质、规格、结构形式"、"连接方式"、"焊接方式"和"垫片材质"，删除原来的"管件类型"、"管径、壁厚"、"压力等级"、"平焊法兰"、"对焊法兰"、"绝缘法兰"、"公称直径"和"压力等级"。工作内容将原来的内容简化为"安装"，删除原来的"法兰片焊接"、"法兰管件安装"和"法兰连接"

序号	版别	项目编码	项目名称	项目特征	工程量计算规则	工作内容
7	13规范	040502007	盲堵板制作、安装	1. 材质及规格； 2. 连接方式	按设计图示数量计算（计量单位：个）	制作、安装
	08规范	040502009	盲（堵）板安装	1. 盲板规格； 2. 盲板材料		1. 法兰片焊接； 2. 安装

说明：项目名称扩展为"盲堵板制作、安装"。项目特征描述新增"连接方式"，将原来的"盲板规格"修改为"材质及规格"，删除原来的"盲板材料"。工作内容将原来的"安装"扩展为"制作、安装"，删除原来的"法兰片焊接"

序号	版别	项目编码	项目名称	项目特征	工程量计算规则	工作内容
8	13规范	040502008	套管制作、安装	1. 形式、材质及规格； 2. 管内填料材质	按设计图示数量计算（计量单位：个）	制作、安装
	08规范	040502010	防水套管制作、安装	1. 刚性套管； 2. 柔性套管； 3. 规格		1. 制作； 2. 安装

说明：项目名称简化为"套管制作、安装"。项目特征描述新增"管内填料材质"，将原来的"规格"扩展为"形式、材质及规格"，删除原来的"刚性套管"和"柔性套管"。工作内容将原来的"制作"和"安装"归并为"制作、安装"

序号	版别	项目编码	项目名称	项目特征	工程量计算规则	工作内容
9	13规范	040502009	水表	1. 规格； 2. 安装方式	按设计图示数量计算（计量单位：个）	安装
	08规范	040503002	水表安装	公称直径		1. 丝扣水表安装； 2. 法兰片焊接、法兰水表安装

说明：项目名称简化为"水表"。项目特征描述新增"规格"和"安装方式"，删除原来的"公称直径"。工作内容将原来的"丝扣水表安装"和"法兰片焊接、法兰水表安装"简化为"安装"

序号	版别	项目编码	项目名称	项目特征	工程量计算规则	工作内容
10	13规范	040502010	消火栓	1. 规格； 2. 安装部位、方式	按设计图示数量计算 （计量单位：个）	安装
	08规范	040503003	消火栓安装	1. 部位； 2. 型号； 3. 规格		1. 法兰片焊接； 2. 安装
	说明：项目名称简化为"消火栓"。项目特征描述将消原来的"部位"扩展为"安装部位、方式"，删除原来的"型号"。工作内容删除原来的"法兰片焊接"					
11	13规范	040502011	补偿器（波纹管）	1. 规格； 2. 安装方式	按设计图示数量计算 （计量单位：个）	安装
	08规范	040502012	补偿器安装	1. 压力要求； 2. 公称直径； 3. 接口形式		1. 焊接钢套筒补偿器安装； 2. 焊接法兰、法兰式波纹补偿器安装
	说明：项目名称简化为"补偿器（波纹管）"。项目特征描述新增"规格"和"安装方式"，删除原来的"压力要求"、"公称直径"和"接口形式"。工作内容将原来的"焊接钢套筒补偿器安装"和"焊接法兰、法兰式波纹补偿器安装"简化为"安装"					
12	13规范	040502012	除污器组成、安装	1. 规格； 2. 安装方式	按设计图示数量计算 （计量单位：套）	组成、安装
	08规范	040502011	除污器安装	1. 压力要求； 2. 公称直径； 3. 接口形式	按设计图示数量计算 （计量单位：个）	1. 除污器组成安装； 2. 除污器安装
	说明：项目名称简化为"除污器组成、安装"。项目特征描述新增"规格"和"安装方式"，删除原来的"压力要求"、"公称直径"和"接口形式"。工程量计算规则将原来的"个"修改为"套"。工作内容将原来的"除污器组成安装"和"除污器安装"修改为"组成、安装"					
13	13规范	040502013	凝水缸	1. 材料品种； 2. 型号及规格； 3. 连接方式	按设计图示数量计算 （计量单位：组）	1. 制作； 2. 安装
	08规范	040507029	凝水缸	1. 材料品种； 2. 压力要求； 3. 型号、规格； 4. 接口		
	说明：项目特征描述新增"连接方式"，将原来的"型号、规格"修改为"型号及规格"，删除原来的"压力要求"和"接口"					
14	13规范	040502014	调压器	1. 规格； 2. 型号； 3. 连接方式	按设计图示数量计算 （计量单位：个）	安装
	08规范	040507030	调压器	型号、规格		
	说明：项目特征描述新增"连接方式"，将原来的"型号、规格"拆分为"规格"和"型号"					

续表

序号	版别	项目编码	项目名称	项目特征	工程量计算规则	工作内容
15	13 规范	040502015	过滤器	1. 规格； 2. 型号； 3. 连接方式	按设计图示数量计算 （计量单位：个）	安装
	08 规范	040507031	过滤器	型号、规格		
	说明：项目特征描述新增"连接方式"，将原来的"型号、规格"拆分为"规格"和"型号"					
16	13 规范	040502016	分离器	1. 规格； 2. 型号； 3. 连接方式	按设计图示数量计算 （计量单位：个）	安装
	08 规范	040507032	分离器	型号、规格		
	说明：项目特征描述新增"连接方式"，将原来的"型号、规格"拆分为"规格"和"型号"					
17	13 规范	040502017	安全水封	规格	按设计图示数量计算 （计量单位：个）	安装
	08 规范	040507033	安全水封	公称直径		
	说明：项目特征描述新增"规格"，删除原来的"公称直径"					
18	13 规范	040502018	检漏（水）管	规格	按设计图示数量计算 （计量单位：个）	安装
	08 规范	040507034	检漏管			
	说明：项目名称修改为检漏（水）管					

注：040502013 项目的凝水井应按《市政工程工程量计算规范》GB 50857—2013 附录 E.4 管道附属构筑物相关清单项目编码列项。

5.1.3 支架制作及安装

支架制作及安装工程量清单项目设置、项目特征描述的内容、计量单位及工程量计算规则等的变化对照情况，见表 5-3。

支架制作及安装（编码：040503） 表 5-3

序号	版别	项目编码	项目名称	项目特征	工程量计算规则	工作内容
1	13 规范	040503001	砌筑支墩	1. 垫层材质、厚度； 2. 混凝土强度等级； 3. 砌筑材料、规格、强度等级； 4. 砂浆强度等级、配合比	按设计图示尺寸以体积计算（计量单位：m³）	1. 模板制作、安装、拆除； 2. 混凝土拌合、运输、浇筑、养护； 3. 砌筑； 4. 勾缝、抹面
	08 规范	—				
	说明：新增项目内容					

序号	版别	项目编码	项目名称	项目特征	工程量计算规则	工作内容
2	13规范	040503002	混凝土支墩	1. 垫层材质、厚度； 2. 混凝土强度等级； 3. 预制混凝土构件运距	按设计图示尺寸以体积计算（计量单位：m³）	1. 模板制作、安装、拆除； 2. 混凝土拌合、运输、浇筑、养护； 3. 预制混凝土支墩安装； 4. 混凝土构件运输
	08规范	040504007	支（挡）墩	1. 混凝土强度等级； 2. 石料最大粒径； 3. 垫层厚度、材料品种、强度		1. 垫层铺筑； 2. 混凝土浇筑； 3. 养生； 4. 砌筑； 5. 抹面（勾缝）
	说明：项目名称修改为"混凝土支墩"。项目特征描述新增"预制混凝土构件运距"，将原来的"垫层厚度、材料品种、强度"修改为"垫层材质、厚度"，删除原来的"石料最大粒径"。工作内容新增"模板制作、安装、拆除"、"预制混凝土支墩安装"和"混凝土构件运输"，将原来的"混凝土浇筑"和"养生"修改为"混凝土拌合、运输、浇筑、养护"，删除原来的"垫层铺筑"、"砌筑"和"抹面（勾缝）"						
3	13规范	040503003	金属支架制作、安装	1. 垫层、基础材质及厚度； 2. 混凝土强度等级； 3. 支架材质； 4. 支架形式； 5. 预埋件材质及规格	按设计图示质量计算（计量单位：t）	1. 模板制作、安装、拆除； 2. 混凝土拌合、运输、浇筑、养护； 3. 支架制作、安装
	08规范	040502013	钢支架制作、安装	类型	按设计图示尺寸以质量计算（计量单位：kg）	1. 制作； 2. 安装
	说明：项目名称修改为"金属支架制作、安装"。项目特征描述新增"垫层、基础材质及厚度"、"混凝土强度等级"、"支架材质"、"支架形式"和"预埋件材质及规格"，删除原来的"类型"。工程量计算规则将原来的"kg"修改为"t"。工作内容新增"模板制作、安装、拆除"和"混凝土拌合、运输、浇筑、养护"，将原来的"制作"和"安装"修改为"支架制作、安装"						
4	13规范	040503004	金属吊架制作、安装	1. 吊架形式； 2. 吊架材质； 3. 预埋件材质及规格	按设计图示质量计算（计量单位：t）	制作、安装
	08规范	—	—	—	—	—
	说明：新增项目内容						

5.1.4 管道附属构筑物

管道附属构筑物工程量清单项目设置、项目特征描述的内容、计量单位及工程量计算规则等的变化对照情况，见表 5-4。

管道附属构筑物（编码：040504）   表 5-4

序号	版别	项目编码	项目名称	项目特征	工程量计算规则	工作内容
1	13 规范	040504001	砌筑井	1. 垫层、基础材质及厚度； 2. 砌筑材料品种、规格、强度等级； 3. 勾缝、抹面要求； 4. 砂浆强度等级、配合比； 5. 混凝土强度等； 6. 盖板材质、规格； 7. 井盖、井圈材质及规格； 8. 踏步材质、规格； 9. 防渗、防水要求	按设计图示数量计算（计量单位：座）	1. 垫层铺筑； 2. 模板制作、安装、拆除； 3. 混凝土拌合、运输、浇筑、养护； 4. 砌筑、勾缝、抹面； 5. 井圈、井盖安装； 6. 盖板安装； 7. 踏步安装； 8. 防水、止水
	08 规范	040504001	砌筑检查井	1. 材料； 2. 井深、尺寸； 3. 定型井名称、定型图号、尺寸及井深； 4. 垫层、基础：厚度、材料品种、强度	按设计图示数量计算（计量单位：座）	1. 垫层铺筑； 2. 混凝土浇筑； 3. 养生； 4. 砌筑； 5. 爬梯制作、安装； 6. 勾缝； 7. 抹面； 8. 防腐； 9. 盖板、过梁制作、安装； 10. 井盖井座制作、安装

说明：项目名称简化为"砌筑井"。项目特征描述新增"砌筑材料品种、规格、强度等级"、"勾缝、抹面要求"、"砂浆强度等级、配合比"、"混凝土强度等"、"踏步材质、规格"和"防渗、防水要求"，将原来的"垫层、基础：厚度、材料品种、强度"修改为"垫层、基础材质及厚度"，删除原来的"材料"、"井深、尺寸"和"定型井名称、定型图号、尺寸及井深"。工作内容新增"模板制作、安装、拆除"、"踏步安装"和"防水、止水"，将原来的"混凝土浇筑"和"养生"修改为"混凝土拌合、运输、浇筑、养护"，"砌筑"、"勾缝"和"抹面"归并为"砌筑、勾缝、抹面"，"盖板、过梁制作、安装"简化为"盖板安装"，"井盖井座制作、安装"修改为"井圈、井盖安装"，删除原来的"爬梯制作、安装"和"防腐"

序号	版别	项目编码	项目名称	项目特征	工程量计算规则	工作内容
2	13规范	040504002	混凝土井	1. 垫层、基础材质及厚度； 2. 混凝土强度等级； 3. 盖板材质、规格； 4. 井盖、井圈材质及规格； 5. 踏步材质、规格； 6. 防渗、防水要求	按设计图示数量计算（计量单位：座）	1. 垫层铺筑； 2. 模板制作、安装、拆除； 3. 混凝土拌合、运输、浇筑、养护； 4. 井圈、井盖安装； 5. 盖板安装； 6. 踏步安装； 7. 防水、止水
	08规范	040504002	混凝土检查井	1. 井深、尺寸； 2. 混凝土强度等级、石料最大粒径； 3. 垫层厚度、材料品种、强度		1. 垫层铺筑； 2. 混凝土浇筑； 3. 养生； 4. 爬梯制作、安装； 5. 盖板、过梁制作安装； 6. 防腐涂刷； 7. 井盖及井座制作、安装
	说明：项目名称简化为"混凝土井"。项目特征描述新增"盖板材质、规格"、"井盖、井圈材质及规格"、"踏步材质、规格"和"防渗、防水要求"，将原来的"混凝土强度等级、石料最大粒径"简化为"混凝土强度等级"，"垫层厚度、材料品种、强度"修改为"垫层、基础材质及厚度"，删除原来的"井深、尺寸"。工作内容新增"模板制作、安装、拆除"、"踏步安装"和"防水、止水"，将原来的"混凝土浇筑"和"养生"修改为"混凝土拌合、运输、浇筑、养护"，"盖板、过梁制作、安装"简化为"盖板安装"，"井盖及井座制作、安装"修改为"井圈、井盖安装"，删除原来的"爬梯制作、安装"和"防腐涂刷"						
3	13规范	040504003	塑料检查井	1. 垫层、基础材质及厚度； 2. 检查井材质、规格； 3. 井筒、井盖、井圈材质及规格	按设计图示数量计算（计量单位：座）	1. 垫层铺筑； 2. 模板制作、安装、拆除； 3. 混凝土拌合、运输、浇筑、养护； 4. 检查井安装； 5. 井筒、井圈、井盖安装
	08规范	—	—	—	—	—
	说明：新增项目内容					
4	13规范	040504004	砖砌井筒	1. 井筒规格； 2. 砌筑材料品种、规格； 3. 砌筑、勾缝、抹面要求； 4. 砂浆强度等级、配合比； 5. 踏步材质、规格； 6. 防渗、防水要求	按设计图示尺寸以延长米计算（计量单位：m）	1. 砌筑、勾缝、抹面； 2. 踏步安装
	08规范	—	—	—	—	—
	说明：新增项目内容					

续表

序号	版别	项目编码	项目名称	项目特征	工程量计算规则	工作内容
5	13规范	040504005	预制混凝土井筒	1. 井筒规格； 2. 踏步规格	按设计图示尺寸以延长米计算（计量单位：m）	1. 运输； 2. 安装
	08规范	—	—	—	—	—
	说明：新增项目内容					
6	13规范	040504006	砌体出水口	1. 垫层、基础材质及厚度； 2. 砌筑材料品种、规格； 3. 砌筑、勾缝、抹面要求； 4. 砂浆强度等级及配合比	按设计图示数量计算（计量单位：座）	1. 垫层铺筑； 2. 模板制作、安装、拆除； 3. 混凝土拌合、运输、浇筑、养护； 4. 砌筑、勾缝、抹面
		040504007	混凝土出水口	1. 垫层、基础材质及厚度； 2. 混凝土强度等级		1. 垫层铺筑； 2. 模板制作、安装、拆除； 3. 混凝土拌合、运输、浇筑、养护
	08规范	040504006	出水口	1. 出水口材料； 2. 出水口形式； 3. 出水口尺寸； 4. 出水口深度； 5. 出水口砌体强度； 6. 混凝土强度等级、石料最大粒径； 7. 砂浆配合比； 8. 垫层厚度、材料品种、强度	按设计图示数量计算（计量单位：处）	1. 垫层铺筑； 2. 混凝土浇筑； 3. 养生； 4. 砌筑； 5. 勾缝； 6. 抹面
	说明：项目名称拆分为"砌体出水口"和"混凝土出水口"。项目特征描述新增"砌筑材料品种、规格"、"砌筑、勾缝、抹面要求"，将原来的"垫层厚度、材料品种、强度"修改为"垫层、基础材质及厚度"，"砂浆配合比"扩展为"砂浆强度等级及配合比"，"混凝土强度等级、石料最大粒径"简化为"混凝土强度等级"，删除原来的"出水口材料"、"出水口形式"、"出水口尺寸"、"出水口深度"和"出水口砌体强度"。工程量计算规则将原来的"处"修改为"座"。工作内容新增"模板制作、安装、拆除"，将原来的"混凝土浇筑"和"养生"修改为"混凝土拌合、运输、浇筑、养护"，"砌筑"、"勾缝"和"抹面"归并为"砌筑、勾缝、抹面"					
7	13规范	040504008	整体化粪池	1. 材质； 2. 型号、规格	按设计图示数量计算（计量单位：座）	安装
	08规范	—	—	—	—	—
	说明：新增项目内容					

序号	版别	项目编码	项目名称	项目特征	工程量计算规则	工作内容
8	13规范	040504009	雨水口	1. 雨水箅子及圈口材质、型号、规格； 2. 垫层、基础材质及厚度； 3. 混凝土强度等级； 4. 砌筑材料品种、规格； 5. 砂浆强度等级及配合比	按设计图示数量计算（计量单位：座）	1. 垫层铺筑； 2. 模板制作、安装、拆除； 3. 混凝土拌合、运输、浇筑、养护； 4. 砌筑、勾缝、抹面； 5. 雨水箅子安装
	08规范	—	—	—	—	—
	说明：新增项目内容					

注：管道附属构筑物为标准定型附属构筑物时，在项目特征中应标注标准图集编号及页码。

5.1.5　相关问题及说明

（1）本章清单项目所涉及土方工程的内容应按《市政工程工程量计算规范》GB 50857—2013 附录 A 土石方工程中相关项目编码列项。

（2）刷油、防腐、保温工程、阴极保护及牺牲阳极应按现行国家标准《通用安装工程工程量计算规范》GB 50856—2013 附录 M 刷油、防腐蚀、绝热工程中相关项目编码列项。

（3）高压管道及管件、阀门安装，不锈钢管及管件、阀门安装，管道焊缝无损探伤应按现行国家标准《通用安装工程工程量计算规范》GB 50856—2013 附录 H 工业管道中相关项目编码列项。

（4）管道检验及试验要求应按各专业的施工验收规范及设计要求，对已完管道工程进行的管道吹扫、冲洗消毒、强度试验、严密性试验、闭水试验等内容进行描述。

（5）阀门电动机需单独安装，应按现行国家标准《通用安装工程工程量计算规范》GB 50856—2013 附录 K 给排水、采暖、燃气工程中相关项目编码列项。

（6）雨水口连接管应按《市政工程工程量计算规范》GB 50857—2013 附录 E.1 管道铺设中相关项目编码列项。

5.2　水处理工程工程量计算依据六项变化及说明

5.2.1　水处理构筑物

水处理构筑物工程量清单项目设置、项目特征描述的内容、计量单位及工程量计算规则等的变化对照情况，见表5-5。

水处理构筑物（编码：040601） 表 5-5

序号	版别	项目编码	项目名称	项目特征	工程量计算规则	工作内容
1	13 规范	040601001	现浇混凝土沉井井壁及隔墙	1. 混凝土强度等级； 2. 防水、抗渗要求； 3. 断面尺寸	按设计图示尺寸以体积计算（计量单位：m³）	1. 垫木铺设； 2. 模板制作、安装、拆除； 3. 混凝土拌合、运输、浇筑； 4. 养护； 5. 预留孔封口
	08 规范	040506002	现浇混凝土沉井井壁及隔墙	1. 混凝土强度等级； 2. 混凝土抗渗需求； 3. 石料最大粒径		1. 垫层铺筑、垫木铺设； 2. 混凝土浇筑； 3. 养生； 4. 预留孔封口
	说明：项目特征描述新增"防水、抗渗要求"和"断面尺寸"，删除原来的"混凝土抗渗需求"和"石料最大粒径"。工作内容新增"模板制作、安装、拆除"，将原来的"垫层铺筑、垫木铺设"简化为"垫木铺设"，"混凝土浇筑"扩展为"混凝土拌合、运输、浇筑"，"养生"修改为"养护"						
2	13 规范	040601002	沉井下沉	1. 土壤类别； 2. 断面尺寸； 3. 下沉深度； 4. 减阻材料种类	按自然面标高至设计垫层底标高间的高度乘以沉井外壁最大断面面积以体积计算（计量单位：m³）	1. 垫木拆除； 2. 挖土； 3. 沉井下沉； 4. 填充减阻材料； 5. 余方弃置
	08 规范	040506003	沉井下沉	1. 土壤类别； 2. 深度	按自然地坪至设计底板垫层底的高度乘以沉井外壁最大断面积以体积计算（计量单位：m³）	1. 垫木拆除； 2. 沉井挖土下沉； 3. 填充； 4. 余方弃置
	说明：项目特征描述新增"断面尺寸"和"减阻材料种类"，将原来的"深度"扩展为"下沉深度"。工程量计算规则将原来的"按自然地坪至设计底板垫层底的高度乘以沉井外壁最大断面积以体积计算"修改为"按自然面标高至设计垫层底标高间的高度乘以沉井外壁最大断面面积以体积计算"。工作内容将原来的"沉井挖土下沉"拆分为"挖土"和"沉井下沉"，"填充"扩展为"填充减阻材料"						
3	13 规范	040601003	沉井混凝土底板	1. 混凝土强度等级； 2. 防水、抗渗要求	按设计图示尺寸以体积计算（计量单位：m³）	1. 模板制作、安装、拆除； 2. 混凝土拌合、运输、浇筑； 3. 养护

序号	版别	项目编码	项目名称	项目特征	工程量计算规则	工作内容
3	08规范	040506004	沉井混凝土底板	1. 混凝土强度等级； 2. 混凝土抗渗需求； 3. 石料最大粒径； 4. 地梁截面； 5. 垫层厚度、材料品种、强度	按设计图示尺寸以体积计算（计量单位：m³）	1. 垫层铺筑； 2. 混凝土浇筑； 3. 养生
	说明：项目特征描述新增"防水、抗渗要求"，删除原来的"混凝土抗渗需求"、"石料最大粒径"、"地梁截面"和"垫层厚度、材料品种、强度"。工作内容新增"模板制作、安装、拆除"，将原来的"混凝土浇筑"扩展为"混凝土拌合、运输、浇筑"，"养生"修改为"养护"，删除原来的"垫层铺筑"						
4	13规范	040601004	沉井内地下混凝土结构	1. 部位； 2. 混凝土强度等级； 3. 防水、抗渗要求	按设计图示尺寸以体积计算（计量单位：m³）	1. 模板制作、安装、拆除； 2. 混凝土拌合、运输、浇筑； 3. 养护
	08规范	040506005	沉井内地下混凝土结构	1. 所在部位； 2. 混凝土强度等级、石料最大粒径		1. 混凝土浇筑； 2. 养生
	说明：项目特征描述新增"防水、抗渗要求"，将原来的"所在部位"简化为"部位"，"混凝土强度等级、石料最大粒径"简化为"混凝土强度等级"。工作内容新增"模板制作、安装、拆除"，将原来的"混凝土浇筑"扩展为"混凝土拌合、运输、浇筑"，"养生"修改为"养护"						
5	13规范	040601005	沉井混凝土顶板	1. 混凝土强度等级； 2. 防水、抗渗要求	按设计图示尺寸以体积计算（计量单位：m³）	1. 模板制作、安装、拆除； 2. 混凝土拌合、运输、浇筑； 3. 养护
	08规范	040506006	沉井混凝土顶板	1. 混凝土强度等级、石料最大粒径； 2. 混凝土抗渗需求		1. 混凝土浇筑； 2. 养生
	说明：项目特征描述新增"防水、抗渗要求"，将原来的"混凝土强度等级、石料最大粒径"简化为"混凝土强度等级"，删除原来的"混凝土抗渗需求"。工作内容新增"模板制作、安装、拆除"，将原来的"混凝土浇筑"扩展为"混凝土拌合、运输、浇筑"，"养生"修改为"养护"						

续表

序号	版别	项目编码	项目名称	项目特征	工程量计算规则	工作内容
6	13规范	040601006	现浇混凝土池底	1. 混凝土强度等级； 2. 防水、抗渗要求	按设计图示尺寸以体积计算（计量单位：m³）	1. 模板制作、安装、拆除； 2. 混凝土拌合、运输、浇筑； 3. 养护
6	08规范	040506007	现浇混凝土池底	1. 混凝土强度等级、石料最大粒径； 2. 混凝土抗渗要求； 3. 池底形式； 4. 垫层厚度、材料品种、强度		1. 垫层铺筑； 2. 混凝土浇筑； 3. 养生
	说明：项目特征描述新增"防水、抗渗要求"，将原来的"混凝土强度等级、石料最大粒径"简化为"混凝土强度等级"，删除原来的"混凝土抗渗需求"、"池底形式"和"垫层厚度、材料品种、强度"。工作内容新增"模板制作、安装、拆除"，将原来的"混凝土浇筑"扩展为"混凝土拌合、运输、浇筑"，"养生"修改为"养护"						
7	13规范	040601007	现浇混凝土池壁（隔墙）	1. 混凝土强度等级； 2. 防水、抗渗要求	按设计图示尺寸以体积计算（计量单位：m³）	1. 模板制作、安装、拆除； 2. 混凝土拌合、运输、浇筑； 3. 养护
7	08规范	040506008	现浇混凝土池壁（隔墙）	1. 混凝土强度等级、石料最大粒径； 2. 混凝土抗渗要求		1. 混凝土浇筑； 2. 养生
	说明：项目特征描述新增"防水、抗渗要求"，将原来的"混凝土强度等级、石料最大粒径"简化为"混凝土强度等级"，删除原来的"混凝土抗渗需求"。工作内容新增"模板制作、安装、拆除"，将原来的"混凝土浇筑"扩展为"混凝土拌合、运输、浇筑"，"养生"修改为"养护"						
8	13规范	040601008	现浇混凝土池柱	1. 混凝土强度等级； 2. 防水、抗渗要求	按设计图示尺寸以体积计算（计量单位：m³）	1. 模板制作、安装、拆除； 2. 混凝土拌合、运输、浇筑； 3. 养护
8	08规范	040506009	现浇混凝土池柱	1. 混凝土强度等级、石料最大粒径； 2. 规格		1. 混凝土浇筑； 2. 养生
	说明：项目特征描述新增"防水、抗渗要求"，将原来的"混凝土强度等级、石料最大粒径"简化为"混凝土强度等级"，删除原来的"规格"。工作内容新增"模板制作、安装、拆除"，将原来的"混凝土浇筑"扩展为"混凝土拌合、运输、浇筑"，"养生"修改为"养护"						

序号	版别	项目编码	项目名称	项目特征	工程量计算规则	工作内容
9	13规范	040601009	现浇混凝土池梁	1. 混凝土强度等级； 2. 防水、抗渗要求	按设计图示尺寸以体积计算（计量单位：m³）	1. 模板制作、安装、拆除； 2. 混凝土拌合、运输、浇筑； 3. 养护
	08规范	040506010	现浇混凝土池梁	1. 混凝土强度等级、石料最大粒径； 2. 规格		1. 混凝土浇筑； 2. 养生
	说明：项目特征描述新增"防水、抗渗要求"，将原来的"混凝土强度等级、石料最大粒径"简化为"混凝土强度等级"，删除原来的"规格"。工作内容新增"模板制作、安装、拆除"，将原来的"混凝土浇筑"扩展为"混凝土拌合、运输、浇筑"，"养生"修改为"养护"					
10	13规范	040601010	现浇混凝土池盖板	1. 混凝土强度等级； 2. 防水、抗渗要求	按设计图示尺寸以体积计算（计量单位：m³）	1. 模板制作、安装、拆除； 2. 混凝土拌合、运输、浇筑； 3. 养护
	08规范	040506011	现浇混凝土池盖	1. 混凝土强度等级、石料最大粒径； 2. 规格		1. 混凝土浇筑； 2. 养生
	说明：项目特征描述新增"防水、抗渗要求"，将原来的"混凝土强度等级、石料最大粒径"简化为"混凝土强度等级"，删除原来的"规格"。工作内容新增"模板制作、安装、拆除"，将原来的"混凝土浇筑"扩展为"混凝土拌合、运输、浇筑"，"养生"修改为"养护"					
11	2013计量规范	040601011	现浇混凝土板	1. 名称、规格； 2. 混凝土强度等级； 3. 防水、抗渗要求	按设计图示尺寸以体积计算（计量单位：m³）	1. 模板制作、安装、拆除； 2. 混凝土拌合、运输、浇筑； 3. 养护
	08规范	040506012	现浇混凝土板	1. 名称、规格； 2. 混凝土强度等级、石料最大粒径		1. 混凝土浇筑； 2. 养生
	说明：项目特征描述新增"防水、抗渗要求"，将原来的"混凝土强度等级、石料最大粒径"简化为"混凝土强度等级"。工作内容新增"模板制作、安装、拆除"，将原来的"混凝土浇筑"扩展为"混凝土拌合、运输、浇筑"，"养生"修改为"养护"					
12	13规范	040601012	池槽	1. 混凝土强度等级； 2. 防水、抗渗要求； 3. 池槽断面尺寸； 4. 盖板材质	按设计图示尺寸以长度计算（计量单位：m）	1. 模板制作、安装、拆除； 2. 混凝土拌合、运输、浇筑； 3. 养护； 4. 盖板安装； 5. 其他材料铺设

序号	版别	项目编码	项目名称	项目特征	工程量计算规则	工作内容
12	08规范	040506013	池槽	1. 混凝土强度等级、石料最大粒径； 2. 池槽断面	按设计图示尺寸以长度计算（计量单位：m）	1. 混凝土浇筑； 2. 养生； 3. 盖板； 4. 其他材料铺设
	说明：项目特征描述新增"防水、抗渗要求"和"盖板材质"，将原来的"混凝土强度等级、石料最大粒径"简化为"混凝土强度等级"，"池槽断面"扩展为"池槽断面尺寸"。工作内容新增"模板制作、安装、拆除"，将原来的"混凝土浇筑"扩展为"混凝土拌合、运输、浇筑"，"养生"修改为"养护"，"盖板"扩展为"盖板安装"						
13	13规范	040601013	砌筑导流壁、筒	1. 砌体材料、规格； 2. 断面尺寸； 3. 砌筑、勾缝、抹面砂浆强度等级	按计图示尺寸以体积计算（计量单位：m³）	1. 砌筑； 2. 抹面； 3. 勾缝
	08规范	040506014	砌筑导流壁、筒	1. 块体材料； 2. 断面； 3. 砂浆强度等级		1. 砌筑； 2. 抹面
	说明：项目特征描述将原来的"块体材料"修改为"砌体材料、规格"，"断面"扩展为"断面尺寸"，"砂浆强度等级"扩展为"砌筑、勾缝、抹面砂浆强度等级"。工作内容新增"勾缝"						
14	13规范	040601014	混凝土导流壁、筒	1. 混凝土强度等级； 2. 防水、抗渗要求； 3. 断面尺寸	按计图示尺寸以体积计算（计量单位：m³）	1. 模板制作、安装、拆除； 2. 混凝土拌合、运输、浇筑； 3. 养护
	08规范	040506015	混凝土导流壁、筒	1. 断面； 2. 混凝土强度等级、石料最大粒径		1. 混凝土浇筑； 2. 养生
	说明：项目特征描述新增"防水、抗渗要求"，将原来的"混凝土强度等级、石料最大粒径"简化为"混凝土强度等级"，"断面"扩展为"断面尺寸"。工作内容新增"模板制作、安装、拆除"，将原来的"混凝土浇筑"扩展为"混凝土拌合、运输、浇筑"，"养生"修改为"养护"						
15	13规范	040601015	混凝土楼梯	1. 结构形式； 2. 底板厚度； 3. 混凝土强度等级	1. 按设计图示尺寸以水平投影面积计算（计量单位：m²）； 2. 按设计图示尺寸以体积计算（计量单位：m³）	1. 模板制作、安装、拆除； 2. 混凝土拌合、运输、浇筑或预制； 3. 养护； 4. 楼梯安装

序号	版别	项目编码	项目名称	项目特征	工程量计算规则	工作内容
15	08规范	040506016	混凝土扶梯	1. 规格； 2. 混凝土强度等级、石料最大粒径	按设计图示尺寸以体积计算（计量单位：m³）	1. 混凝土浇筑或预制； 2. 养生； 3. 扶梯安装
	说明：项目特征描述新增"结构形式"和"底板厚度"，将原来的"混凝土强度等级、石料最大粒径"简化为"混凝土强度等级"，删除原来的"规格"。工程量计算规则新增"按设计图示尺寸以水平投影面积计算（计量单位：m²）"。工作内容新增"模板制作、安装、拆除"，将原来的"混凝土浇筑或预制"扩展为"混凝土拌合、运输、浇筑或预制"，"养生"修改为"养护"，"扶梯安装"修改为"楼梯安装"						
16	13规范	040601016	金属扶梯、栏杆	1. 材质； 2. 规格； 3. 防腐刷油材质、工艺要求	1. 按设计图示尺寸以质量计算（计量单位：t）； 2. 按设计图示尺寸以长度计算（计量单位：m）	1. 制作、安装； 2. 除锈、防腐、刷油
	08规范	040506017	金属扶梯、栏杆	1. 材质； 2. 规格； 3. 油漆品种、工艺要求	按设计图示尺寸以质量计算（计量单位：t）	1. 钢扶梯制作、安装； 2. 除锈、刷油漆
	说明：项目特征描述新增"防腐刷油材质、工艺要求"，删除原来的"油漆品种、工艺要求"。工程量计算规则新增"按设计图示尺寸以长度计算（计量单位：m）"。工作内容将原来的"钢扶梯制作、安装"简化为"制作、安装"，"除锈、刷油漆"扩展为"除锈、防腐、刷油"						
17	13规范	040601017	其他现浇混凝土构件	1. 构件名称、规格； 2. 混凝土强度等级	按设计图示尺寸以体积计算（计量单位：m³）	1. 模板制作、安装、拆除； 2. 混凝土拌合、运输、浇筑； 3. 养护
	08规范	040506018	其他现浇混凝土构件	1. 规格； 2. 混凝土强度等级、石料最大粒径		1. 混凝土浇筑； 2. 养生
	说明：项目特征描述将原来的"规格"扩展为"构件名称、规格"，"混凝土强度等级、石料最大粒径"简化为"混凝土强度等级"。工作内容新增"模板制作、安装、拆除"，将原来的"混凝土浇筑"扩展为"混凝土拌合、运输、浇筑"，"养生"修改为"养护"						
18	13规范	040601018	预制混凝土板	1. 图集、图纸名称； 2. 构件代号、名称； 3. 混凝土强度等级； 4. 防水、抗渗要求	按设计图示尺寸以体积计算（计量单位：m³）	1. 模板制作、安装、拆除； 2. 混凝土拌合、运输、浇筑； 3. 养护； 4. 构件安装； 5. 接头灌浆； 6. 砂浆制作； 7. 运输

续表

序号	版别	项目编码	项目名称	项目特征	工程量计算规则	工作内容
18	08规范	040506019	预制混凝土板	1. 混凝土强度等级、石料最大粒径; 2. 名称、部位、规格	按设计图示尺寸以体积计算（计量单位：m³)	1. 混凝土浇筑; 2. 养生; 3. 构件移动及堆放; 4. 构件安装
	说明：项目名称扩展为"预制混凝凝土板"。项目特征描述新增"图集、图纸名称"、"构件代号、名称"和"防水、抗渗要求"，将原来的"混凝土强度等级、石料最大粒径"简化为"混凝土强度等级"，删除原来的"构件代号、名称"。工作内容新增"模板制作、安装、拆除"、"构件安装"、"接头灌浆"、"砂浆制作"和"运输"，将原来的"混凝土浇筑"扩展为"混凝土拌合、运输、浇筑"，"养生"修改为"养护"，删除原来的"构件移动及堆放"						
19	13规范	040601019	预制混凝土槽	1. 图集、图纸名称; 2. 构件代号、名称; 3. 混凝土强度等级; 4. 防水、抗渗要求	按设计图示尺寸以体积计算（计量单位：m³)	1. 模板制作、安装、拆除; 2. 混凝土拌合、运输、浇筑; 3. 养护; 4. 构件安装; 5. 接头灌浆; 6. 砂浆制作; 7. 运输
	08规范	040506020	预制混凝土槽	1. 规格; 2. 混凝土强度等级、石料最大粒径		1. 混凝土浇筑; 2. 养生; 3. 构件移动及堆放; 4. 构件安装
	说明：项目特征描述新增"图集、图纸名称"、"构件代号、名称"和"防水、抗渗要求"，将原来的"混凝土强度等级、石料最大粒径"简化为"混凝土强度等级"，删除原来的"规格"。工作内容新增"模板制作、安装、拆除"、"构件安装"、"接头灌浆"、"砂浆制作"和"运输"，将原来的"混凝土浇筑"扩展为"混凝土拌合、运输、浇筑"，"养生"修改为"养护"，删除原来的"构件移动及堆放"						
20	13规范	040601020	预制混凝土支墩	1. 图集、图纸名称; 2. 构件代号、名称; 3. 混凝土强度等级; 4. 防水、抗渗要求	按设计图示尺寸以体积计算（计量单位：m³)	1. 模板制作、安装、拆除; 2. 混凝土拌合、运输、浇筑; 3. 养护; 4. 构件安装; 5. 接头灌浆; 6. 砂浆制作; 7. 运输

续表

序号	版别	项目编码	项目名称	项目特征	工程量计算规则	工作内容
20	08规范	040506021	预制混凝土支墩	1. 规格； 2. 混凝土强度等级、石料最大粒径	按设计图示尺寸以体积计算（计量单位：m³）	1. 混凝土浇筑； 2. 养生； 3. 构件移动及堆放； 4. 构件安装
20	说明：项目特征描述新增"图集、图纸名称"、"构件代号、名称"和"防水、抗渗要求"，将原来的"混凝土强度等级、石料最大粒径"简化为"混凝土强度等级"，删除原来的"规格"。工作内容新增"模板制作、安装、拆除"、"构件安装"、"接头灌浆"、"砂浆制作"和"运输"，将原来的"混凝土浇筑"扩展为"混凝土拌合、运输、浇筑"，"养生"修改为"养护"，删除原来的"构件移动及堆放"						
21	13规范	040601021	其他预制混凝土构件	1. 部位； 2. 图集、图纸名称； 3. 构件代号、名称； 4. 混凝土强度等级； 5. 防水、抗渗要求	按设计图示尺寸以体积计算（计量单位：m³）	1. 模板制作、安装、拆除； 2. 混凝土拌合、运输、浇筑； 3. 养护； 4. 构件安装； 5. 接头灌浆； 6. 砂浆制作； 7. 运输
21	08规范	040506022	预制混凝土异型构件	1. 规格； 2. 混凝土强度等级、石料最大粒径		1. 混凝土浇筑； 2. 养生； 3. 构件移动及堆放； 4. 构件安装
21	说明：项目名称修改为"其他预制混凝土构件"。项目特征描述新增"部位"、"图集、图纸名称"、"构件代号、名称"和"防水、抗渗要求"，将原来的"混凝土强度等级、石料最大粒径"简化为"混凝土强度等级"，删除原来的"规格"。工作内容新增"模板制作、安装、拆除"、"构件安装"、"接头灌浆"、"砂浆制作"和"运输"，将原来的"混凝土浇筑"扩展为"混凝土拌合、运输、浇筑"，"养生"修改为"养护"，删除原来的"构件移动及堆放"						
22	13规范	040601022	滤板	1. 材质； 2. 规格； 3. 厚度； 4. 部位	按设计图示尺寸以面积计算（计量单位：m²）	1. 制作； 2. 安装
22	08规范	040506023	滤板	1. 滤板材质； 2. 滤板规格； 3. 滤板厚度； 4. 滤板部位		
22	说明：项目特征描述将原来的"滤板材质"简化为"材质"，"滤板规格"简化为"规格"，"滤板厚度"简化为"厚度"，"滤板部位"简化为"部位"						

续表

序号	版别	项目编码	项目名称	项目特征	工程量计算规则	工作内容
23	13 规范	040601023	折板	1. 材质; 2. 规格; 3. 厚度; 4. 部位	按设计图示尺寸以面积计算(计量单位:m²)	1. 制作; 2. 安装
	08 规范	040506024	折板	1. 折板材料; 2. 折板形式; 3. 折板部位		
	说明:项目特征描述新增"材质"、"规格"和"厚度",将原来的"折板部位"简化为"部位",删除原来的"折板材料"和"折板形式"					
24	13 规范	040601024	壁板	1. 材质; 2. 规格; 3. 厚度; 4. 部位	按设计图示尺寸以体积计算(计量单位:m³)	1. 制作; 2. 安装
	08 规范	040506025	壁板	1. 壁板材料; 2. 壁板部位		
	说明:项目特征描述新增"材质"、"规格"和"厚度",将原来的"壁板部位"简化为"部位",删除原来的"壁板材料"					
25	13 规范	040601025	滤料铺设	1. 滤料品种; 2. 滤料规格	按设计图示尺寸以体积计算(计量单位:m³)	铺设
	08 规范	040506026	滤料铺设			
	说明:各项目内容未作修改					
26	13 规范	040601026	尼龙网板	1. 材料品种; 2. 材料规格	按设计图示尺寸以面积计算(计量单位:m²)	1. 制作; 2. 安装
	08 规范	040506027	尼龙网板			
	说明:各项目内容未作修改					
27	13 规范	040601027	刚性防水	1. 工艺要求; 2. 材料品种、规格	按设计图示尺寸以面积计算(计量单位:m²)	1. 配料; 2. 铺筑
	08 规范	040506028	刚性防水	1. 工艺要求; 2. 材料品种		
	说明:项目特征描述将原来的"材料品种"扩展为"材料品种、规格"					
28	13 规范	040601028	柔性防水	1. 工艺要求; 2. 材料品种、规格	按设计图示尺寸以面积计算(计量单位:m²)	涂、贴、粘、刷防水材料
	08 规范	040506029	柔性防水	1. 工艺要求; 2. 材料品种		
	说明:项目特征描述将原来的"材料品种"扩展为"材料品种、规格"					
29	13 规范	040601029	沉降(施工)缝	1. 材料品种; 2. 沉降缝规格; 3. 沉降缝部位	按设计图示尺寸以长度计算(计量单位:m)	铺、嵌沉降(施工)缝
	08 规范	040506030	沉降缝			铺、嵌沉降缝
	说明:项目名称修改为"沉降(施工)缝"。工作内容将原来的"铺、嵌沉降缝"扩展为"铺、嵌沉降(施工)缝"					
30	13 规范	040601030	井、池渗漏试验	构筑物名称	按设计图示储水尺寸以体积计算(计量单位:m³)	渗漏试验
	08 规范	040506031	井、池渗漏试验			
	说明:各项目内容未作修改					

注:1. 沉井混凝土地梁工程量,应并入底板内计算。

2. 各类垫层应按《市政工程工程量计算规范》(GB 50857—2013)附录C桥涵工程相关编码列项。

5.2.2　水处理设备

　　水处理设备工程量清单项目设置、项目特征描述的内容、计量单位及工程量计算规则等的变化对照情况，见表 5-6。

水处理设备（编号：040602）　　　　　　　　　　表 5-6

序号	版别	项目编码	项目名称	项目特征	工程量计算规则	工作内容
1	13规范	040602001	格栅	1. 材质； 2. 防腐材料； 3. 规格	1. 以吨计量，按设计图示尺寸以质量计算（计量单位：t）； 2. 以套计量，按设计图示数量计算（计量单位：套）	1. 制作； 2. 防腐； 3. 安装
	08规范	040507002	格栅制作	1. 材质； 2. 规格、型号	按设计图示尺寸以质量计算（计量单位：kg）	1. 制作； 2. 安装
	说明：项目名称简化为"格栅"。项目特征描述新增"防腐材料"，将原来的"规格、型号"简化为"规格"。工程量计算规则新增"以套计量，按设计图示数量计算（计量单位：套）"。工作内容新增"防腐"					
2	13规范	040602002	格栅除污机	1. 类型； 2. 材质； 3. 规格、型号； 4. 参数	按设计图示数量计算（计量单位：台）	1. 安装； 2. 无负荷试运转
	08规范	040507003	格栅除污机	规格、型号		
	说明：项目特征描述新增"类型"、"材质"和"参数"					
3	13规范	040602003	滤网清污机	1. 类型； 2. 材质； 3. 规格、型号； 4. 参数	按设计图示数量计算（计量单位：台）	1. 安装； 2. 无负荷试运转
	08规范	040507004	滤网清污机	规格、型号		
	说明：项目特征描述新增"类型"、"材质"和"参数"					
4	13规范	040602004	压榨机	1. 类型； 2. 材质； 3. 规格、型号； 4. 参数	按设计图示数量计算（计量单位：台）	1. 安装； 2. 无负荷试运转
	08规范	—	—	—	—	—
	说明：新增项目内容					
5	13规范	040602005	刮砂机	1. 类型； 2. 材质； 3. 规格、型号； 4. 参数	按设计图示数量计算（计量单位：台）	1. 安装； 2. 无负荷试运转
	08规范	—	—	—	—	—
	说明：新增项目内容					

续表

序号	版别	项目编码	项目名称	项目特征	工程量计算规则	工作内容
6	13规范	040602006	吸砂机	1. 类型； 2. 材质； 3. 规格、型号； 4. 参数	按设计图示数量计算 （计量单位：台）	1. 安装； 2. 无负荷试运转
	08规范	—	—	—	—	—
	说明：新增项目内容					
7	13规范	040602007	刮泥机	1. 类型； 2. 材质； 3. 规格、型号； 4. 参数	按设计图示数量计算 （计量单位：台）	1. 安装； 2. 无负荷试运转
	08规范	040507015	刮泥机	规格、型号		
	说明：项目特征描述新增"类型"、"材质"和"参数"					
8	13规范	040602008	吸泥机	1. 类型； 2. 材质； 3. 规格、型号； 4. 参数	按设计图示数量计算 （计量单位：台）	1. 安装； 2. 无负荷试运转
	08规范	040507014	吸泥机	规格、型号		
	说明：项目特征描述新增"类型"、"材质"和"参数"					
9	13规范	040602009	刮吸泥机	1. 类型； 2. 材质； 3. 规格、型号； 4. 参数	按设计图示数量计算 （计量单位：台）	1. 安装； 2. 无负荷试运转
	08规范	—				
	说明：新增项目内容					
10	13规范	040602010	撇渣机	1. 类型； 2. 材质； 3. 规格、型号； 4. 参数	按设计图示数量计算 （计量单位：台）	1. 安装； 2. 无负荷试运转
	08规范	—				
	说明：新增项目内容					
11	13规范	040602011	砂（泥）水分离器	1. 类型； 2. 材质； 3. 规格、型号； 4. 参数	按设计图示数量计算 （计量单位：台）	1. 安装； 2. 无负荷试运转
	08规范	—				
	说明：新增项目内容					
12	13规范	040602012	曝气机	1. 类型； 2. 材质； 3. 规格、型号； 4. 参数	按设计图示数量计算 （计量单位：台）	1. 安装； 2. 无负荷试运转
	08规范	040507012	曝气机	规格、型号		
	说明：项目特征描述新增"类型"、"材质"和"参数"					

续表

序号	版别	项目编码	项目名称	项目特征	工程量计算规则	工作内容
13	13规范	040602013	曝气器	1. 类型； 2. 材质； 3. 规格、型号； 4. 参数	按设计图示数量计算（计量单位：个）	
	08规范	040507010	曝气器	规格、型号		
	说明：项目特征描述新增"类型"、"材质"和"参数"					
14	13规范	040602014	布气管	1. 材质； 2. 直径	按设计图示以长度计算（计量单位：m）	1. 钻孔； 2. 安装
	08规范	040507011	布气管	1. 材料品种； 2. 直径		
	说明：项目特征描述将原来的"材料品种"修改为"材质"					
15	13规范	040602015	滗水器	1. 类型； 2. 材质； 3. 规格、型号； 4. 参数	按设计图示数量计算（计量单位：套）	1. 安装； 2. 无负荷试运转
	08规范	—	—	—	—	—
	说明：新增项目内容					
16	13规范	040602016	生物转盘	1. 类型； 2. 材质； 3. 规格、型号； 4. 参数	按设计图示数量计算（计量单位：套）	1. 安装； 2. 无负荷试运转
	08规范	040507013	生物转盘	规格	按设计图示数量计算（计量单位：台）	
	说明：项目特征描述新增"类型"、"材质"和"参数"，将原来的"规格"扩展为"规格、型号"。工程量计算规则将原来的"台"修改为"套"					
17	13规范	040602017	搅拌机	1. 类型； 2. 材质； 3. 规格、型号； 4. 参数	按设计图示数量计算（计量单位：台）	1. 安装； 2. 无负荷试运转
	08规范	040507009	搅拌机械	1. 规格、型号； 2. 重量		
	说明：项目特征描述新增"类型"、"材质"和"参数"，删除原来的"重量"					
18	13规范	040602018	推进器	1. 类型； 2. 材质； 3. 规格、型号； 4. 参数	按设计图示数量计算（计量单位：台）	1. 安装； 2. 无负荷试运转
	08规范	—	—	—	—	—
	说明：新增项目内容					
19	13规范	040602019	加药设备	1. 类型； 2. 材质； 3. 规格、型号； 4. 参数	按设计图示数量计算（计量单位：台）	1. 安装； 2. 无负荷试运转
	08规范	—	—	—	—	—
	说明：新增项目内容					

续表

序号	版别	项目编码	项目名称	项目特征	工程量计算规则	工作内容
20	13 规范	040602020	加氯机	1. 类型； 2. 材质； 3. 规格、型号； 4. 参数	按设计图示数量计算 （计量单位：套）	1. 安装； 2. 无负荷试运转
	08 规范	040507006	加氯机	规格、型号	按设计图示数量计算 （计量单位：台）	
	说明：项目特征描述新增"类型"、"材质"和"参数"。工程量计算规则将原来的"台"修改为"套"					
21	13 规范	040602021	氯吸收装置	1. 类型； 2. 材质； 3. 规格、型号； 4. 参数	按设计图示数量计算 （计量单位：套）	1. 安装； 2. 无负荷试运转
	08 规范	—	—	—	—	—
	说明：新增项目内容					
22	13 规范	040602022	水射器	1. 材质； 2. 公称直径	按设计图示数量计算 （计量单位：个）	1. 安装； 2. 无负荷试运转
	08 规范	040507007	水射器	公称直径		
	说明：项目特征描述新增"材质"					
23	13 规范	040602023	管式混合器	1. 材质； 2. 公称直径	按设计图示数量计算 （计量单位：个）	1. 安装； 2. 无负荷试运转
	08 规范	040507008	管式混合器	公称直径		
	说明：项目特征描述新增"材质"					
24	13 规范	040602024	冲洗装置	1. 类型； 2. 材质； 3. 规格、型号； 4. 参数	按设计图示数量计算 （计量单位：套）	1. 安装； 2. 无负荷试运转
	08 规范	—	—	—	—	—
	说明：新增项目内容					
25	13 规范	040602025	带式压滤机	1. 类型； 2. 材质； 3. 规格、型号； 4. 参数	按设计图示数量计算 （计量单位：台）	1. 安装； 2. 无负荷试运转
	08 规范	040507017	带式压滤机	设备质量		
	说明：项目特征描述新增"类型"、"材质"、"规格、型号"和"参数"，删除原来的"设备质量"					
26	13 规范	040602026	污泥脱水机	1. 类型； 2. 材质； 3. 规格、型号； 4. 参数	1. 安装； 2. 无负荷试运转	1. 安装； 2. 无负荷试运转
	08 规范	040507018	污泥造粒脱水机	转鼓直径		
	说明：项目名称简化"污泥脱水机"。项目特征描述新增"类型"、"材质"、"规格、型号"和"参数"，删除原来的"转鼓直径"					

序号	版别	项目编码	项目名称	项目特征	工程量计算规则	工作内容
27	13规范	040602027	污泥浓缩机	1. 类型； 2. 材质； 3. 规格、型号； 4. 参数	1. 安装； 2. 无负荷试运转	1. 安装； 2. 无负荷试运转
	08规范	—	—	—	—	—
	说明：新增项目内容					
28	13规范	040602028	污泥浓缩脱水一体机	1. 类型； 2. 材质； 3. 规格、型号； 4. 参数	按设计图示数量计算（计量单位：台）	1. 安装； 2. 无负荷试运转
	08规范	—	—	—	—	—
	说明：新增项目内容					
29	13规范	040602029	污泥输送机	1. 类型； 2. 材质； 3. 规格、型号； 4. 参数	按设计图示数量计算（计量单位：台）	1. 安装； 2. 无负荷试运转
	08规范	—	—	—	—	—
	说明：新增项目内容					
30	13规范	040602030	污泥切割机	1. 类型； 2. 材质； 3. 规格、型号； 4. 参数	按设计图示数量计算（计量单位：台）	1. 安装； 2. 无负荷试运转
	08规范	—	—	—	—	—
	说明：新增项目内容					
31	13规范	040602031	闸门	1. 类型； 2. 材质； 3. 形式； 4. 规格、型号	1. 以座计量，按设计图示数量计算（计量单位：座）； 2. 以吨计量，按设计图示尺寸以质量计算（计量单位：t）	1. 安装； 2. 操纵装置安装； 3. 调试
	08规范	040507019	闸门	1. 闸门材质； 2. 闸门形式； 3. 闸门规格、型号	按设计图示数量计算（计量单位：座）	安装
	说明：项目特征描述新增"类型"，将原来的"闸门材质"简化为"材质"，"闸门形式"简化为"形式"，"闸门规格、型号"简化为"规格、型号"。工程量计算规则新增"以吨计量，按设计图示尺寸以质量计算（计量单位：t）"。工作内容新增"操纵装置安装"和"调试"					
32	13规范	040602032	旋转门	1. 类型； 2. 材质； 3. 形式； 4. 规格、型号	1. 以座计量，按设计图示数量计算（计量单位：座）； 2. 以吨计量，按设计图示尺寸以质量计算（计量单位：t）	1. 安装； 2. 操纵装置安装； 3. 调试

续表

序号	版别	项目编码	项目名称	项目特征	工程量计算规则	工作内容
32	08 规范	040507020	旋转门	1. 材质； 2. 规格、型号	按设计图示数量计算（计量单位：座）	安装
	说明：项目特征描述新增"类型"和"形式"。工程量计算规则新增"以吨计量，按设计图示尺寸以质量计算（计量单位：t）"。工作内容新增"操纵装置安装"和"调试"					
33	13 规范	040602033	堰门	1. 类型； 2. 材质； 3. 形式； 4. 规格、型号	1. 以座计量，按设计图示数量计算（计量单位：座）； 2. 以吨计量，按设计图示尺寸以质量计算（计量单位：t）	1. 安装； 2. 操纵装置安装； 3. 调试
	08 规范	040507021	堰门	1. 材质； 2. 规格	按设计图示数量计算（计量单位：座）	安装
	说明：项目特征描述新增"类型"和"形式"。工程量计算规则新增"以吨计量，按设计图示尺寸以质量计算（计量单位：t）"。工作内容新增"操纵装置安装"和"调试"					
34	13 规范	040602034	拍门	1. 类型； 2. 材质； 3. 形式； 4. 规格、型号	1. 以座计量，按设计图示数量计算（计量单位：座）； 2. 以吨计量，按设计图示尺寸以质量计算（计量单位：t）	1. 安装； 2. 操纵装置安装； 3. 调试
	08 规范	—	—	—	—	—
	说明：新增项目内容					
35	13 规范	040602035	启闭机	1. 类型； 2. 材质； 3. 形式； 4. 规格、型号	按设计图示数量计算（计量单位：台）	1. 安装； 2. 操纵装置安装； 3. 调试
	08 规范	040507024	启闭机械	规格、型号		安装
	说明：项目名称简化为"启闭机"。项目特征描述新增"类型"、"材质"和"形式"。工作内容新增"操纵装置安装"和"调试"					
36	13 规范	040602036	升杆式铸铁泥阀	公称直径	按设计图示数量计算（计量单位：座）	1. 安装； 2. 操纵装置安装； 3. 调试
	08 规范	040507022	升杆式铸铁泥阀			安装
	说明：工作内容新增"操纵装置安装"和"调试"					
37	13 规范	040602037	平底盖闸	公称直径	按设计图示数量计算（计量单位：座）	1. 安装； 2. 操纵装置安装； 3. 调试
	08 规范	040507023	平底盖闸			安装
	说明：工作内容新增"操纵装置安装"和"调试"					

续表

序号	版别	项目编码	项目名称	项目特征	工程量计算规则	工作内容
38	13规范	040602038	集水槽	1. 材质； 2. 厚度； 3. 形式； 4. 防腐材料	按设计图示尺寸以面积计算（计量单位：m²）	1. 制作； 2. 安装
	08规范	040507025	集水槽制作	1. 材质； 2. 厚度		
	说明：项目名称简化为"集水槽"。项目特征描述新增"形式"和"防腐材料"					
39	13规范	040602039	堰板	1. 材质； 2. 厚度； 3. 形式； 4. 防腐材料	按设计图示尺寸以面积计算（计量单位：m²）	1. 制作； 2. 安装
	08规范	040507026	堰板制作	1. 堰板材质； 2. 堰板厚度； 3. 堰板形式		
	说明：项目名称简化为"堰板"。项目特征描述新增"防腐材料"，将原来的"堰板材质"简化为"材质"，"堰板厚度"简化为"厚度"，"堰板形式"简化为"形式"					
40	13规范	040602040	斜板	1. 材料品种； 2. 厚度	按设计图示尺寸以面积计算（计量单位：m²）	安装
	08规范	040507027	斜板			1. 制作； 2. 安装
	说明：工作内容删除原来的"制作"					
41	13规范	040602041	斜管	1. 斜管材料品种； 2. 斜管规格	按设计图示以长度计算（计量单位：m）	安装
	08规范	040507028	斜管			
	说明：各项目内容未作修改					
42	13规范	040602042	紫外线消毒设备	1. 类型； 2. 材质； 3. 规格、型号； 4. 参数	按设计图示数量计算（计量单位：套）	1. 安装； 2. 无负荷试运转
	08规范	—	—	—	—	—
	说明：新增项目内容					
43	13规范	040602043	臭氧消毒设备	1. 类型； 2. 材质； 3. 规格、型号； 4. 参数	按设计图示数量计算（计量单位：套）	1. 安装； 2. 无负荷试运转
	08规范	—	—	—	—	—
	说明：新增项目内容					
44	13规范	040602044	除臭设备	1. 类型； 2. 材质； 3. 规格、型号； 4. 参数	按设计图示数量计算（计量单位：套）	1. 安装； 2. 无负荷试运转
	08规范	—	—	—	—	—
	说明：新增项目内容					

续表

序号	版别	项目编码	项目名称	项目特征	工程量计算规则	工作内容
45	13规范	040602045	膜处理设备	1. 类型； 2. 材质； 3. 规格、型号； 4. 参数	按设计图示数量计算（计量单位：套）	1. 安装； 2. 无负荷试运转
	08规范	—	—	—	—	—
	说明：新增项目内容					
46	13规范	040602046	在线水质检测设备	1. 类型； 2. 材质； 3. 规格、型号； 4. 参数	按设计图示数量计算（计量单位：套）	1. 安装； 2. 无负荷试运转
	08规范	—	—	—	—	—
	说明：新增项目内容					

5.2.3 相关问题及说明

（1）水处理工程中建筑物应按现行国家标准《房屋建筑和装饰工程工程量计算规范》GB 50854—2013 中相关项目编码列项，园林绿化项目应按现行国家标准《园林绿化工程工程量计算规范》GB 50858—2013 中相关项目编码列项。

（2）本章清单项目工作内容中均未包括土石方开挖、回填夯实等内容，发生时应按《市政工程工程量计算规范》GB 50857—2013 附录 A 土石方工程中相关项目编码列项。

（3）本章设备安装工程只列了水处理工程专用设备的项目，各类仪表、泵、阀门等标准、定型设备应按现行国家标准《通用安装工程工程量计算规范》GB 50856—2013 中相关项目编码列项。

5.3 生活垃圾处理工程工程量计算依据六项变化及说明

5.3.1 垃圾卫生填埋

垃圾卫生填埋工程量清单项目设置、项目特征描述的内容、计量单位及工程量计算规则等的变化对照情况，见表 5-7。

5.3.2 垃圾焚烧

垃圾焚烧工程量清单项目设置、项目特征描述的内容、计量单位及工程量计算规则等的变化对照情况，见表 5-8。

垃圾卫生填埋（编号：040701）　　　　　　　　　　　　　　　　　　　表 5-7

序号	版别	项目编码	项目名称	项目特征	工程量计算规则	工作内容
1	13规范	040701001	场地平整	1. 部位； 2. 坡度； 3. 压实度	按设计图示尺寸以面积计算（计量单位：m²）	1. 找坡、平整； 2. 压实

续表

序号	版别	项目编码	项目名称	项目特征	工程量计算规则	工作内容
2		040701002	垃圾坝	1. 结构类型； 2. 土石种类、密实度； 3. 砌筑形式、砂浆强度等级； 4. 混凝土强度等级； 5. 断面尺寸	按设计图示尺寸以体积计算（计量单位：m³）	1. 模板制作、安装、拆除； 2. 地基处理； 3. 摊铺、夯实、碾压、整形、修坡； 4. 砌筑、填缝、铺浆； 5. 浇筑混凝土； 6. 沉降缝； 7. 养护
3		040701003	压实黏土防渗层	1. 厚度； 2. 压实度； 3. 渗透系数	按设计图示尺寸以面积计算（计量单位：m²）	1. 填筑、平整； 2. 压实
4	13规范	040701004	高密度聚乙烯（HDPD）膜	1. 铺设位置； 2. 厚度、防渗系数； 3. 材料规格、强度、单位重量； 4. 连（搭）接方式		1. 裁剪； 2. 铺设； 3. 连（搭）接
5		040701005	钠基膨润土防水毯（GCL）		按设计图示尺寸以长度计算（计量单位：m）	
6		040701006	土工合成材料			
7		040701007	袋装土保护层	1. 厚度； 2. 材料品种、规格； 3. 铺设位置		1. 运输； 2. 土装袋； 3. 铺设或铺筑； 4. 袋装土放置
8		040701008	帷幕灌浆垂直防渗	1. 地质参数； 2. 钻孔孔径、深度、间距； 3. 水泥浆配比		1. 钻孔； 2. 清孔； 3. 压力注浆
9		040701009	碎（卵）石导流层	1. 材料品种； 2. 材料规格； 3. 导流层厚度或断面尺寸	按设计图示尺寸以体积计算（计量单位：m³）	1. 运输； 2. 铺筑
10	13规范	040701010	穿孔管铺设	1. 材质、规格、型号； 2. 直径、壁厚； 3. 穿孔尺寸、间距； 4. 连接方式； 5. 铺设位置	按设计图示尺寸以长度计算（计量单位：m）	1. 铺设； 2. 连接； 3. 管件安装
11		040701011	无孔管铺设	1. 材质、规格； 2. 直径、壁厚； 3. 连接方式； 4. 铺设位置		

续表

序号	版别	项目编码	项目名称	项目特征	工程量计算规则	工作内容
12		040701012	盲沟	1. 材质、规格； 2. 垫层、粒料规格； 3. 断面尺寸； 4. 外层包裹材料性能指标	按设计图示尺寸以长度计算（计量单位：m）	1. 垫层、粒料铺筑； 2. 管材铺设、连接； 3. 粒料填充； 4. 外层材料包裹
13		040701013	导气石笼	1. 石笼直径； 2. 石料粒径； 3. 导气管材质、规格； 4. 反滤层材料； 5. 外层包裹材料性能指标	1. 以米计量，按设计图示尺寸以长度计算（计量单位：m）； 2. 以座计量，按设计图示数量计算（计量单位：座）	1. 外层材料包裹； 2. 导气管铺设； 3. 石料填充
14		040701014	浮动覆盖膜	1. 材质、规格； 2. 描固方式	按设计图示尺寸以面积计算（计量单位：m²）	1. 浮动膜安装； 2. 布置重力压管； 3. 四周锚固
15	13规范	040701015	燃烧火炬装置	1. 基座形式、材质、规格、强度等级； 2. 燃烧系统类型、参数	按设计图示数量计算（计量单位：套）	1. 浇筑混凝土； 2. 安装； 3. 调试
16		040701016	监测井	1. 地质参数； 2. 钻孔孔径、深度； 3. 监测井材料、直径、壁厚、连接方式； 4. 滤料材质	按设计图示数量计算（计量单位：口）	1. 钻孔； 2. 井筒安装； 3. 填充滤料
17		040701017	堆体整形处理	1. 压实度； 2. 边坡坡度	按设计图示尺寸以面积计算（计量单位：m²）	1. 挖、填及找坡； 2. 边坡整形； 3. 压实
18		040701018	覆盖植被层	1. 材料品种； 2. 厚度； 3. 渗透系数		1. 铺筑； 2. 压实
19		040701019	防风网	1. 材质、规格； 2. 材料性能指标		安装
20	13规范	040701020	垃圾压缩设备	1. 类型、材质； 2. 规格、型号； 3. 参数	按设计图示数量计算（计量单位：套）	1. 安装； 2. 调试

注：1. 边坡处理应按《市政工程工程量计算规范》GB 50857—2013附录C桥涵工程中相关项目编码列项。

2. 填埋场渗沥液处理系统应按《市政工程工程量计算规范》GB 50857—2013附录F水处理工程中相关项目编码列项。

垃圾焚烧（编码：040702） 表 5-8

序号	版别	项目编码	项目名称	项目特征	工程量计算规则	工作内容
1	13规范	040702001	汽车衡	1. 规格、型号； 2. 精度	按设计图示数量计算（计量单位：台）	1. 安装； 2. 调试
2		040702002	自动感应洗车装置	1. 类型； 2. 规格、型号； 3. 参数	按设计图示数量计算（计量单位：）套	
3		040702003	破碎机		按设计图示数量计算（计量单位：台）	
4		040702004	垃圾卸料门	1. 尺寸； 2. 材质； 3. 自动开关装置	按设计图示尺寸以面积计算（计量单位：m²）	
5		040702005	垃圾抓斗起重机	1. 规格、型号、精度； 2. 跨度、高度； 3. 自动称重、控制系统要求	按设计图示数量计算（计量单位：套）	
6		040702006	焚烧炉体	1. 类型； 2. 规格、型号； 3. 处理能力； 4. 参数		

5.3.3 相关问题及说明

（1）垃圾处理工程中的建筑物、园林绿化等应按相关专业计量规范清单项目编码列项。

（2）本章清单项目工作内容中均未包括土石方开挖、回填夯实等，应按《市政工程工程量计算规范》GB 50857—2013 附录 A 土石方工程中相关项目编码列项。

（3）本章设备安装工程只列了垃圾处理工程专用设备的项目，其余如除尘装置、除渣设备、烟气净化设备、飞灰固化设备、发电设备及各类风机、仪表、泵、阀门等标准、定型设备等应按现行国家标准《通用安装工程工程量计算规范》GB 50856 中相关项目编码列项。

5.4 工程量清单编制实例

5.4.1 实例 5-1

1. 背景资料

某排水管道断面构造，如图 5-1 所示，长度为 200m。沟槽挖土采用 1m³ 反铲挖掘机挖三类土方（不装车，无人工辅助开挖）；余方外运，运距 1km。

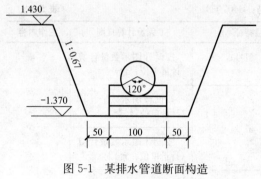

图 5-1 某排水管道断面构造
（单位：cm）

设计采用内径 $D = 600mm$ 钢筋混凝土管（每节管道长度 2m），120°C15 混凝土基础，基础下设 10cm 厚中粗砂垫层。

平接式钢丝网水泥砂浆接口，D1250mm 砖砌圆形污水检查井 4 座（M7.5 水泥砂浆砌圆形雨水检查井，页岩标砖 MU10，原浆勾缝，不抹面；在管线中间等距离布置，每检查井扣除管道长度为 0.95m）。

计算说明：

（1）土方需回填至原地面标高，密实度 90%；管道、基础及垫层所占空间体积为 0.665m³/m，检查井所占沟槽空间体积为 5.86m³/座。

（2）仅计算管道沟槽挖土方、土方回填、混凝土管、砌筑井。

（3）π 取值为 3.1416。

（4）计算结果保留三位小数。

2. 问题

根据以上背景资料及现行国家标准《建设工程工程量清单计价规范》GB 50500—2013、《市政工程工程量计算规范》GB 50857—2013，试列出该排水管道工程需要计算的分部分项工程量清单。

3. 参考答案（表 5-9 和表 5-10）

清单工程量计算表　　　　　　　　　　表 5-9

工程名称：某工程

序号	项目编码	清单项目名称	计算式	工程量合计	计量单位
		基础数据	挖掘机挖方，挖方深度为 1.43+1.37=2.8(m)；放坡系数为 0.67		
1	040101002001	挖沟槽土方	$(1+0.5\times2+3\times0.67)\times3\times200=2406(m^3)$	2406	m³
2	040103001001	回填方	每座检查井扣除管道长度为 0.95m。 1. 扣除管道、管道基础所占体积： $(200-0.95\times4)\times0.665=130.47(m^3)$ 2. 扣除检查井所占管道沟槽空间体积： $5.86\times4=23.44(m^3)$ 3. 回填土方： $2406-130.47-23.44=2252.09(m^3)$	2252.09	m³
3	040103002001	余方弃置	$2406-2252.09=153.91(m^3)$	153.91	m³
4	040501001001	混凝土管	$D600mm$ 钢筋混凝土管道铺设：200m	200	m
5	040504001001	砌筑井	$D1250mm$ 圆形污水检查井：4	4	座

分部分项工程和单价措施项目清单与计价表　　　　　　表 5-10

工程名称：某工程

序号	项目编码	项目名称	项目特征描述	计量单位	工程量	金额（元）		
						综合单价	合价	其中 暂估价
土方工程								
1	040101002001	挖沟槽土方	1. 土壤类别：三类土； 2. 挖土深度：2.8m	m³	2406			
2	040103001001	沟槽土方回填	1. 密实度要求：90%； 2. 填方材料品种：原土； 3. 填方来源、运距：就地回填	m³	2252.09			
3	040103002001	余方弃置	1. 废弃料品种：原土； 2. 运距：1km	m³	153.91			
管网工程								
4	040501001001	混凝土管	1. 管座材质：混凝土； 2. 规格：D600； 3. 接口方式：平接式钢丝网水泥砂浆接口； 4. 铺设深度：2.8m	m	200			
5	040504001001	砌筑井	1. 砌筑材料品种、规格、强度等级：页岩标砖 MU10； 2. 勾缝、抹面要求：原浆勾缝，不抹面； 3. 砂浆强度等级、配合比：M7.5 水泥砂浆	座	4			

5.4.2　实例 5-2

1. 背景资料

某市政道路配套雨水管道长 300m，管道采用直径为 $D1000$ 钢筋混凝土管道（每节长度为 2m），管道基础采用 $180°C15$ 混凝土基础，如 5-2 所示。

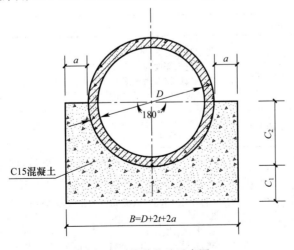

图 5-2　管道基础示意图

管道接口采用钢丝网水泥砂浆接口。设计采用 $\phi1500mm$ 雨水检查井（流槽式），检查井共 9 座，平均布置（工程起点及终点处均设有检查井），检查井所占空间体积按 $9.85m^3$/座，检查井最大水平投影面积为 $4m^2$/座，一座井位加宽部分的挖方面积为 $1m^2$。

沟槽平均深度 3.2m，管道基本数据，如表 5-11 所示。

管道基础基本数据（mm） 表 5-11

管径内径	管壁厚	管肩宽	管基宽	管基厚		C15 基础混凝土
D	t	a	B	C_1	C_2	m^3/m
1000	75	150	1450	150	575	0.5319

（1）施工说明

1）沟槽挖土采用 $1m^3$ 反铲挖掘机挖三类土方（不装车，无人工辅助开挖）。

2）沟槽用原挖出的素土回填至原地面标高；沟槽采用机械回填，余方弃运采用 $1m^3$ 反铲挖掘机装车、8 吨自卸汽车运 3km。

（2）计算说明

1）土方需回填至原地面，回填密实度 90%，虚方土方与压实土方换算系数为 1.15。

2）仅计算管道沟槽挖土方、土方回填、混凝土管、混凝土管道基础模板的工程量。

3）挖掘机反铲沟槽侧挖土，放坡系数为 0.67。

4）管沟每侧所需工作面宽度为 0.5m。

5）π 取值为 3.1416。

6）计算结果保留两位小数。

2. 问题

根据以上背景资料及现行国家标准《建设工程工程量清单计价规范》GB 50500—2013、《市政工程工程量计算规范》GB 50857—2013，试按以上要求列出该雨水管道工程的分部分项工程量清单。

3. 参考答案（表 5-12 和表 5-13）

清单工程量计算表 表 5-12

工程名称：某工程

序号	项目编码	清单项目名称	计算式	工程量合计	计量单位
		基础数据	管道长度为 300m； 平均挖土深度为 2.8m； 挖掘机反铲沟槽侧挖土，放坡系数为 0.67； 管沟每侧所需工作面宽度为 0.5m		
1	040101002001	挖沟槽土方	$(1.45+0.5\times2+2.8\times0.67)\times2.8\times300=$ $3633.84(m^3)$	3633.84	m^3
2	040103001001	回填方	构筑物所占体积：每座检查井所占管道长度为 1.2m。 1. 构筑物所占体积： $(300-1.2\times8)\times(0.5319+3.146\times0.6\times0.6)+$ $9.85\times9=572.01(m^3)$ 2. 土方回填： $3633.84-572.01=3061.73$（m^3）	3061.73	m^3

续表

序号	项目编码	清单项目名称	计算式	工程量合计	计量单位
3	040103002001	余方弃置	虚方土方与压实土方换算系数为1.15。 3633.84－3061.73×1.15＝112.85（m³）	112.85	m³
4	040501001001	混凝土管道	D1000 钢筋混凝土管道。 300	300	m
5	041102002001	混凝土管道基础模板	管道基础长度： 300－1.2×8＝290.4(m) 管道基础模板： 290.4×(0.15＋0.575)×2＝421.08(m²)	421.08	m²

分部分项工程和单价措施项目清单与计价表　　　　表 5-13

工程名称：某工程

序号	项目编码	项目名称	项目特征描述	计量单位	工程量	综合单价	合价	其中暂估价
			土方工程					
1	040101002001	挖沟槽土方	1. 土壤类别：三类土； 2. 挖土深度：平均2.8m	m³	3633.84			
2	040103001001	回填方	1. 密实度要求：90%； 2. 填方材料品种：原土回填； 3. 填方来源、运距：就地回填	m³	3061.73			
3	040103002001	余方弃置	1. 废弃料品种：原土； 2. 运距：3km	m³	112.85			
			管网工程					
4	040501001001	混凝土管道	1. 管座材质：C15混凝土； 2. 规格：D1000； 3. 接口方式：钢丝网水泥砂浆接口； 4. 铺设深度：2.8m	m	300			
			措施项目					
5	041102002001	混凝土管道基础模板	构件类型：管道基础	m²	421.08			

5.4.3 实例 5-3

1. 背景资料

某城市道路排水工程雨水暗渠长500m，如图 5-3 所示。暗渠块石内墙勾平缝。现场土质为三类土，采用机械挖土，机械回填。

计算说明：

(1) 仅计算土方工程、砌筑渠道、渠道台帽模板的工程量。

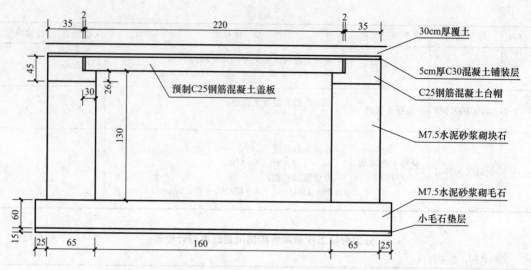

图 5-3　石砌暗沟断面图（单位：cm）

（2）沉降缝、施工缝不考虑。

（3）三类土，机械挖土，放坡系数 0.67；放坡自垫层上表面开始计算。

（4）沟槽施工每侧所需工作面宽度为 0.5m。

（5）不考虑天然土方和虚方的换算，不考虑回填土方的压实度。

（6）计算结果保留两位小数。

2. 问题

根据以上背景资料及现行国家标准《建设工程工程量清单计价规范》GB 50500—2013、《市政工程工程量计算规范》GB 50857—2013，试列出该排水工程需要计算的分部分项工程量清单。

3. 参考答案（表 5-14 和表 5-15）

清单工程量计算表　　　　　　　　　　　　　　　　表 5-14

工程名称：某工程

序号	项目编码	清单项目名称	计算式	工程量合计	计量单位
		基础数据	三类土，机械挖土，放坡系数 0.67；沟槽施工每侧所需工作面宽度为 0.5m；放坡自垫层上表面开始计算。 沟槽底宽（含工作面）： 1.6+0.65×2+0.25×2+0.5×2=4.4（m） 沟槽挖深： 0.15+0.6+1.3+（0.45-0.26）+0.05+0.3=2.59（m） 沟槽长度 500m		
1	040101002001	挖沟槽土方	1. 沟槽开挖断面面积： [4.4+0.67×（2.59-0.15）]×（2.59-0.15）+4.4×0.15=15.385（m²） 2. 沟槽挖方体积： 15.385×500=7692.50（m³）	7692.50	m³

续表

序号	项目编码	清单项目名称	计算式	工程量合计	计量单位
2	040103001001	土方回填	1. 毛石垫层和 M7.5 水泥砂浆砌筑毛石体积： $(1.6＋0.65×2＋0.25×2)×(0.15＋0.6)×500＝$ $1275(m^3)$ 2. 渠道侧面及顶面结构所占体积： $(1.6＋0.65×2)×(1.3＋0.45－0.26＋0.05)×500$ $＝2233(m^3)$ 3. 土方回填： $7692.50－1275－2233＝4184.50(m^3)$	4184.50	m³
3	040103002001	余方弃置	$7692.5－4184.5＝3508(m^3)$	3508	m³
4	040501018001	砌筑渠道	雨水暗渠，断面规格：2.9m×2.09m；M7.5 水泥砂浆砌筑块石： 500m	500	m
5	041102004001	混凝土台帽模板	不考虑沉降缝、施工缝。 $(0.45×2＋0.3)×2×500＝1200(m^2)$	1200	m²

分部分项工程和单价措施项目清单与计价表　　　　表 5-15

工程名称：某工程

序号	项目编码	项目名称	项目特征描述	计量单位	工程量	综合单价	合价	其中暂估价
						金额（元）		
			土方工程					
1	040101002001	挖沟槽土方	1. 土壤类别：三类土； 2. 挖土深度：2.59m	m³	7692.50			
2	040103001001	土方回填	1. 密实度要求：97%； 2. 填方材料品种：原土； 3. 填方来源、运距：原土回填	m³	4184.50			
3	040103002001	余方弃置	1. 废弃料品种：原土； 2. 运距：1.5km	m³	3508			
			管网工程					
4	040501018001	砌筑渠道	1. 断面规格：2.9m×2.09m； 2. 垫层、基础材质及厚度：小毛石、15cm 厚，M7.5 水泥砂浆砌毛石、60cm 厚； 3. 砌筑材料品种、规格、强度等级：块石； 4. 砂浆强度等级、配合比：M7.5	m	500			
			措施项目					
5	041102004001	混凝土台帽模板	1. 构件类型：混凝土台帽； 2. 支模高度：1.04m	m²	1200			

5.4.4 实例 5-4

1. 背景资料

某给水工程平面图，如图 5-4 所示。

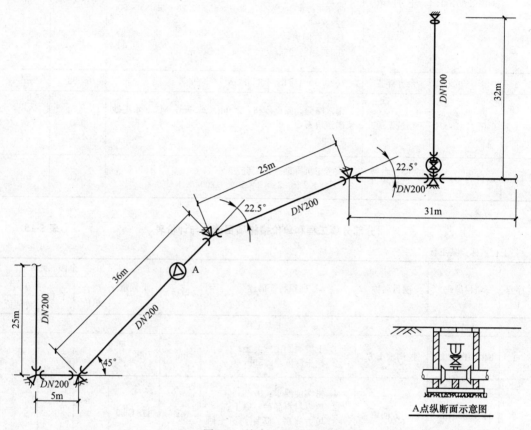

图 5-4 给水工程平面图

（1）采用球墨铸铁管及管件，弯管采用机械接口，其余管道、配件接口均采用承插橡胶圈接口。

（2）DN100 软密封闸门采用 Z45X-102；DN100 排气阀采用 P42X-10，阀门与管件采用法兰连接。

（3）管底铺中砂垫层，中砂垫层厚 0.16m，管道埋深为 1.2m。

（4）不考虑管道、土方、管道附属构筑物以及管道、管件内外壁防腐。

2. 问题

根据以上背景资料及现行国家标准《建设工程工程量清单计价规范》GB 50500—2013、《市政工程工程量计算规范》GB 50857—2013，试列出该给水工程的分部分项工程量清单。

3. 参考答案（表 5-16 和表 5-17）

清单工程量计算表　　　　　　　　　　　　　　　　　表 5-16

工程名称：某工程

序号	项目编码	清单项目名称	计算式	工程量合计	计量单位
1	040501003001	铸铁管铺设	球墨铸铁管 $DN200$，胶圈接口，中砂垫层 15cm，埋深 1.2m；铺设深度 1.2＋0.2＋0.15＝1.55(m)。 25＋6＋36＋25＋31＝123（m）	123	m
2	040501003002	铸铁管铺设	球墨铸铁管 $DN100$，胶圈接口，中砂垫层 15cm，埋深 1.2m；铺设深度 1.2＋0.1＋0.15＝1.45(m)。 32m	32	m
3	040502001001	铸铁管件安装	球墨铸铁双承弯管 $DN200$，机械接口，90°弯管：1个	1	个
4	040502001002	铸铁管件安装	球墨铸铁双承弯管 $DN200$，机械接口，45°弯管：1个	1	个
5	040502001003	铸铁管件安装	球墨铸铁双承弯管 $DN200$，机械接口，22.5°弯管：2个	2	个
6	040502001004	铸铁管件安装	球墨铸铁三承三通 $DN200＋100$，胶圈接口：1个	1	个
7	040502001005	铸铁管件安装	球墨铸铁插盘短管 $DN100$，胶圈接口：1个	1	个
8	040502001006	铸铁管件安装	球墨铸铁承盘短管 $DN100$，胶圈接口：1个	1	个
9	040502001007	铸铁管件安装	球墨铸铁堵头 $DN100$，胶圈接口：1个	1	个
10	040502001008	铸铁管件安装	球墨铸铁双承一盘三通 $DN200＋100$，胶圈接口：1个	1	个
11	040502005001	阀门安装	软密封闸阀 $DN100$，Z45X-10：1个	1	个
12	040502005002	阀门安装	排气阀 $DN100$，P42X-10：1个	1	个

分部分项工程和单价措施项目清单与计价表　　　　　　　表 5-17

工程名称：某工程

序号	项目编码	项目名称	项目特征描述	计量单位	工程量	金额（元）		
						综合单价	合价	其中
								暂估价
1	040501003001	铸铁管铺设	1. 垫层、基础材质及厚度：中砂垫层，15cm 厚； 2. 材质及规格：球墨铸铁管、$DN200$； 3. 接口方式：承插胶圈接口； 4. 铺设深度：1.55m	m	123			

序号	项目编码	项目名称	项目特征描述	计量单位	工程量	金额（元）		
						综合单价	合价	其中
								暂估价
2	040501003002	铸铁管铺设	1. 垫层、基础材质及厚度：中砂垫层、15cm厚； 2. 材质及规格：球磨铸铁、DN100； 3. 接口方式：承插胶圈接口； 4. 铺设深度：1.45m	m	32			
3	040502001001	铸铁管件安装	1. 种类：球墨铸铁双承弯管90°； 2. 材质及规格：球墨铸铁、DN200； 3. 接口形式：机械接口	个	1			
4	040502001002	铸铁管件安装	1. 种类：球墨铸铁双承弯管45°； 2. 材质及规格：球墨铸铁、DN200； 3. 接口形式：机械接口	个	1			
5	040502001003	铸铁管件安装	1. 种类：球墨铸铁双承弯管22.5°； 2. 材质及规格：球墨铸铁、DN200； 3. 接口形式：机械接口	个	2			
6	040502001004	铸铁管件安装	1. 种类：球墨铸铁三承三通； 2. 材质及规格：球墨铸铁DN200＋100； 3. 接口形式：胶圈接口	个	1			
7	040502001005	铸铁管件安装	1. 种类：球墨铸铁插盘短管； 2. 材质及规格：球墨铸铁、DN100； 3. 接口形式：胶圈接口	个	1			
8	040502001006	铸铁管件安装	1. 种类：承盘短管； 2. 材质及规格：球墨铸铁、DN100； 3. 接口形式：胶圈接口	个	1			
9	040502001007	铸铁管件安装	1. 种类：堵头； 2. 材质及规格：球墨铸铁、DN100； 3. 接口形式：胶圈接口	个	1			
10	040502001008	铸铁管件安装	1. 种类：双承一盘三通； 2. 材质及规格：球墨铸铁DN200＋100； 3. 接口形式：胶圈接口	个	1			

续表

序号	项目编码	项目名称	项目特征描述	计量单位	工程量	金额（元）		
						综合单价	合价	其中
								暂估价
11	040502005001	阀门安装	1. 种类：闸阀 Z45X-10； 2. 材质及规格：灰铸铁、DN100； 3. 连接方式：法兰连接	个	1			
12	040502005002	阀门安装	1. 种类：排气阀 P42X-10； 2. 材质及规格：铸铁、DN100； 3. 连接方式：法兰连接	个	1			

5.4.5 实例 5-5

1. 背景资料

某小区地上式 SS100/65-1.6 型消火栓 5 个，采用地上式干管安装，消火栓下部直埋，设有检修蝶阀和阀门井室，通过弯头和消火栓三通与给水干管连接。其安装如图 5-5 和图 5-6 所示。

该消火栓有两个 DN65 和一个 DN100 的出水口。凡埋入土中的法兰接口涂沥青冷底子油及热沥青各两道，并用沥青麻布包严，主要设备及材料如表 5-18 所示。

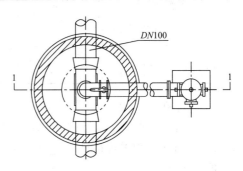

图 5-5 室外地上式消火栓 ss100/65-1.6 型安装平面图（干管安装 Ⅱ）

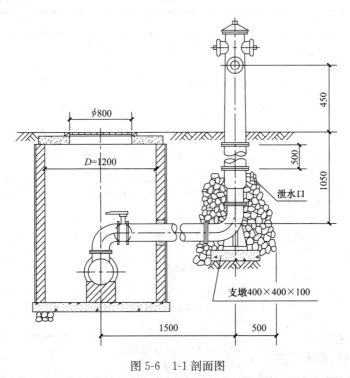

图 5-6 1-1 剖面图

主要设备及材料表 表 5-18

编号	名称	规格	材料	单位	数量	备注
1	地上式消火栓	SS100/65-1.6	—	套	1	—
2	蝶阀	D71X-16，DN100	—	个	1	—
3	弯管底座	DM100×90°双盘	铸铁	个	1	与消火栓配套供应
4	法兰接管	长度为500mm	铸铁	个	1	接管长度由设计人员选定
5	钢管	D108×4	Q235-A	根	1	由设计人选定长度
6	等径钢制弯头	DN100×90°	Q235-A	个	1	详见国标图集 02S4003
7	法兰	DN100，PN1.6MPa	Q235-A	个	4	
8	消火栓三通	钢制三通	—	个	1	钢制三通详见国标图集 02S403
9	混凝土支墩	400×400×100	C20	m³	0.02	
10	砖砌支墩	—	页岩标砖 MU7.5；砂浆 M7.5	m³	0.12	—
11	圆形立式闸阀井	D=1200	页岩标砖 MU7.5；砂浆 M7.5	座	1	详见国标图集 07MS101-2

2. 问题

根据以上背景资料及现行国家标准《建设工程工程量清单计价规范》GB 50500—2013、《市政工程工程量计算规范》GB 50857—2013，试列出该消火栓安装工程分部分项工程量清单。

3. 参考答案（表 5-19 和表 5-20）

清单工程量计算表 表 5-19

工程名称：某工程

序号	项目编码	项目名称	计算式	工程量合计	计量单位
1	040502010001	消火栓	室外地上式消火栓 ss100/65-1.6 型：5 套	5	套
2	040502001001	铸铁管件	弯管底座，DM100×90°双盘：1×5＝5 个	5	个
3	040502001002	铸铁管件	法兰接管，长度为 500mm：1×5＝5 个	5	个
4	040502002001	钢管管件	钢管，D108×4，Q235-A：5×1＝5 根	5	根
5	040502002002	钢管管件	等径钢制弯头，DN100×90°，Q235-A：5×1＝5 个	5	个
6	040502002003	钢管管件	消火栓三通，钢制三通：1×5＝5 个	5	个
7	040502005001	蝶阀	D71X-16，DN100：5 个	5	个
8	040502006001	法兰	DN100PN1.6MPaQ235-A：4×5＝20 个	20	个
9	040503002001	混凝土支墩	400×400×100，C20 混凝土：0.02×5＝0.1（m³）	0.1	m³

续表

序号	项目编码	项目名称	计算式	工程量合计	计量单位
10	040503001001	砌筑支墩	页岩标砖 MU7.5，砂浆 M7.5： $0.12 \times 5 = 0.6$（m³）	0.6	m³
11	040504001001	砌筑井	圆形立式闸阀井，$D=1200$，页岩标砖 MU7.5，砂浆 M7.5，原浆勾缝、原浆抹面： 5 座	5	座

分部分项工程和单价措施项目清单与计价表　　　　表 5-20

工程名称：某工程

序号	项目编码	项目名称	项目特征描述	计量单位	工程量	综合单价	合价	其中暂估价
1	040502010001	消火栓	1. 规格：100mm/65mm； 2. 安装部位、方式：室外地上式	套	5			
2	040502001001	铸铁管件	1. 种类：弯管底座； 2. 材质及规格：DM100×90°双盘、$DN100$； 3. 接口形式：按设计要求	个	5			
3	040502001002	铸铁管件	1. 种类：法兰接管； 2. 材质及规格：铸铁、$DN100$； 3. 接口形式：按设计要求	个	5			
4	040502002001	钢管管件	1. 种类：钢管； 2. 材质及规格：Q235-A、D108×4； 3. 接口形式：按设计要求	根	5			
5	040502002002	钢管管件	1. 种类：等径钢制弯头； 2. 材质及规格：Q235-A、$DN100 \times 90°$； 3. 接口形式：	个	5			
6	040502002003	钢管管件	1. 种类：三通； 2. 材质及规格：钢制； 3. 接口形式：按设计要求	个	5			
7	040502005001	蝶阀	1. 种类：蝶阀 D71X-16； 2. 材质及规格：铸铁、$DN100$； 3. 连接方式：按设计要求	个	5			
8	040502006001	法兰	1. 材质、规格、结构形式：Q235-A、$DN100$； 2. 连接方式：焊接； 3. 焊接方式：氩弧焊	个	20			
9	040503002001	混凝土支墩	1. 垫层材质、厚度：100mm； 2. 混凝土强度等级：C20	m³	0.1			

续表

序号	项目编码	项目名称	项目特征描述	计量单位	工程量	金额（元）		
						综合单价	合价	其中暂估价
10	040503001001	砌筑支墩	1. 砌筑材料、规格、强度等级：页岩标砖、MU7.5； 2. 砂浆强度等级、配合比：M7.5砂浆	m³	0.6			
11	040504001001	砌筑井	1. 垫层、基础材质及厚度：C15混凝土、10cm； 2. 砌筑材料品种、规格、强度等级：页岩标砖、MU7.5； 3. 勾缝、抹面要求：原浆勾缝、原浆抹面； 4. 砂浆强度等级、配合比：M7.5水泥砂浆； 5. 混凝土强度等级：按设计要求； 6. 盖板材质、规格：按设计要求； 7. 井盖、井圈材质及规格：按设计要求； 8. 踏步材质、规格：按设计要求； 9. 防渗、防水要求：按设计要求	座	5			

5.4.6 实例 5-6

1. 背景资料

某市政道路 d200 混凝土雨水管，设计采用国标图集 06MS201-8 第 6 页砖砌平箅式单箅雨水口（铸铁井圈）50 座，如图 5-7 所示。

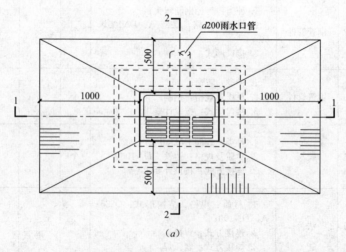

图 5-7 砖砌平箅式单箅雨水口（铸铁井圈）06MS201-8 第 6 页

(a) 平面图

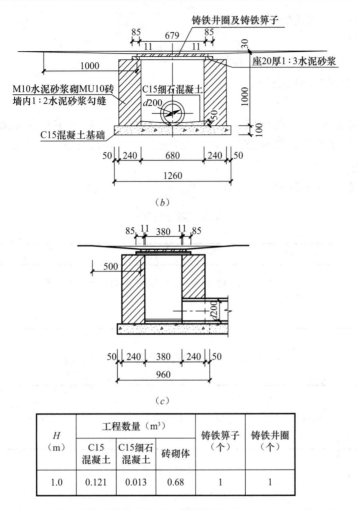

图 5-7 砖砌平箅式单箅雨水口（铸铁井圈）（06MS201-8 第 6 页）

(*b*) 1-1；(*c*) 2-2

H (m)	工程数量（m³）			铸铁箅子（个）	铸铁井圈（个）
	C15 混凝土	C15 细石混凝土	砖砌体		
1.0	0.121	0.013	0.68	1	1

（1）施工要求

1）雨水口井圈表面高程应比该处道路路面低 30mm 并与附近路面接顺。当道路无路面结构时（土路），应在雨水口四周浇筑混凝路面，路面做法按道路标准。当雨水口在绿地里时，可不做路面，只需满足上述高程及范围。

2）雨水口管及雨水口连接管的敷设、接口、回填土都应视同雨水管，按有关标准规范施工，管口与井内墙平。

3）联合式雨水口的盖板下应满铺水泥砂浆，并在砂浆未初凝时稳固在砖墙上。

4）雨水口连接管坡度不得小于 1%。

5）砖材料值选用满足耐水性、抗冻性及强度等级要求的 MU10 页岩标砖。

6）当有冻胀影响时，雨水口肥槽回填土要求采用矿渣等非冻结材料；对于预制混凝土装配式雨水口肥槽回填土，要求四周同材进行，分层夯实，防止预制构件错位。

7）雨水口连接管的方向按接入井的方向设置。

8）预制混凝土装配式雨水口的预制构件应注意在制造、运输、堆放及安装的过程中保持构件的完好性，避免破损。

（2）计算说明

1）仅计算雨水口整体安装工程量。

2）计算结果保留两位小数。

2. 问题

根据以上背景资料及现行国家标准《建设工程工程量清单计价规范》GB 50500—2013、《市政工程工程量计算规范》GB 50857—2013，试列出道路工程雨水口项目的分部分项工程量清单。

3. 参考答案（表 5-21 和表 5-22）

清单工程量计算表　　　　　　　　　　　　　表 5-21

工程名称：某工程

序号	项目编码	清单项目名称	计算式	工程量合计	计量单位
1	040504009001	雨水口	砖砌平箅式单箅雨水口（铸铁井圈），06MS201-8，第 6 页： 50 座	50	座

分部分项工程和单价措施项目清单与计价表　　　　　　表 5-22

工程名称：某工程

序号	项目编码	项目名称	项目特征描述	计量单位	工程量	金额（元）		其中
						综合单价	合价	暂估价
1	040504009001	雨水口	1. 雨水箅子及圈口材质、型号、规格：铸铁、井圈及箅子详见 06MS201-8 第 53 页； 2. 垫层、基础材质及厚度：C15 细石混凝土、最厚处 5cm、有坡度，C15 混凝土基础、10cm； 3. 混凝土强度等级：C15； 4. 砌筑材料品种、规格：页岩标砖、MU10； 5. 砂浆强度等级及配合比：M10 水泥砂浆	座	50			

5.4.7　实例 5-7

1. 背景资料

某市政新建水泥路面排水工程采用塑料排水检查井，检查井选用偏沟式单箅雨水口参见国标图集 08SS523，第 25、28 页，井筒直径 630mm，井筒管材选用平壁结构壁管。其井坑开挖、防护井盖及雨水口安装，如图 5-8～图 5-12 所示。

（1）施工说明

1）井坑应与管沟同时开挖，开挖时井座主管线应与管沟中管道在同一轴线。井坑边坡与管沟边坡一致，井坑开挖时，不得扰动基土超挖。

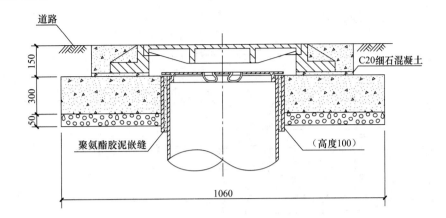

<table>
<tr><td colspan="6" align="center">主要材料表</td></tr>
</table>

序号	名称	规格	材料	单位	数量
1	防护盖座	按设计	按设计	个	1
2	防护井盖	按设计	按设计	个	1
3	内盖	按设计	塑料	个	1
4	井圈	成品	C30混凝土	个	1
5	护套管	按设计	塑料	个	1
6	井筒	按设计	塑料	m	—
7	防护盖座基础	按设计	C20细石混凝土	m³	—
8	垫层	按设计	碎石	m³	—

图 5-8　防护盖座基础结构图及主要材料表（08SS523 第 25 页）

说明：井筒直径 630mm，盖座最小内口直径为 800mm，钢纤维混凝土井盖，B 级。

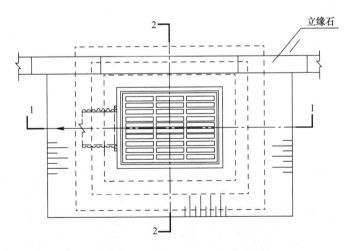

图 5-9　偏沟式单算雨水口平面图

2）地下水位较高的地区或在雨期施工，应有排水、降低水位的措施。

（2）计算说明

1）仅计算 1 座塑料检查井的井坑挖土方、雨水口项目的工程量。

2）计算时不考虑排水管。

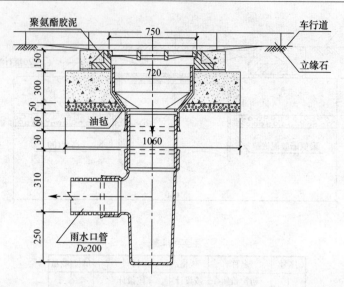

图 5-10　偏沟式单算雨水口 1-1 剖面图

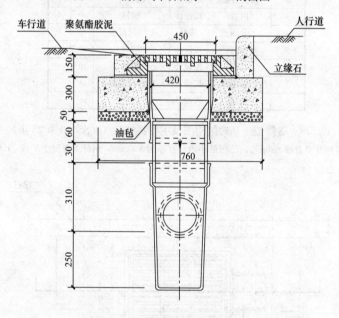

主要材料表

序号	名称	规格	材料	单位	数量
1	铸铁箅子	成品	铸铁	个	1
2	铸铁盖座	成品	铸铁	个	1
3	路面进水过渡接头	按设计	塑料	个	1
4	橡胶密封圈	按设计	橡胶	个	3
5	井筒	De315	塑料	m	—
6	直立90°弯头雨水井井座	按设计	塑料	个	1
7	井圈	成品	C30混凝土	个	1
8	防护盖座基础	按设计	C20细石混凝土	m³	—
9	垫层	按设计	碎石	m³	—

图 5-11　偏沟式单算雨水口 2-2 剖面图及主要材料表

3）有垫层基坑挖方体积，按下市计算

$$V = (A + kH_1)(B + kH_1) \times H_1$$
$$+ 1/3k^2H_1{}^3 + A \times B \times H_2$$

式中　A、B——基坑的底长、底宽；

　　　　H_1——基坑深度（不含垫层）；

　　　　H_2——垫层厚度；

　　　　k——放坡系数。

4）计算结果保留两位小数。

2. 问题

根据以上背景资料及现行国家标准《建设工程工程量清单计价规范》GB 50500—2013、《市政工程工程量计算规范》GB 50857—2013，试列出要求计算塑料检查井的分部分项工程量清单。

3. 参考答案（表 5-23 和表 5-24）

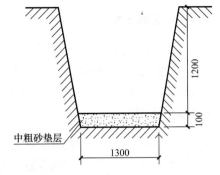

图 5-12　检查井基础

说明：井坑底开挖净尺寸为 1300mm×1300mm。

清单工程量计算表　　　　　　　　表 5-23

工程名称：某工程

序号	项目编码	项目名称	计算式	工程量合计	计量单位
1	040101003001	挖基坑土方	二类土，人工挖土，放坡系数 0.50；挖土深度 1.3m，其中垫层厚度为 0.1m；井坑底开挖净尺寸：1300mm×1300mm。 基坑土方体积： (1.3+0.5×1.2)(1.3+0.5×1.2)×1.2+1/3×0.5×0.5×1.2×1.2×1.2+1.3×1.3×0.1=2.59（m³）	2.59	m³
2	040504003001	塑料检查井	井筒直径 630mm，井筒管材选用平壁结构壁管；中粗砂垫层 100mm 厚，钢纤维混凝土井盖	1	座

分部分项工程和单价措施项目清单与计价表　　　　　　　　表 5-24

工程名称：某工程

序号	项目编码	项目名称	项目特征描述	计量单位	工程量	综合单价	合价	其中暂估价
			土方工程					
1	040101003001	挖基坑土方	1. 土壤类别：二类土； 2. 挖土深度：1.3m	m	2.59			
			管网工程					
2	040504003001	塑料检查井	1. 垫层、基础材质及厚度：碎石垫层、厚度 5cm，C20 细石混凝土、厚度 30cm； 2. 检查井材质、规格：塑料、井筒直径 630mm； 3. 井筒、井盖、井圈材质及规格：井筒选用平壁结构壁管，钢纤维混凝土井盖	座	1			

5.4.8 实例 5-8

1. 背景资料

某城市道路车行道主干道采用直径 1500mm 预制钢筋混凝土圆形检查井，其各部分尺寸和做法，如图 5-13～图 5-18 所示。井墙、井室、盖板、底板及井筒均采用 C30 预制钢筋混凝土结构。

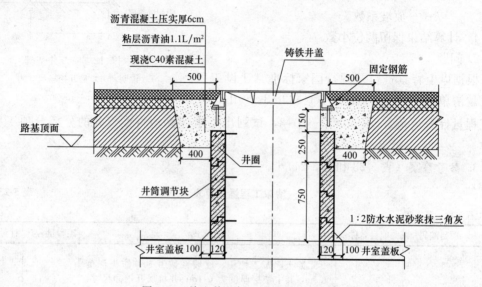

图 5-13　检查井口部（盖板之上）做法

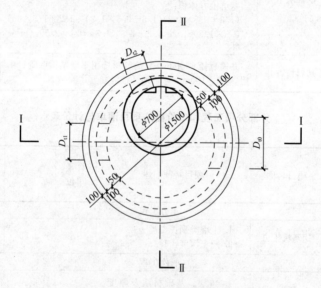

图 5-14　φ1500 圆形检查井平面图

说明：1. 图中尺寸单位，均为 mm；2. 图中 D_{t0}、D_{t1}、D_{t2} 为预留孔孔径；3. 井墙、井室、盖板、底板及井筒均采用 C30 预制钢筋混凝土结构；4. 底板和下部井室可整体浇筑为一个整体。

（1）材料要求

1）预制井筒、井室、底板及盖板均采用钢筋混凝土，混凝土强度等级为 C30，抗渗

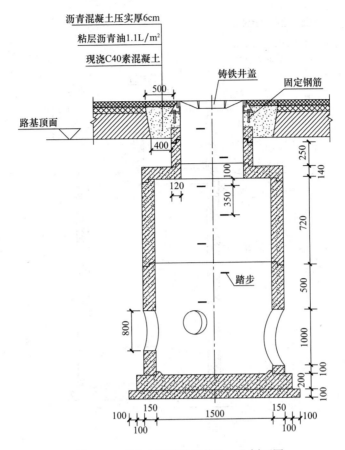

图 5-15　ϕ1500 圆形检查井 Ⅰ—Ⅰ 剖面图

说明：1. 图中尺寸单位，均为 mm；2. 图中 D_{t0}、D_{t1}、D_{t2} 为预留孔孔径；3. 井墙、井室、盖板、底板及井筒均采用 C30 预制钢筋混凝土结构；4. 底板和下部井室可整体浇筑为一个整体。

等级为 P8，混凝土的水胶比 0.50，混凝土材料用量 300kg/m³，胶凝材料用量 400kg/m³，氯离子含量不得大于 0.1%，最大碱含量为 3.0kg/m³。

2）钢筋采用 HPB300 级、HRB335 级，井室底板下层钢筋及盖板下层钢筋保护层厚为 40mm，其余均为 35mm。

3）预制构件的吊环采用 HPB300 钢筋，严禁使用冷拉加工钢筋。吊环埋入混凝土深度不应小于 30d（d 为钢筋直径），并应焊接在钢筋骨架上。

4）垫层采用 C15 素混凝土。流槽采用 C15 素混凝土现场浇筑或采用 M10 水泥砂浆砌筑 MU10 粉煤灰砖，1：2 水泥砂浆抹面 2cm。

5）井室、井筒均采用塑钢踏步，步距为 350mm，流槽处设置脚窝。

（2）施工要求

1）预制混凝土构件必须保证表面平整、光滑，无蜂窝麻面。

2）井室、井筒钢筋整体成型，预留孔处钢筋截断并做加强处理。

3）预制混凝土检查井与管道接口接触面均应凿毛处理。

4）接缝做法：检查井与钢筋混凝土土管、混凝土管及铸铁管连接时，采用 1：2 防水水泥砂浆，接缝厚度为 10～15mm。

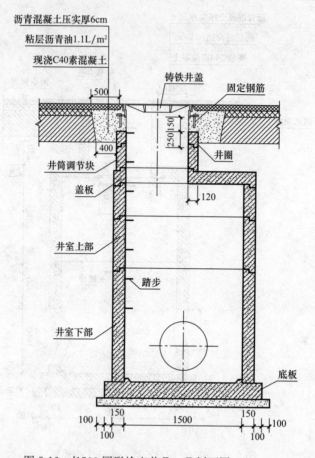

图 5-16 ϕ1500 圆形检查井Ⅱ—Ⅱ剖面图（$D=800$）

说明：1. 图中尺寸单位，均为 mm；2. 图中 D_{t0}、D_{t1}、D_{t2} 为预留孔孔径；3. 井墙、井室、盖板、底板及井筒均采用 C30 预制钢筋混凝土结构；4. 底板和下部井室可整体浇筑为一个整体。

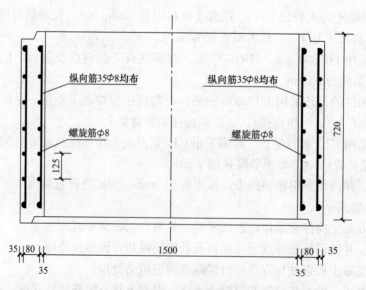

图 5-17 ϕ1500 圆形检查井井室上部配筋图

说明：1. 钢筋为 HPB300；2. 螺旋筋在井室上下两端密绕两圈；3. 井室开口处配筋不计。

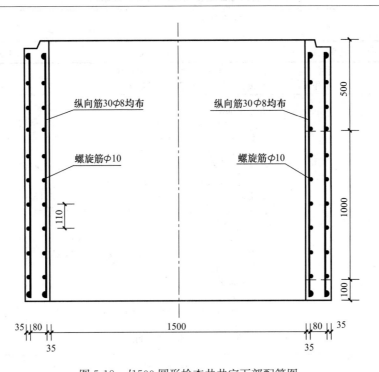

图 5-18 ϕ1500 圆形检查井井室下部配筋图

说明：1. 钢筋为 HPB300；2. 螺旋筋在井室上下两端密绕两圈；3. 井室开口处配筋不计。

5）回填土时，应先将盖板座浆盖好，在井室周围同时回填，回填土密实度应满足设计要求。

6）检查井施工完毕后应加强养护，混凝土及砂浆达到设计要求强度前不得进行回填。

（3）计算说明：

1）图中尺寸除注明外，均为 mm 计。

2）井筒调节块、井圈可采用 C30 钢筋混凝土现场浇筑，配筋不变。

3）仅计算该检查井整体、井筒钢筋的工程量。

4）π 取值 3.14。

5）计算结果保留三位小数。

2. 问题

根据以上背景资料及现行国家标准《建设工程工程量清单计价规范》GB 50500—2013、《市政工程工程量计算规范》GB 50857—2013，试列出要求计算项目的分部分项工程量清单。

3. 参考答案（表 5-25 和表 5-26）

清单工程量计算表　　　　　　　　　　　　　　　　　　　　表 5-25

工程名称：某工程

序号	项目编码	清单项目名称	计算式	工程量合计	计量单位
1	040504002001	混凝土井	井墙、井室、盖板、底板及井筒均采用 C30 预制钢筋混凝土结构： 1 座	1	座

序号	项目编码	清单项目名称	计算式	工程量合计	计量单位
2	040504005001	预制混凝土井筒	ϕ1500 预制钢筋混凝土圆形检查井： 长度：0.5＋1＋0.72＝2.22（m）	2.22	m
3	040901002001	钢筋	井室上部钢筋： （一）螺旋筋 ϕ8： 环数：8 螺距：125mm 1. $L_内$＝8×[0.125×0.125＋(1.5＋0.035×2)×(1.5＋0.035×2)×3.14×3.14]$^{0.5}$＝39.451（m） 2. $L_外$＝8×[0.125×0.125＋(1.5＋0.035×2＋0.08×2)×(1.5＋0.035×2＋0.08×2)×3.14×3.14]$^{0.5}$＝43.450（m） 3. 质量： (39.451＋43.450)×0.00617×8×8＝32.735（kg） （二）纵向筋 ϕ8： 长度：0.61m 根数：70 质量：0.61×70×0.00617×8×8＝16.861（kg） （三）小计： 32.735＋16.861＝49.596（kg）	49.596	kg
4	040901002002	钢筋	井室下部钢筋，螺旋筋 ϕ10： 环数：16 螺距：110mm 1. $L_内$＝16×[0.11×0.11＋(1.5＋0.035×2)×(1.5＋0.035×2)×3.14×3.14]$^{0.5}$＝78.896（m） 2. $L_外$＝16×[0.11×0.11＋(1.5＋0.035×2＋0.08×2)×(1.5＋0.035×2＋0.08×2)×3.14×3.14]$^{0.5}$＝86.933（m） 3. 质量： (78.896＋86.933)×0.00617×10×10＝102.316（kg）	102.316	kg
5	040901002003	钢筋	井室下部钢筋，纵向筋 ϕ8： 长度：1.39m 根数：60 质量：1.39×60×0.00617×8×8＝32.940(kg)	32.970	kg

分部分项工程和单价措施项目清单与计价表　　　　　表 5-26

工程名称：某工程

序号	项目编码	项目名称	项目特征描述	计量单位	工程量	金额（元）		
						综合单价	合价	其中 暂估价
			管网工程					
1	040504002001	混凝土井	1. 垫层、基础材质及厚度：垫层为C15素混凝土、100mm 厚，基础为 C30预制钢筋混凝土板、200mm 厚； 2. 混凝土强度等级：C30； 3. 盖板材质、规格：C30预制钢筋混凝土板、直径 1.8m； 4. 井盖、井圈材质及规格：铸铁井盖、钢筋混凝土井圈，规格按设计要求； 5. 防渗、防水要求：抗渗等级为 P8	座	1			

续表

序号	项目编码	项目名称	项目特征描述	计量单位	工程量	金额（元）		
						综合单价	合价	其中暂估价
2	040504005001	预制混凝土井筒	1. 井筒规格：直径 1.8m； 2. 踏步规格：塑钢踏步，步距为 350mm	m	2.22			
3	040901002001	预制构件钢筋	井室上部钢筋 1. 钢筋种类：HPB300； 2. 钢筋规格：$\phi 8$	kg	49.596			
4	040901002002	预制构件钢筋	井室下部钢筋 1. 钢筋种类：HPB300； 2. 钢筋规格：$\phi 10$	kg	102.316			
钢筋工程								
5	040901002003	钢筋	井室下部钢筋，纵向筋 $\phi 8$： 1. 钢筋种类：HPB300； 2. 钢筋规格：$\phi 8$	kg	32.970			

5.4.9 实例 5-9

1. 背景资料

本工程沉井为某污水处理站污水泵井及废水泵井，为圆筒型结构，具体尺寸如图 5-19、图 5-20 所示。根据设计图纸，压底混凝土 C20 厚度不小于 1.3m，500mm 厚钢筋混凝土底板。

沉井施工先就地进行沉井制作，达到一定的强度后将沉井沉到设计标高，沉井一次制作一次下沉。

（1）施工说明

1）沉井所选用的材料

① 混凝土：强度等级 C25，抗渗等级为 P6 商品混凝土。

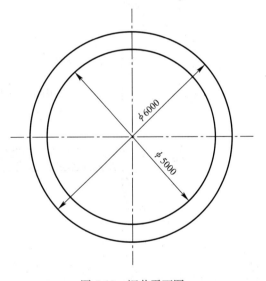

图 5-19 沉井平面图

② 钢材：HPB235、HRB335，钢筋均有出场合格证，经检测合格后方可用于施工。

③ 焊条：HPB235 钢筋采用 E4303 型焊条焊接；HRB335 钢筋采用 E5003 型焊条焊接。

2）地形地貌及地下水

① 沉井施工区域场地现状为：耕地，地势平坦，现地面平均标高为 14.82m。

② 场地地下水埋深为地面以下 4.0m，地下水对混凝土无腐蚀性。

3）地质特征

场地地层结构自上而下分为三层：

① 耕植土，埋深 0.6m。

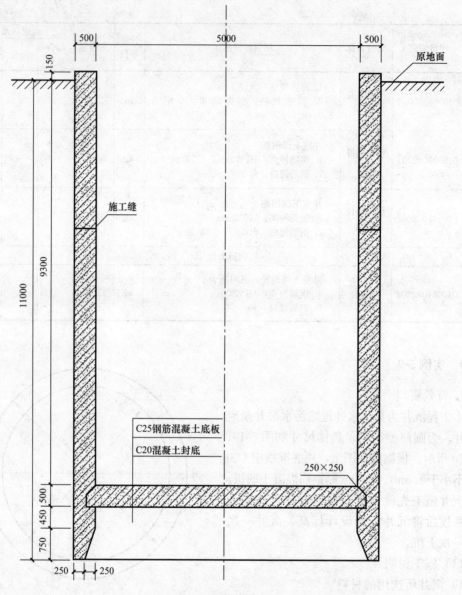

图 5-20　沉井剖面图

② 粉质黏土，可塑，中等压缩，埋深 0.6～1m。

③ 浅黄色夹灰白色中砂，饱和稍密，级配较好，磨圆较好，含粉粒，具黏性，埋深 10～12.4m。

4）起沉面地基处理

根据地堪报告显示，起沉面土质主要为粉质黏土（二类土），拟选用砂垫层提高地基的承载力，方便刃脚垫架及模板的施工。开挖至起沉面标高时，停止挖机作业，用打夯给夯实平整土层，然后在基底刃脚部位上铺设砂垫层，并用挖机夯实平整。挖土平面图及剖面图，如图 5-21、图 5-22 所示。

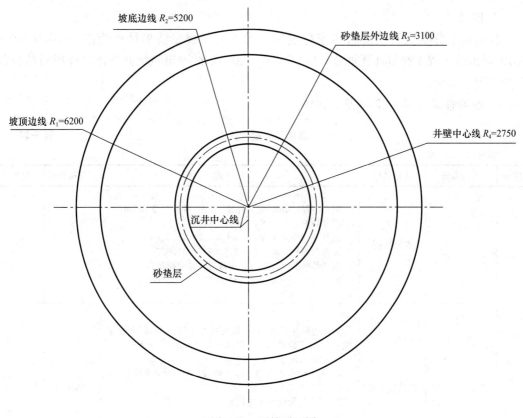

图 5-21 开挖平面图

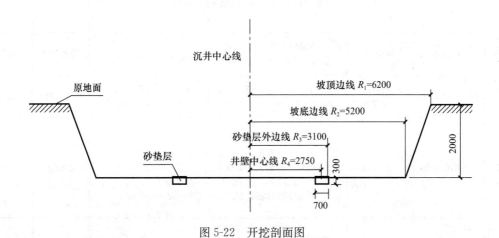

图 5-22 开挖剖面图

（2）计算说明

1）仅计算沉井土方、沉井井壁、沉井下沉、沉井底板的实体项目工程量。

2）仅计算沉井脚手架、沉井井壁的工程量。

3）原土回填至原地面标高，压实度为97%。

4）π 取值3.14。

5）计算结果保留三位小数。

2. 问题

根据以上背景资料及现行国家标准《建设工程工程量清单计价规范》GB 50500—2013、《市政工程工程量计算规范》GB 50857—2013，试列出该沉井要求计算项目的分部分项工程量清单。

3. 参考答案（表 5-27 和表 5-28）

清单工程量计算表

表 5-27

工程名称：某工程

序号	项目编码	项目名称	计算式	工程量合计	计量单位
		基础数据	沉井内径：5m；沉井外径：6m；井壁厚度 0.5m； 沉井高度：0.15＋4.5＋6.5＝11.15（m） 沉井井壁中线半径：5/2＋0.5/2＝2.75（m）； 沉井内面积：3.1416×2.5×2.5＝19.635（m²）； 沉井外壁断面面积（含底板嵌入井壁面积）： 0.5×11.15－0.5×0.25×0.75＝5.481（m²）		
1	040101003001	挖基坑土方	坡顶边线半径 6.2m；坡底边线半径 5.2m；放坡深度：2m；不放坡深度：（4.5＋6.5）－2＝9（m）。 1. 放坡阶段土方： 3.1416×(6.2×6.2＋5.2×5.2)/2×2＋0.7×0.3×2×3.1416×2.75＝209.341（m³） 2. 不放坡阶段（井内挖土）： 3.1416×3×3×9＝254.470（m³） 3. 小计： 209.341＋254.470＝463.811（m³）	463.811	m³
2	040103001001	回填方	放坡阶段回填方： 209.341－3.1416×3×3×2＝152.792（m³）	152.792	m³
3	040601001001	现浇混凝土沉井井壁	3.1416×(3×3－2.5×2.5)×11.15－0.5×0.25×0.75×2×3.1416×(2.5＋0.25/2)＝94.783（m³）	94.783	m³
4	040601002001	沉井下沉	垫层厚度 0.3m； 1. 沉井下沉深度：0.3＋4.5＋6.5＝11.3（m） 2. 沉井外壁最大断面面积： 0.5×(0.15＋4.5＋6.5)＝5.575（m²） 3. 沉井下沉体积：11.3×5.575＝62.998（m³）	62.998	m³
5	040601003001	沉井混凝土底板	底板厚度 0.5m； 底板面积＝沉井内面积＋沉井井壁内底板嵌入面积 底板体积： 19.635×0.5＋(0.25×0.5－0.5×0.25×0.25)×2×3.1416×(2.5＋0.25/2)＝11.364（m³）	11.364	m³
6	041101004001	沉井脚手架	井壁中心线半径：2.5＋0.5/2＝2.75（m） 井壁中心线周长：2×3.1416×2.75＝17.279（m） 沉井脚手架：11.15×17.279＝192.661（m²）	192.661	m²

续表

序号	项目编码	清单项目名称	计算式	工程量合计	计量单位
7	041102028001	沉井井壁模板	1. 沉井外壁模板： $2 \times 3.1416 \times 3 \times 11.15 = 210.173$（$m^2$） 2. 沉井内壁模板（刃脚以上部分）： $2 \times 3.1416 \times 2.5 \times (11.15 - 0.75) = 163.363$（$m^2$） 3. 沉井内壁刃脚部分： $(0.25 \times 0.25 + 0.75 \times 0.75)^{0.5} \times 2 \times 3.1416 \times (2.5 + 0.25/2) = 0.791 \times 2 \times 3.1416 \times (2.5 + 0.25/2) = 13.046$（$m^2$） 4. 小计： $210.173 + 163.363 + 13.046 = 386.58$（$m^2$）	386.52	m^2

分部分项工程和单价措施项目清单与计价表　　　　表 5-28

工程名称：某工程

序号	项目编码	项目名称	项目特征描述	计量单位	工程量	金额（元）		
						综合单价	合价	其中 暂估价
				土方工程				
1	040101003001	挖基坑土方	1. 土壤类别：二类土； 2. 挖土深度：放坡深度：2m，不放坡深度：9m	m^3	463.811			
2	040103001001	回填方	1. 密实度要求：97%； 2. 填方材料品种：原土回填	m^3	152.792			
				管网工程				
3	040601001001	现浇混凝土沉井井壁	1. 混凝土强度等级：C25； 2. 防水、抗渗要求：P6 商品混凝土； 3. 断面尺寸：外直径 6m	m^3	94.783			
4	040601002001	沉井下沉	1. 土壤类别：二类土； 2. 断面尺寸：外直径 6m； 3. 下沉深度：11.3m	m^3	62.998			
5	040601003001	沉井混凝土底板	1. 混凝土强度等级：C25； 2. 防水、抗渗要求：P6 商品混凝土	m^3	11.364			
				措施项目				
6	041101004001	沉井脚手架	沉井高度：11m	m^2	192.661			
7	041102028001	沉井井壁模板	1. 构件类型：沉井井壁； 2. 支模高度：9m	m^2	386.52			

5.4.10　实例 5-10

1. 背景资料

某小区采用玻璃钢化粪池，其结构及安装，如图 5-23 和图 5-24 所示。

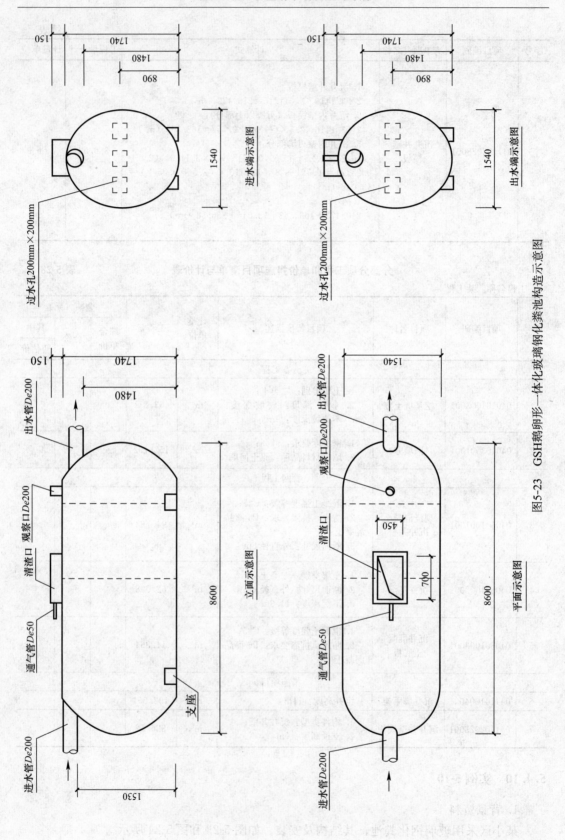

图5-23 GSH鹅卵形一体化玻璃钢化粪池构造示意图

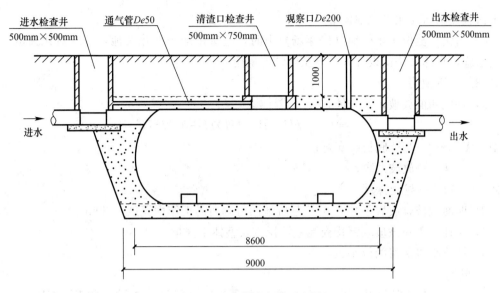

图 5-24　化粪池安装示意图

玻璃钢化粪池最大外形尺寸为 8600mm×1540mm，最小基坑开挖尺寸为 9000mm×2000mm；三类土，机械坑上作业，挖土深度 2.74m。

（1）设计说明

1）化粪池的设置地点，距离地下取水构筑物不得小于 30m，距离生活饮用水水池不得小于 10m，化粪池外壁距离建筑物外墙净距不宜小于 5m，并不得影响建筑物基础，化粪池设置的地点应便于清掏。

2）一体化玻璃钢化粪池分标准型和加强型，标准型用在绿化带、草坪下；加强型可用在车行道或停车场下，同时还应采取相应的加强措施，荷载标准限值为汽车—10 级重车。

3）化粪池应设置通气管，并用联通管接至进水检查井。

4）化粪化最小覆土厚度不宜小于 0.5m，最大覆土厚度不宜大于 1.5m，如大于应选用加强型化粪池，并采取相应的加固措施。

（2）施工说明

1）化粪化的定位、埋设深度、进出水管端及清碴口的检查井，按设计要求确定。

2）地基承载力宜不化于 100kN/m²，否则应进行地基处理，具体技术措施由设计人员确定。

3）基坑开挖到预定标高后（不得扰动老主层），无地下水时把基坑下卧层整平，然后在其上铺 150nm 厚中、粗砂垫层作为化粪池基础。有地下水或超挖时，应采用砂石料或最大粒径不超过 40mm 的碎石回填，密实度不小于 95%。土质较差时，宜现浇钢筋混凝土基础，经计算确定。开挖基坑时应采取有效的排水措施。

4）化粪池安装宜采用吊装法就位，就位后应及时将其灌满水，严禁安装过程中使用棍棒撬移施工。

5）基坑回填应在化粪池两侧同时对称进行，确保其不产生位移，回填土宜采用分层夯实。

6）通气管采用 De50UPVC 排水管，按"化粪池安装示意图"接入进水检查井。

7）检查井砌筑：按设计人员选用的图集砌筑清渣口及进、出水检查井，清渣口检查井不得直接砌筑在化粪池池体上。

8）当化粪池位于车行道（停车场）下时，应选用加强型化粪池，并应对化粪池采取加固措施，具体做法由设计人员视实际情况确定。

（3）计算说明

1）基坑四面放坡，挖方体积按下式计算

$$V = (A + kH)(B + kH)H + 1/3k^2H^3$$

式中　A、B——基坑底长、底宽；

　　　　k——放坡系数；

　　　　H——挖土深度。

2）四面放坡，放坡系数 0.67；基坑地面每侧所需工作面宽度 0.60m。

3）仅计算 1 座该玻璃钢化粪池基坑挖方及整体工程量。

4）计算结果保留两位小数。

2. 问题

根据以上背景资料及现行国家标准《建设工程工程量清单计价规范》GB 50500—2013、《市政工程工程量计算规范》GB 50857—2013，试列出该化粪池工程要求计算的分部分项工程量清单。

3. 参考答案（表 5-29 和表 5-30）

清单工程量计算表　　　　　　　　　　　表 5-29

工程名称：某工程

序号	项目编码	清单项目名称	计算式	工程量合计	计量单位
1	040101003001	挖基坑土方	玻璃钢化粪池最小基坑开挖尺寸为 9000mm× 2000mm，三类土，机械坑上作业，挖土深度 2.74m；四面放坡，放坡系数 0.67；基坑地面每侧所需工作面宽度 0.60m： $V = (9 + 0.6 \times 2 + 0.67 \times 2.74)(2 + 0.6 \times 2 + 0.67 \times 2.74) \times 2.74 + 1/3 \times 0.67 \times 0.67 \times 2.74 \times 2.74 \times 2.74 = 16.876(\text{m}^3)$	16.876	m³
2	040504008001	整体式化粪池	一体化玻璃钢化粪池最大外形尺寸为 8600mm× 1540mm： 1 座	1	座

分部分项工程和单价措施项目清单与计价表　　　　　　　　　　　表 5-30

工程名称：某工程

序号	项目编码	项目名称	项目特征描述	计量单位	工程量	金额（元）		
						综合单价	合价	其中暂估价
			土方工程					
1	040101003001	挖基坑土方	1. 土壤类别：三类土； 2. 挖土深度：2.74m	m³	16.876			
			管网工程					
2	040504008001	整体式化粪池	1. 材质：玻璃钢 2. 型号、规格：8600mm× 1540mm	座	1			

5.4.11 实例 5-11

1. 背景资料

某小区采用玻璃钢化粪池，型号为 BHFC-11，有效容积 $50m^3$，其罐体、安装示意、检查井井筒、井盖、支座及垫圈结构和尺寸，如图 5-25～图 5-32 所示。

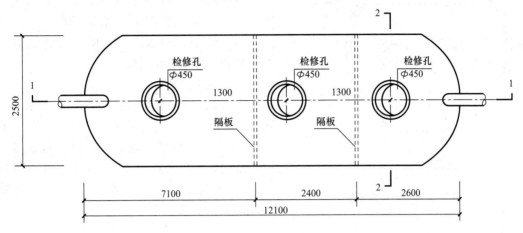

图 5-25　罐体平面图

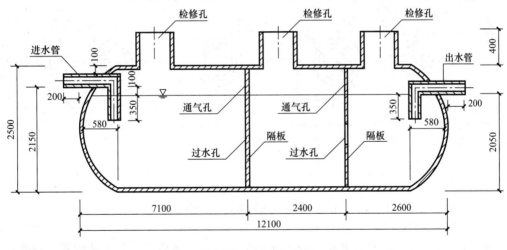

图 5-26　罐体 1-1 剖面

（1）设计说明

1）化粪池的设置地点，距离埋地式生活饮用水水池外壁不得小于 10m，距离地下取水构筑物不得小于 30m，化粪池外壁距离建筑物外墙不宜小于 5m，并不得影响原建筑物基础。

2）化粪池均为有覆土设置。覆土厚度指化粪池罐体顶部至设计地面的高度。最小覆土厚度不应小于 0.8m；最大覆土厚度不应大于 1.5m。

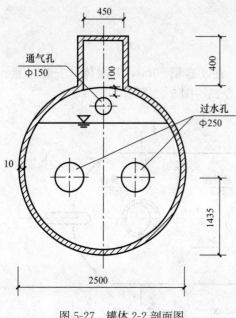

图 5-27 罐体 2-2 剖面图

3）化粪池均应设置通气管，通气管材料采用涂塑钢管，管径为 $DN100$ 通气管可设置于不影响交通安全及环保的草坪上，高出草坪 300mm，并在管口加盖管罩。通气管也可以引至高空（距设计地面以上 2.5m）排放。在通气管口周围 4m 以内有门窗时，通气管口应高出窗顶 0.6m，或引向无门窗的一侧。

4）化粪池的进水口、出水□应设置连接井与进水管、出水管相连接。

（2）施工说明

1）地下水位处于基底以下时，基坑底部采用 250mm 厚素土填平夯实，并在其上铺 150mm 厚粒砂垫层；地下水位处于基底以上时，基坑底部应采用最大粒径不大于 40mm 的 100mm 厚卵石或碎石回填，并在其上铺 150mm 厚粗砂垫层。

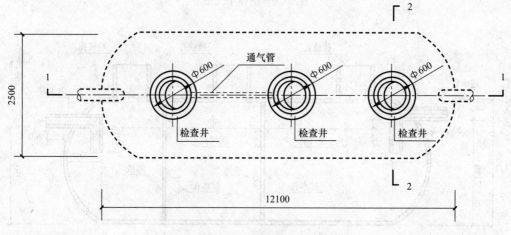

图 5-28 某整体化粪池安装平面示意图

2）化粪池宜采用吊装法就位。化粪池就位后应采取措施防止化粪池倾斜。化粪池安装就化过程中严禁使用坚硬的器物敲击或撬动。

3）满水试验：化粪池在回填土前，必须进行满水试验。按《给水排水构筑物工程施工及验收规范》GB 50141—2008 的要求进行试验。满足试验要求后再连接进出口管道。

4）回填土时应对称均匀回填，分层夯实，每层回填土厚度不应大于 300mm，压实系数不应小于 95％，回填时应选用均匀土质，不得用较大石块、尖锐物体或建筑垃圾回填。

5）砌筑检查井：砖采用强度等级不低于 MU10 的标准烧结实心砖，砂浆采用强度等级 M10 的水泥砂浆。检查井两侧抹 20mm 厚防水水泥砂浆（1∶2 水泥砂浆内掺水泥重量 5％的防水剂）。

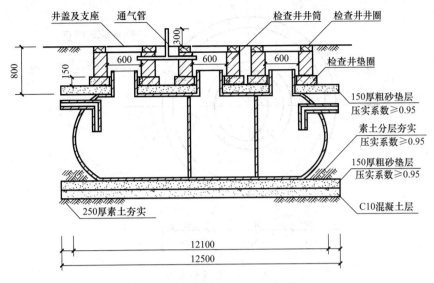

图 5-29　某整体化粪池 1-1 剖面图

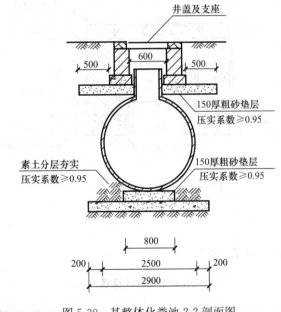

图 5-30　某整体化粪池 2-2 剖面图

（3）计算说明

1）仅计算砌筑井和整体化粪池项目的工程量。

2）计算结果保留两位小数。

2. 问题

根据以上背景资料及现行国家标准《建设工程工程量清单计价规范》GB 50500—2013、《市政工程工程量计算规范》GB 50857—2013，试列出砌筑井和整体化粪池项目分部分项工程量清单。

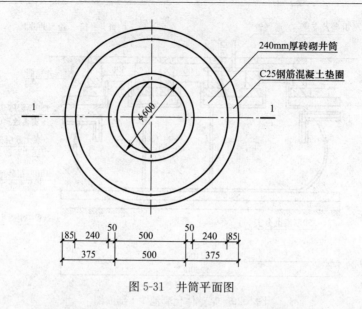

图 5-31　井筒平面图

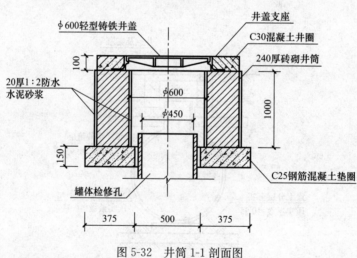

图 5-32　井筒 1-1 剖面图

3. 参考答案（表 5-31 和表 5-32）

清单工程量计算表　　　　　　　　　　　　　　　　　　表 5-31

工程名称：某工程

序号	项目编码	项目名称	计算式	工程量合计	计量单位
1	040504001001	砌筑井	砖采用强度等级不低于 MU10 的标准烧结实心砖，砂浆采用强度等级 M10 的水泥砂浆。检查井两侧抹 20 厚防水水泥砂浆（1：2 水泥砂浆内掺水泥重量 5% 的防水剂）	1	座
2	040504004001	砖砌井筒	240mm 厚砖砌井筒，井筒内径 600mm，深度 1m；20 厚 1：2 防水水泥砂浆抹面。 按筒壁中心线计算长度。 $2 \times 3.14 \times (0.6/2 + 0.24/2) = 2.637$（m）	2.637	m

序号	项目编码	清单项目名称	计算式	工程量合计	计量单位
3	040504008001	整体化粪池	玻璃钢整体化粪池，型号为 BHFC-11，有效容积 50m³。 1座	1	座

分部分项工程和单价措施项目清单与计价表　　　　　　表 5-32

工程名称：某工程

序号	项目编码	项目名称	项目特征描述	计量单位	工程量	综合单价	合价	其中暂估价
1	040504001001	砌筑井	1. 垫层、基础材质及厚度：粗砂垫层、厚为 150mm； 2. 砌筑材料品种、规格、强度等级：的标准烧结实心砖、MU10； 3. 勾缝、抹面要求：1：2 防水水泥砂浆抹面； 4. 砂浆强度等级、配合比：M10 的水泥砂浆； 5. 混凝土强度等级：C30； 6. 井盖、井圈材质及规格：井盖为 φ600 轻型铸铁，井圈为 C30 混凝土、厚 100mm	座	1			
2	040504004001	砖砌井筒	1. 井筒规格：内径 600mm； 2. 砌筑材料品种、规格：MU10 的标准烧结实心砖； 3. 砌筑、勾缝、抹面要求：1：2 防水水泥砂浆抹面； 4. 砂浆强度等级、配合比：M10 的水泥砂浆	m	2.637			
3	040504008001	整体化粪池	1. 材质：玻璃钢； 2. 型号、规格：BHFC-11，有效容积 50m³	座	1			

5.4.12　实例 5-12

1. 背景资料

某钢质水处理箱式紫外线消毒器，型号为 TKZS-10，出水口尺寸 80mm，流量为 22m³/h，灯管数量 10 支，输入功率 10×30W，工作压力 0.8MPa。其外形尺寸如图 5-33 所示。

2. 问题

根据以上背景资料及现行国家标准《建设工程工程量清单计价规范》GB 50500—2013、《市政工程工程量计算规范》GB 50857—2013，试列出该紫外线消毒设备的分部分项工程量清单。

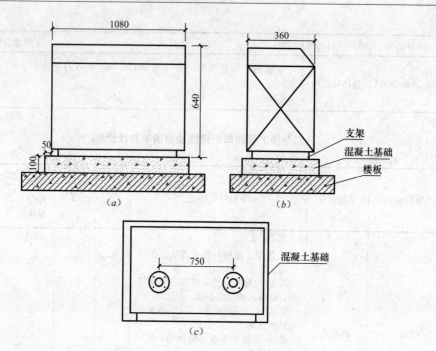

图 5-33 TKZS-10 箱式紫外线消毒器

(a) 立面图；(b) 侧面图；(c) 平面图

3. 参考答案（表 5-33 和表 5-34）

清单工程量计算表

表 5-33

工程名称：某工程

序号	项目编码	项目名称	计算式	工程量合计	计量单位
1	040602042001	紫外线消毒设备	箱式紫外线消毒器，型号为 TKZS-10，出水口尺寸 80mm，流量为 22m³/h，灯管数量 10 支，输入功率 10×30W，工作压力 0.8MPa。 1 套	1	套

分部分项工程和单价措施项目清单与计价表

表 5-34

工程名称：某工程

序号	项目编码	项目名称	项目特征描述	计量单位	工程量	金额（元）		
						综合单价	合价	其中 暂估价
1	040602042001	紫外线消毒设备	1. 类型：紫外线消毒器； 2. 材质：钢质； 3. 规格、型号：出水口尺寸 80mm TKZS-10； 4. 参数：出水口尺寸 80mm，流量为 22m³/h，灯管数量 10 支，输入功率 10×30W，工作压力 0.8MPa	套	1			

5.4.13 实例 5-13

1. 背景资料

某小区室外采用周期循环活性污泥法（简称 CASS 法）中水处理工艺图，如图 5-34 所示。

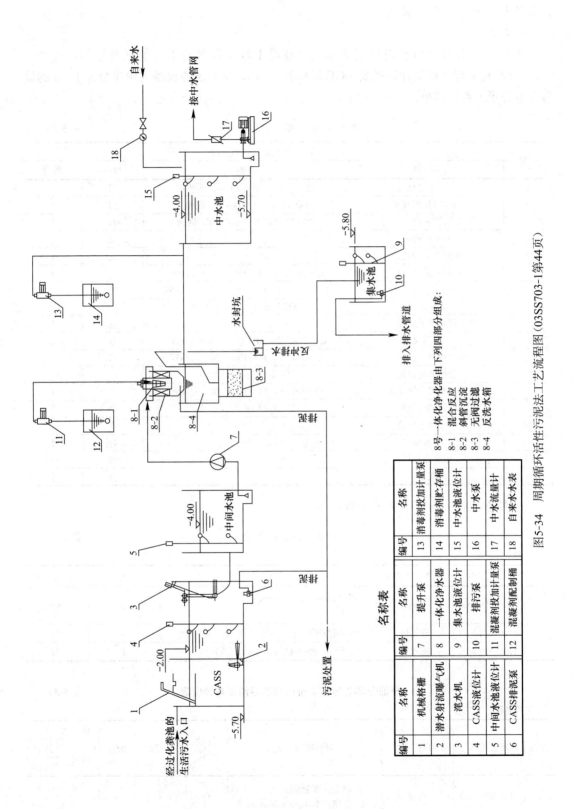

名称表

编号	名称	编号	名称	编号	名称
1	机械格栅	7	提升泵	13	消毒剂投加计量泵
2	潜水射流曝气机	8	一体化净水器	14	消毒剂贮存桶
3	滗水机	9	集水池液位计	15	中水池液位计
4	CASS液位计	10	集水池	16	中水泵
5	中间水池液位计	11	混凝剂投加计量泵	17	中水流量计
6	CASS排泥泵	12	混凝剂配制桶	18	自来水水表

8号一体化净水器由下列四部分组成：
8-1　混合反应
8-2　斜管沉淀
8-3　无阀过滤
8-4　反洗水箱

图5-34　周期循环活性污泥法工艺流程图（03SS703-1第44页）

其设备表，如表 5-35 所示。

2. 问题

根据以上背景资料及现行国家标准《建设工程工程量清单计价规范》GB 50500—2013、《市政工程工程量计算规范》GB 50857—2013，试列出该设备表中序号为 1～3 的设备分部分项工程量清单。

设 备 表　　　　　　　　　　　　表 5-35

序号	时处理水量 10（m³/h）			
	名称	规格	单位	数量
1	机械格栅	宽 400mm，高 500mm、不锈钢	台	1
2	潜水射流曝气机	GSS-4.0，i＝4.0kW、碳钢	台	3
3	滗水机	PS-1500A，N＝0.37kW、碳钢	台	1
4	CASS 池液位计	—	支	1
5	中间水池液位计	—	支	1
6	CASS 池排泥泵	Q＝6m³/h，H＝15m，N＝1.5kW	台	1
7	污水提升泵	Q＝10m³/k，H＝10m，N＝0.75kW	台	3
8	一体化净水器	LEGS-10.0，N＝0.18kW	台	1
9	集水池液位计	—	支	1
10	排污泵	Q＝70m³/h，H＝10m，N＝4.0kW	台	2
11	混凝剂投加计量泵	Q＝20L/h，H＝10m，N＝0.1kW	台	1
12	混凝剂配置桶	V＝200L（$\phi600×900$）	个	1
13	消毒剂投加计量泵	Q＝10L/h，H＝10m，N＝0.1kW	台	1
14	消毒剂配制桶	V＝100L（$\phi500×700$）	个	1
15	中水池液位计	—	支	1
16	中水泵	—	台	1
17	中水流量计	—	台	1
18	自来水表	—	台	1

3. 参考答案（表 5-36 和表 5-37）

清单工程量计算表　　　　　　　　　　表 5-36

工程名称：某工程

序号	项目编码	清单项目名称	计算式	工程量合计	计量单位
1	040602001001	格栅	宽 400mm，高 500mm 1 台	1	台
2	040602012001	曝气机	潜水射流曝气机，GSS-4.0，N＝4.0kW	3	台
3	040602015001	滗水机	滗水机，PS-1500A，N＝0.37kW	1	台

分部分项工程和单价措施项目清单与计价表　　　　　表 5-37

工程名称：某工程

序号	项目编码	项目名称	项目特征描述	计量单位	工程量	金额（元）		
						综合单价	合价	其中暂估价
1	040602001001	格栅	1. 材质：不锈钢； 2. 规格：400mm×500mm	台	1			

序号	项目编码	项目名称	项目特征描述	计量单位	工程量	金额（元）		其中
						综合单价	合价	暂估价
2	040602012001	曝气机	1. 类型：潜水射流曝气机； 2. 材质：碳钢； 3. 规格、型号：GSS-4.0； 4. 参数：N=4.0kW	台	3			
3	040602015001	滗水机	1. 类型：滗水机； 2. 材质：碳钢； 3. 规格、型号：PS-1500A； 4. 参数：N=0.37kW	台	1			

6 路灯工程

针对《市政工程工程量计算规范》GB 50857—2013（以下简称"13规范"）、《建设工程工程量清单计价规范》GB 50500—2008（以下简称"08规范"），"13规范"在项目编码、项目名称、项目特征、计量单位、工程量计算规则、工作内容等方面，均有变化。

1. 清单项目变化

"13规范"在"08规范"的基础上，路灯工程新增63个项目，具体如下：

（1）变配电设备工程：设置杆上变压器、地上变压器、组合型成套箱式变电站、高压成套配电柜、低压成套控制柜、落地式控制箱、杆上控制箱、杆上配电箱、悬挂嵌入式配电箱、落地式配电箱、控制屏、继电信号屏、低压开关柜（配电屏）、弱电控制返回屏、控制台、电力电容器、跌落式熔断器、避雷器、低压熔断器、隔离开关、负荷开关、真空断路器、限位开关、控制器、接触器、磁力启动器、分流器、小电器、照明开关、插座、线缆断线报警装置、铁构件制安、其他电器等33个项目。

（2）10kV以下架空线路工程：设置电杆组立、横担组装、导线架设等3个项目。

（3）电缆工程：设置电缆、电缆保护管、电缆排管、管道包封、电缆终端头、电缆中间头和铺砂、盖保护板（砖）等7个项目。

（4）配管、配线工程：设置配管、配线、接线箱、接线盒、带型母线等5个项目。

（5）照明器具安装工程：设置常规照明灯具、中杆照明灯具、高杆照明灯具、景观照明灯具、桥栏杆照明灯具、地道涵洞照明灯具等6个项目。

（6）防雷接地装置工程：设置接地极、接地母线、避雷引下线、避雷针、降阻剂等5个项目。

（7）电气调整试验：设置变压器系统调试、供电系统调试、接地装置调试和电缆试验等4个项目。

2. 应注意的问题

（1）路灯工程与《通用安装工程工程量计算规范》GB 50856中电气设备安装项目的界限划分：厂区、住宅小区的道路路灯安装工程、庭院艺术喷泉等电气设备安装工程按《通用安装工程工程量计算规范》中电气设备安装工程相应项目执行；涉及市政道路、庭院艺术喷泉等电气设备安装工程的项目，按"13规范"相应项目执行。

（2）路灯工程清单项目工作内容中均未包括土（石）方开挖及回填、破除混凝土路面等，发生时应按"13规范"附录A土石方工程及附录K拆除工程中的相关项目编码列项。

（3）路灯工程清单项目工作内容中均未包括除锈、刷漆（补刷漆除外），发生时应按《通用安装工程工程量计算规范》GB 50856—2013中的相关项目编码列项。

（4）路灯工程清单项目工作内容包含补漆的工序，可不进行特征描述，由投标人在投标中根据相关规范标准自行考虑报价。

（5）路灯工程中的母线、电线、电缆、架空导线等，按"13规范"的规定计算附加长度（波形长度或预留量）计入工程量中。

6.1 工程量计算依据六项变化及说明

6.1.1 变配电设备工程

变配电设备工程工程量清单项目设置、项目特征描述的内容、计量单位及工程量计算规则等的变化对照情况，见表 6-1。

变配电设备工程（编码：040801）　　　　　　　　　　　　表 6-1

序号	版别	项目编码	项目名称	项目特征	工程量计算规则	工作内容
1		040801001	杆上变压器	1. 名称； 2. 型号； 3. 容量（kV·A）； 4. 电压（kV）； 5. 支架材质、规格； 6. 网门、保护门材质、规格； 7. 油过滤要求； 8. 干燥要求		1. 支架制作、安装； 2. 本体安装； 3. 油过滤； 4. 干燥； 5. 网门、保护门制作、安装； 6. 补刷（喷）油漆； 7. 接地
2	13规范	040801002	地上变压器	1. 名称； 2. 型号； 3. 容量（kV·A）； 4. 电压（kV）； 5. 基础形式、材质、规格； 6. 网门、保护门材质、规格； 7. 油过滤要求； 8. 干燥要求	按设计图示数量计算（计量单位：台）	1. 基础制作、安装； 2. 本体安装； 3. 油过滤； 4. 干燥； 5. 网门、保护门制作、安装； 6. 补刷（喷）油漆； 7. 接地
3		040801003	组合型成套箱式变电站	1. 名称； 2. 型号； 3. 容量（kV·A）； 4. 电压（kV）； 5. 组合形式； 6. 基础形式、材质、规格		1. 基础制作、安装； 2. 本体安装； 3. 进箱母线安装； 4. 补刷（喷）油漆； 5. 接地
4		040801004	高压成套配电柜	1. 名称； 2. 型号； 3. 规格； 4. 母线配置方式； 5. 种类； 6. 基础形式、材质、规格	按设计图示数量计算（计量单位：台）	1. 基础制作、安装； 2. 本体安装； 3. 补刷（喷）油漆； 4. 接地
5	13规范	040801005	低压成套控制柜	1. 名称； 2. 型号； 3. 规格； 4. 种类； 5. 基础形式、材质、规格； 6. 接线端子材质、规格； 7. 端子板外部接线材质、规格		1. 基础制作、安装； 2. 本体安装； 3. 附件安装； 4. 焊、压接线端子； 5. 端子接线； 6. 补刷（喷）油漆； 7. 接地

续表

序号	版别	项目编码	项目名称	项目特征	工程量计算规则	工作内容
6	13规范	040801006	落地式控制箱	1. 名称； 2. 型号； 3. 规格； 4. 基础形式、材质、规格； 5. 回路； 6. 附件种类、规格； 7. 接线端子材质、规格； 8. 端子板外部接线材质、规格	按设计图示数量计算（计量单位：台）	1. 基础制作、安装； 2. 本体安装； 3. 附件安装； 4. 焊、压接线端子； 5. 端子接线； 6. 补刷（喷）油漆； 7. 接地
7		040801007	杆上控制箱	1. 名称； 2. 型号； 3. 规格； 4. 回路； 5. 附件种类、规格； 6. 支架材质、规格； 7. 进出线管管架材质、规格、安装高度； 8. 接线端子材质、规格； 9. 端子板外部接线材质、规格		1. 支架制作、安装； 2. 本体安装； 3. 附件安装； 4. 焊、压接线端子； 5. 端子接线； 6. 进出线管管架安装； 7. 补刷（喷）油漆； 8. 接地
8		040801008	杆上配电箱	1. 名称； 2. 型号； 3. 规格； 4. 安装方式； 5. 支架材质、规格； 6. 接线端子材质、规格； 7. 端子板外部接线材质、规格		1. 支架制作、安装； 2. 本体安装； 3. 焊、压接线端子； 4. 端子接线； 5. 补刷（喷）油漆； 6. 接地
9		040801009	悬挂嵌入式配电箱			
10		040801010	落地式配电箱	1. 名称； 2. 型号； 3. 规格； 4. 基础形式、材质、规格； 5. 接线端子材质、规格； 6. 端子板外部接线材质、规格	按设计图示数量计算（计量单位：台）	1. 基础制作、安装； 2. 本体安装； 3. 焊、压接线端子； 4. 端子接线； 5. 补刷（喷）油漆； 6. 接地
11	13规范	040801011	控制屏	1. 名称； 2. 型号； 3. 规格； 4. 种类； 5. 基础形式、材质、规格		1. 基础制作、安装； 2. 本体安装； 3. 端子板安装； 4. 焊、压接线端子； 5. 盘柜配线、端子接线； 6. 小母线安装； 7. 屏边安装； 8. 补刷（喷）油漆； 9. 接地
12		040801012	继电、信号屏			

续表

序号	版别	项目编码	项目名称	项目特征	工程量计算规则	工作内容
13		040801013	低压开关柜（配电屏）	6. 接线端子材质、规格； 7. 端子板外部接线材质、规格； 8. 小母线材质、规格； 9. 屏边规格	按设计图示数量计算（计量单位：台）	1. 基础制作、安装； 2. 本体安装； 3. 端子板安装； 4. 焊、压接线端子； 5. 盘柜配线、端子接线； 6. 屏边安装； 7. 补刷（喷）油漆； 8. 接地
14	13规范	040801014	弱电控制返回屏	1. 名称； 2. 型号； 3. 规格； 4. 种类； 5. 基础形式、材质、规格； 6. 接线端子材质、规格； 7. 端子板外部接线材质、规格； 8. 小母线材质、规格； 9. 屏边规格	按设计图示数量计算（计量单位：台）	1. 基础制作、安装； 2. 本体安装； 3. 端子板安装； 4. 焊、压接线端子； 5. 盘柜配线、端子接线； 6. 小母线安装； 7. 屏边安装； 8. 补刷（喷）油漆； 9. 接地
15		040801015	控制台	1. 名称； 2. 型号； 3. 规格； 4. 种类； 5. 基础形式、材质、规格； 6. 接线端子材质、规格； 7. 端子板外部接线材质、规格； 8. 小母线材质、规格	按设计图示数量计算（计量单位：台）	1. 基础制作、安装； 2. 本体安装； 3. 端子板安装； 4. 焊、压接线端子； 5. 盘柜配线、端子接线； 6. 小母线安装； 7. 补刷（喷）油漆； 8. 接地
16		040801016	电力电容器	1. 名称； 2. 型号； 3. 规格； 4. 质量	按设计图示数量计算（计量单位：个）	1. 本体安装、调试； 2. 接线； 3. 接地
17		040801017	跌落式熔断器	1. 名称； 2. 型号； 3. 规格； 4. 安装部位	按设计图示数量计算（计量单位：组）	
18		040801018	避雷器	1. 名称； 2. 型号； 3. 规格； 4. 电压（kV）； 5. 安装部位		1. 本体安装、调试； 2. 接线； 3. 补刷（喷）油漆； 4. 接地
19		040801019	低压熔断器	1. 名称； 2. 型号； 3. 规格； 4. 接线端子材质、规格	按设计图示数量计算（计量单位：个）	1. 本体安装； 2. 焊、压接线端子； 3. 接线

续表

序号	版别	项目编码	项目名称	项目特征	工程量计算规则	工作内容
20	13规范	040801020	隔离开关	1. 名称； 2. 型号； 3. 容量（A）； 4. 电压（kV）； 5. 安装条件； 6. 操作机构名称、型号； 7. 接线端子材质、规格	按设计图示数量计算（计量单位：组）	1. 本体安装、调试； 2. 接线； 3. 补刷（喷）油漆； 4. 接地
21		040801021	负荷开关			
22		040801022	真空断路器		按设计图示数量计算（计量单位：台）	
23		040801023	限位开关	1. 名称； 2. 型号； 3. 规格； 4. 接线端子材质、规格	按设计图示数量计算（计量单位：个）	1. 本体安装； 2. 焊、压接线端子； 3. 接线
24		040801024	控制器		按设计图示数量计算（计量单位：台）	
25		040801025	接触器			
26		040801026	磁力启动器			
27		040801027	分流器	1. 名称； 2. 型号； 3. 规格； 4. 容量（A）； 5. 接线端子材质、规格	按设计图示数量计算（计量单位：个）	
28		040801028	小电器	1. 名称； 2. 型号； 3. 规格； 4. 接线端子材质、规格	按设计图示数量计算（计量单位：个或套、台）	
29		040801029	照明开关	1. 名称； 2. 材质； 3. 规格； 4. 安装方式	按设计图示数量计算（计量单位：个）	1. 本体安装； 2. 接线
30		040801030	插座			
31	13规范	040801031	线缆断线报警装置	1. 名称； 2. 型号； 3. 规格； 4. 参数	按设计图示数量计算（计量单位：套）	1. 本体安装、调试； 2. 接线
32		040801032	铁构件制作、安装	1. 名称； 2. 材质； 3. 规格	按设计图示尺寸以质量计算（计量单位：kg）	1. 制作； 2. 安装； 3. 补刷（喷）油漆
33		040801033	其他电器	1. 名称； 2. 型号； 3. 规格； 4. 安装方式	按设计图示数量计算（计量单位：个或套、台）	1. 本体安装； 2. 接线

注：1. 小电器包括按钮、测量表计、继电器、电磁锁、屏上辅助设备、辅助电压互感器、小型安全变压器等。

2. 其他电器安装指本节未列的电器项目，必须根据电器实际名称确定项目名称。明确描述项目特征、计量单位、工程量计算规则、工作内容。

3. 铁构件制作、安装适用于路灯工程的各种支架、铁构件的制作、安装。

4. 设备安装未包括地脚螺栓安装、浇筑（二次灌浆、抹面），如需安装应按现行国家标准《房屋建筑与装饰工程工程量计算规范》GB 50854—2013中相关项目编码列项。

5. 盘、箱、柜的外部进出线预留长度如表6-8所示。

6.1.2 10kV 以下架空线路工程

10kV 以下架空线路工程工程量清单项目设置、项目特征描述的内容、计量单位及工程量计算规则等的变化对照情况，见表 6-2。

10kV 以下架空线路工程（编码：040802） 表 6-2

序号	版别	项目编码	项目名称	项目特征	工程量计算规则	工作内容
1	13规范	040802001	电杆组立	1. 名称； 2. 规格； 3. 材质； 4. 类型； 5. 地形； 6. 土质； 7. 底盘、拉盘、卡盘规格； 8. 拉线材质、规格、类型； 9. 引下线支架安装高度； 10. 垫层、基础：厚度、材料品种、强度等级； 11. 电杆防腐要求	按设计图示数量计算（计量单位：根）	1. 工地运输； 2. 垫层、基础浇筑； 3. 底盘、拉盘、卡盘安装； 4. 电杆组立； 5. 电杆防腐； 6. 拉线制作、安装； 7. 引下线支架安装
2		040802002	横担组装	1. 名称； 2. 规格； 3. 材质； 4. 类型； 5. 安装方式； 6. 电压（kV）； 7. 瓷瓶型号、规格； 8. 金具型号、规格	按设计图示数量计算（计量单位：组）	1. 横担安装； 2. 瓷瓶、金具组装
3		040802003	导线架设	1. 名称； 2. 型号； 3. 规格； 4. 地形； 5. 导线跨越类型	按设计图示尺寸另加预留量以单线长度计算（计量单位：）	1. 工地运输； 2. 导线架设； 3. 导线跨越及进户线架设

注：导线架设预留长度如表 6-9 所示。

6.1.3 电缆工程

电缆工程工程量清单项目设置、项目特征描述的内容、计量单位及工程量计算规则等的变化对照情况，见表 6-3。

电缆工程（编码：040803） 表 6-3

序号	版别	项目编码	项目名称	项目特征	工程量计算规则	工作内容
1	13规范	040803001	电缆	1. 名称； 2. 型号； 3. 规格； 4. 材质； 5. 敷设方式、部位； 6. 电压（kV）； 7. 地形	按设计图示尺寸另加预留及附加量以长度计算（计量单位：m）	1. 揭（盖）盖板； 2. 电缆敷设

续表

序号	版别	项目编码	项目名称	项目特征	工程量计算规则	工作内容
2		040803002	电缆保护管	1. 名称； 2. 型号； 3. 规格； 4. 材质； 5. 敷设方式； 6. 过路管加固要求	按设计图示尺寸以长度计算（计量单位：m）	1. 保护管敷设； 2. 过路管加固
3		040803003	电缆排管	1. 名称； 2. 型号； 3. 规格； 4. 材质； 5. 垫层、基础：厚度、材料品种、强度等级； 6. 排管排列形式		1. 垫层、基础浇筑； 2. 排管敷设
4	13规范	040803004	管道包封	1. 名称； 2. 规格； 3. 混凝土强度等级		1. 灌注； 2. 养护
5		040803005	电缆终端头	1. 名称； 2. 型号； 3. 规格； 4. 材质、类型； 5. 安装部位； 6. 电压（kV）	按设计图示数量计算（计量单位：个）	1. 制作； 2. 安装； 3. 接地
6		040803006	电缆中间头	1. 名称； 2. 型号； 3. 规格； 4. 材质、类型； 5. 安装方式； 6. 电压（kV）		
7		040803007	铺砂、盖保护板（砖）	1. 种类； 2. 规格	按设计图示尺寸以长度计算（计量单位：m）	1. 铺砂； 2. 盖保护板（砖）

注：1. 电缆穿刺线夹按电缆中间头编码列项。
2. 电缆保护管敷设方式清单项目特征描述时应区分直埋保护管、过路保护管。
3. 顶管敷设应按《市政工程工程量计算规范》GB 50857—2013附录E.1管道铺设中相关项目编码列项。
4. 电缆井应按《市政工程工程量计算规范》GB 50857—2013附录E.4管道附属构筑物中相关项目编码列项，如有防盗要求的应在项目特征中描述。
5. 电缆敷设预留量及附加长度如表6-10所示。

6.1.4 配管、配线工程

配管、配线工程工程量清单项目设置、项目特征描述的内容、计量单位及工程量计算规则等的变化对照情况，见表6-4。

配管、配线工程（编码：040804）　　表 6-4

序号	版别	项目编码	项目名称	项目特征	工程量计算规则	工作内容
1	13规范	040804001	配管	1. 名称； 2. 材质； 3. 规格； 4. 配置形式； 5. 钢索材质、规格； 6. 接地要求	按设计图示尺寸以长度计算（计量单位：m）	1. 预留沟槽； 2. 钢索架设（拉紧装置安装）； 3. 电线管路敷设； 4. 接地
2		040804002	配线	1. 名称； 2. 配线形式； 3. 型号； 4. 规格； 5. 材质； 6. 配线部位； 7. 配线线制； 8. 钢索材质、规格	按设计图示尺寸另加预留量以单线长度计算（计量单位：m）	1. 钢索架设（拉紧装置安装）； 2. 支持体（绝缘子等）安装； 3. 配线
3		040804003	接线箱	1. 名称； 2. 规格； 3. 材质； 4. 安装形式	按设计图示数量计算（计量单位：个）	本体安装
4		040804004	接线盒			
5		040804005	带形母线	1. 名称； 2. 型号； 3. 规格； 4. 材质； 5. 绝缘子类型、规格； 6. 穿通板材质、规格； 7. 引下线材质、规格； 8. 伸缩节、过渡板材质、规格； 9. 分相漆品种	按设计图示尺寸另加预留量以单相长度计算（计量单位：m）	1. 支持绝缘子安装及耐压试验； 2. 穿通板制作、安装； 3. 母线安装； 4. 引下线安装； 5. 伸缩节安装； 6. 过渡板安装； 7. 拉紧装置安装； 8. 刷分相漆

注：1. 配管安装不扣除管路中间的接线箱（盒）、灯头盒、开关盒所占长度。
　　2. 配管名称指电线管、钢管、塑料管等。
　　3. 配管配置形式指明、暗配、钢结构支架、钢索配管、埋地敷设、水下敷设、砌筑沟内敷设等。
　　4. 配线名称指管内穿线、塑料护套配线等。
　　5. 配线形式指照明线路、木结构、砖、混凝土结构、沿钢索等。
　　6. 配线进入箱、柜、板的预留长度如表 6-11 所示，母线配置安装的预留长度如表 6-12 所示。

6.1.5 照明器具安装工程

照明器具安装工程工程量清单项目设置、项目特征描述的内容、计量单位及工程量计算规则等的变化对照情况，见表 6-5。

照明器具安装工程（编码：040805）　　表 6-5

序号	版别	项目编码	项目名称	项目特征	工程量计算规则	工作内容
1	13规范	040805001	常规照明灯	1. 名称； 2. 型号； 3. 灯杆材质、高度	按设计图示数量计算（计量单位：套）	1. 垫层铺筑； 2. 基础制作、安装； 3. 立灯杆； 4. 杆座制作、安装

续表

序号	版别	项目编码	项目名称	项目特征	工程量计算规则	工作内容
2		040805002	中杆照明灯	4. 灯杆编号； 5. 灯架形式及臂长； 6. 光源数量； 7. 附件配置； 8. 垫层、基础：厚度、材料品种、强度等级； 9. 杆座形式、材质、规格； 10. 接线端子材质、规格； 11. 编号要求； 12. 接地要求	按设计图示数量计算（计量单位：套）	5. 灯架制作、安装； 6. 灯具附件安装； 7. 焊、压接线端子； 8. 接线； 9. 补刷（喷）油漆； 10. 灯杆编号； 11. 接地； 12. 试灯
3	13规范	040805003	高杆照明灯			1. 垫层铺筑； 2. 基础制作、安装； 3. 立灯杆； 4. 杆座制作、安装； 5. 灯架制作、安装； 6. 灯具附件安装； 7. 焊、压接线端子； 8. 接线； 9. 补刷（喷）油漆； 10. 灯杆编号； 11. 升降机构接线调试； 12. 接地； 13. 试灯
4		040805004	景观照明灯	1. 名称； 2. 型号； 3. 规格； 4. 安装形式； 5. 接地要求	1. 以套计量，按设计图示数量计算（计量单位：套）； 2. 以米计量，按设计图示尺寸以延长米计算（计量单位：m）	1. 灯具安装； 2. 焊、压接线端子； 3. 接线； 4. 补刷（喷）油漆； 5. 接地； 6. 试灯
5		040805005	桥栏杆照明灯			
6		040805006	地道涵洞照明灯		按设计图示数量计算（计量单位：套）	

注：1. 常规照明灯是指安装在高度≤15m的灯杆上的照明器具。
　　2. 中杆照明灯是指安装在高度≤19m的灯杆上的照明器具。
　　3. 高杆照明灯是指安装在高度>19m的灯杆上的照明器具。
　　4. 景观照明灯是指利用不同的造型、相异的光色与亮度来造景的照明器具。

6.1.6　防雷接地装置工程

防雷接地装置工程工程量清单项目设置、项目特征描述的内容、计量单位及工程量计算规则等的变化对照情况，见表6-6。

防雷接地装置工程（编码：040806）　　　　　表6-6

序号	版别	项目编码	项目名称	项目特征	工程量计算规则	工作内容
1	13规范	040806001	接地极	1. 名称； 2. 材质； 3. 规格； 4. 土质； 5. 基础接地形式	按设计图示数量计算（计量单位：根或块）	1. 接地极（板、桩）制作、安装； 2. 补刷（喷）油漆

序号	版别	项目编码	项目名称	项目特征	工程量计算规则	工作内容
2	13规范	040806002	接地母线	1. 名称； 2. 材质； 3. 规格	按设计图示尺寸另加附加量以长度计算（计量单位：m）	1. 接地母线制作、安装； 2. 补刷（喷）油漆
3		040806003	避雷引下线	1. 名称； 2. 材质； 3. 规格； 4. 安装高度； 5. 安装形式； 6. 断接卡子、箱材质、规格		1. 避雷引下线制作、安装； 2. 断接卡子、箱制作、安装； 3. 补刷（喷）油漆
4		040806004	避雷针	1. 名称； 2. 材质； 3. 规格； 4. 安装高度； 5. 安装形式	按设计图示数量计算（计量单位：套或基）	1. 本体安装； 2. 跨接； 3. 补刷（喷）油漆
5		040806005	降阻剂	名称	按设计图示数量以质量计算（计量单位：kg）	施放降阻剂

注：接地母线、引下线附加长度见表6-12。

6.1.7　电气调整试验

电气调整试验工程量清单项目设置、项目特征描述的内容、计量单位及工程量计算规则等的变化对照情况，见表6-7。

电气调整试验（编码：040807） 表6-7

序号	版别	项目编码	项目名称	项目特征	工程量计算规则	工作内容
1	13规范	040807001	变压器系统调试	1. 名称； 2. 型号； 3. 容量（kV·A）	按设计图示数量计算（计量单位：系统）	系统调试
2		040807002	供电系统调试	1. 名称； 2. 型号； 3. 电压（kV）	按设计图示数量计算（计量单位：系统）	
3		040807003	接地装置调试	1. 名称； 2. 类别	按设计图示数量计算（计量单位：系统或组）	接地电阻测试
4		040807004	电缆试验	1. 名称； 2. 电压（kV）	按设计图示数量计算（计量单位：次或根、点）	试验

6.1.8　相关问题及说明

（1）本章清单项目工作内容中均未包括土石方开挖及回填、破除混凝土路面等，发生时应按《市政工程工程量计算规范》GB 50857—2013 附录 A 土石方工程及附录 K 拆除工程中相关项目编码列项。

（2）本章清单项目工作内容中均未包括除锈、刷漆（补刷漆除外），发生时应按现行国家标准《通用安装工程工程量计算规范》GB 50856—2013 中相关项目编码列项。

（3）本章清单项目工作内容包含补漆的工序，可不进行特征描述，由投标人根据相关规范标准自行考虑报价。

（4）本章中的母线、电线、电缆、架空导线等，按以下规定计算附加长度（波形长度或预留量）计入工程量中（表 6-8～表 6-12）。

盘、箱、柜的外部进出电线预留长度 表 6-8

项目	预留长度（m/根）	说明
各种箱、柜、盘、板、盒	高＋宽	盘面尺寸
单独安装的铁壳开关、自动开关、刀开关、启动器、箱式电阻器、变阻器	0.5	从安装对象中心算起
继电器、控制开关、信号灯、按钮、熔断器等小电器	0.3	
分支接头	0.2	分支线预留

架空导线预留长度 表 6-9

项目		预留长度（m/根）
高压	转角	2.5
	分支、终端	2.0
低压	分支、终端	0.5
	交叉跳线转角	1.5
与设备连线		0.5
进户线		2.5

电缆敷设预留量及附加长度 表 6-10

项目	预留（附加）长度（m）	说明
电缆敷设弛度、波形弯度、交叉	2.5%	按电缆全长计算
电缆进入建筑物	2.0	规范规定最小值
电缆进入沟内或吊架时引上（下）预留	1.5	规范规定最小值
变电所进线、出线	1.5	规范规定最小值
电力电缆终端头	1.5	检修余量最小值
电缆中间接头盒	两端各留 2.0	检修余量最小值
电缆进控制、保护屏及模拟盘等	高＋宽	按盘面尺寸
高压开关柜及低压配电盘、箱	2.0	盘下进出线
电缆至电动机	0.5	从电动机接线盒算起
厂用变压器	3.0	从地坪算起
电缆绕过梁柱等增加长度	按实计算	按被绕物的断面情况计算增加长度

配线进入箱、柜、板的预留长度（每一根线） 表 6-11

项目	预留长度（m）	说明
各种开关箱、柜、板	高＋宽	盘面尺寸
单独安装（无箱、盘）的铁壳开关、闸刀开关、启动器、线槽进出线盒等	0.3	从安装对象中心算起

项目	预留长度（m）	说明
由地面管子出口引至动力接线箱	1.0	从管口计算
电源与管内导线连接（管内穿线与软、硬母线接点）	1.5	从管口计算

母线配制安装预留长度　　　　　　　　表 6-12

项目	预留长度（m）	说明
带形母线终端	0.3	从最后一个支持点算起
带形母线与分支线连接	0.5	分支线预留
带形母线与设备连接	0.5	从设备端子接口算起
接地母线、引下线附加长度	3.9%	按接地母线、引下线全长计算

6.2　工程量清单编制实例

6.2.1　实例 6-1

1. 背景资料

某桥体护栏灯具安装，如图 6-1 所示。安装所需设备材料，如表 6-13 所示。

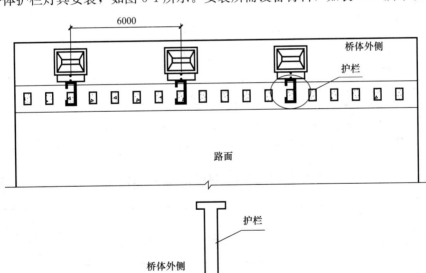

图 6-1　桥体护栏灯具安装

设备材料表

表 6-13

编号	名称	型号及规格	单位	数量	备注
1	灯具	LED投光灯，型号：STL-100AW1/AN1/AC1，220V/25W	套	12	防护等级：IP65
2	抱箍	—40×3扁钢制作	个	—	—
3	螺栓	M6×30	个	1	—
4	螺母	M6	个	1	—
5	垫圈	6	个	1	—
6	金属线槽	由工程设计确定	m	—	—
7	金属软管	由工程设计确定	m	—	—
8	防水日光灯	KX-402，220V/28W	个	25	防护等级：IP40
9	自攻螺钉、塑料胀管	M3、ϕ6	个	—	—
10	镀锌钢管及管卡	DN20	个	—	—

2. 问题

根据以上背景资料及现行国家标准《建设工程工程量清单计价规范》GB 50500—2013、《市政工程工程量计算规范》GB 50857—2013，试列出该桥栏杆照明灯的分部分项工程量清单。

3. 参考答案（表 6-14 和表 6-15）

清单工程量计算表

表 6-14

工程名称：某工程

序号	项目编码	清单项目名称	计算式	工程量合计	计量单位
1	040805005001	桥栏杆照明灯	12套	12	套
2	040805005002	桥栏杆照明灯	15套	25	套

分部分项工程和单价措施项目清单与计价表

表 6-15

工程名称：某工程

序号	项目编码	项目名称	项目特征描述	计量单位	工程量	综合单价	合价	其中暂估价
1	040805005001	桥栏杆照明灯	1. 名称：LED投光灯； 2. 型号：STL-100AW1/AN1/AC1； 3. 规格：25W； 4. 安装形式：落地； 5. 接地要求：按设计要求	套	12			
2	040805005002	桥栏杆照明灯	1. 名称：防水日光灯； 2. 型号：KX-402； 3. 规格：28W； 4. 安装形式：壁装； 5. 接地要求：按设计要求	套	25			

6.2.2 实例6-2

1. 背景资料

某路灯金属灯杆的接地安装图,如图6-2和图6-3所示。安装所用的设备材料,如表6-16所示。

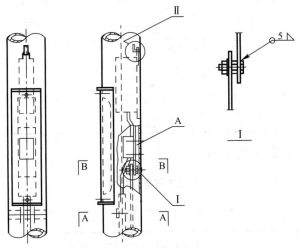

图6-2 金属灯杆的接地安装图

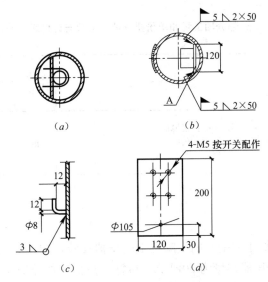

图6-3 金属灯杆的接地剖面图及大样图

(a) A-A; (b) B-B; (c) Ⅱ; (d) Ⓐ

计算结果保留三位小数。

2. 问题

根据以上背景资料及现行国家标准《建设工程工程量清单计价规范》GB 50500—2013、《市政工程工程量计算规范》GB 50857—2013,试列出该路灯接地极项目的分部分项工程量清单。

材料表　　　　表 6-16

编号	名称	型号及规格	单位	数量
1	电子附件箱	与灯具配套	个	1
2	开关	与灯具配套	个	1
5	防雨门	与灯具配套	个	1
4	开关底板	钢板 $\delta = 5mm$，200mm×120mm	块	1
5	管卡	DN40	个	1
6	螺母	M8	个	2
7	扁钢	40×4，3.5m	条	1
8	接地扁钢	25×4，2.8m	条	1
9	螺栓	M10×50	个	1
10	螺母	M10	个	2
11	镇流器挂钩	圆钢 $\phi8$	个	1

3. 参考答案（表 6-17 和表 6-18）

清单工程量计算表　　　　表 6-17

工程名称：某工程

序号	项目编码	清单项目名称	计算式	工程量合计	计量单位
1	040806001001	接地极	接地极采用 1 根—25×4 扁钢。 1 根	1	根

分部分项工程和单价措施项目清单与计价表　　　　表 6-18

工程名称：某工程

序号	项目编码	项目名称	项目特征描述	计量单位	工程量	金额（元）		
						综合单价	合价	其中 暂估价
1	040806001001	接地极	1. 名称：接地极； 2. 材质：角钢； 3. 规格：—25×4	根	1			

6.2.3　实例 6-3

1. 背景资料

某市政新建道路路灯工程配套的一座杆上变压器安装，如图 6-4 所示；安装所需设备材料如表 6-19 所示。变压器容量为 30kVA。单杆，高低压线路方向一致，低压侧经户外配电箱后采用钢管引至架空线。

低压配电箱安装，如图 6-5、图 6-6 所示；安装所需设备材料，如表 6-20 所示。

接地装置做法，如图 6-7 所示；安装所需设备材料，如表 6-21 所示。

2. 问题

根据以上背景资料及现行国家标准《建设工程工程量清单计价规范》GB 50500—2013、《市政工程工程量计算规范》GB 50857—2013，试根据以下要求列出该路灯工程要求计算项目的分部分项工程量清单。

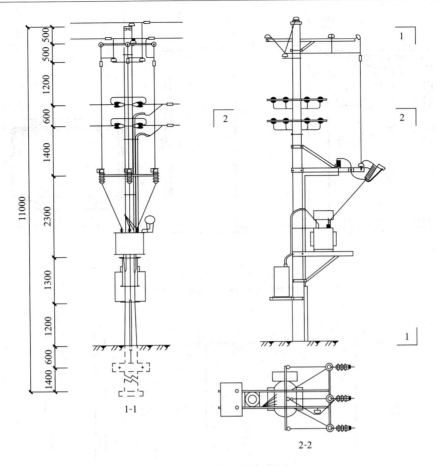

图 6-4　杆上变压器安装图

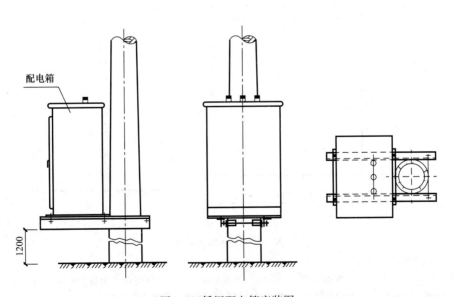

图 6-5　低压配电箱安装图

说明：1. 进出线管头与钢管连接处要用活接头密封接好，不用的进线口要密封防水。2. 零件应热镀锌。

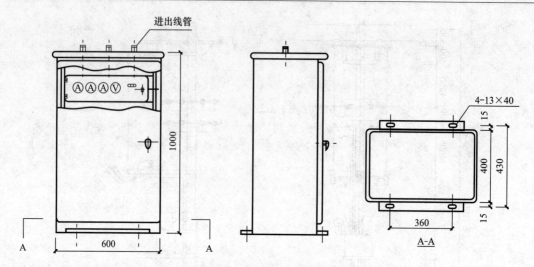

图 6-6　配电箱外形图

箱壳采用不锈钢制作，防护等级 IP33。

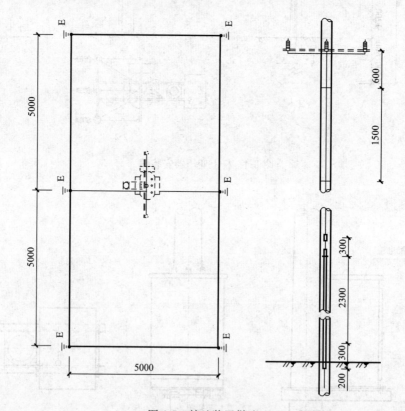

图 6-7　接地装置做法

说明：1. 接地电阻值要求不大于 4Ω。2. 杆上不带电的金属件及设备均须接地；

接地引下线尽量利用杆上抱箍加以固定，但固定点不得超过 1.5m，否则用 φ3.0 镀锌铁线绑于电杆上。

3. 接地体埋深 0.8m。4. 当地形受限制时接地极布置可适当调整，但仍宜敷设成闭合环形。

设备材料表   表 6-19

编号	名称	规格	单位	数量	备注
1	电力变压器	S9-30	台	1	10/0.4kV
2	跌落式熔断器	PRWG1-12F（W）	个	3	100/10A
3	氧化锌避雷器	YH5WS-17/50	个	3	
4	低压配电箱	WBX（T）-1A	个	1	
5	高压引下线	JKV-25	m	36	
6	低压引出线	BV-500-16	m	36	
7	中性线	BV-500-16	m	13	
8	高压针式绝缘子	P-15T	付	11	
9	低压蝶式绝缘子	ED-1	付	16	
10	杆顶支座抱箍（二）		付	1	
11	高压线引下装置		付	1	
12	熔断器避雷器支架		付	1	
13	低压终端横担（二）	L63×6，$l=1500$	付	2	
14	单杆变压器台架		付	1	
15	配电箱固定支架		付	1	
16	电线导管	$DN32$，$\delta=3.25$ 镀锌	m	13	
17	防水弯头	$Dg32$	个	3	
18	钢管固定件		个	3	
19	镀锌铁线	$\phi4.0$	m	10	将变压器系于电杆
20	铜接线端子	DT-□	个	36	其中 DT-25，12 个
21	并沟线夹	JBTL-1；JQT-1	个	18	其中 JBTL-1，12 个
22	卡盘	IP10	个	1	
23	底盘	DP8	个	1	
24	电杆	$\phi170$ 或 $\phi190$；11m	根	1	
25	接地装置		处	1	

（1）不考虑管道挖、填土石方，基础及送配电系统、防雷接地系统调试。

（2）仅计算杆上变压器、低压配电箱、接地装置的工程量。

（3）计算结果保留三位小数。

3. 参考答案（表 6-22 和表 6-23）

6.2.4 实例 6-4

1. 背景资料

某市政道路新建路段的路灯工程灯型，如图 6-8 所示。

已知条件：

（1）落地式成套型照明配电箱 AL，尺寸为 650mm×920mm×300mm，嵌入式安装，10 台。

（2）铜芯电力电缆 YJV-4×25＋1×16 穿线管敷设，电缆长度 3600m（含预留长度）；线管 CPVC63 埋地敷设，同电缆长度；同规格户内热缩式电力电缆终端头 300 个。

（3）灯杆内采用铜芯电力电缆 YJV-1×2.5 穿管敷设，电缆长度 3600m（含预留长度），焊铜接线端子 900 个。

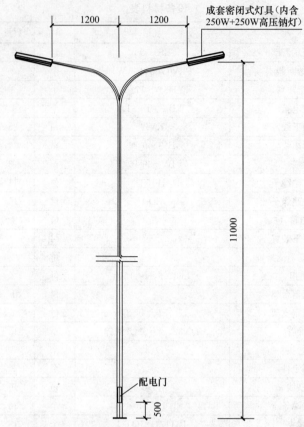

图 6-8　双臂连体路灯灯型图

低压配电箱安装材料表　　　　　　　　　　　　　　　　　表 6-20

编号	名称	规格	单位	数量	备注
1	角钢支架	L63×6，$l=890$	根	2	正反各一根
2	U 形抱铁		个	2	
3	螺栓	M16×350	个	2	
4	螺栓	M10×50	个	4	
5	螺母	M16	个	2	
6	螺母	M10	个	4	
7	垫圈	16	个	4	
8	垫圈	10	个	8	

接地装置安装材料表　　　　　　　　　　　　　　　　　表 6-21

编号	名称	规格	单位	数量	备注
1	接地引下线	GJ-50	m	8	镀锌
2	镀锌铁线	$\phi3.0$	m	13	
3	并沟线夹	JB-1	个	2	
4	接地线	$\phi8$ 圆钢	m	8	
5	连接线	—40×4	m	16	镀锌
6	PVC 硬质管	$DN32.\delta=2.5，l=2600$	根	1	
7	接地体	L50×5，$l=2500$	根	6	镀锌

清单工程量计算表

表 6-22

工程名称：某工程

序号	项目编码	项目名称	计算式	工程量合计	计量单位
1	040801001001	杆上变压器	1	1	台
2	040801008001	杆上配电箱	1	1	台
3	040806001001	接地极	6	6	根
4	040806003001	避雷引下线	8	8	m
5	040806002001	接地母线	16	16	m

分部分项工程和单价措施项目清单与计价表

表 6-23

工程名称：某工程

序号	项目编码	项目名称	项目特征描述	计量单位	工程量	金额（元）		
						综合单价	合价	其中暂估价
1	040801001001	杆上变压器	1. 名称：电力变压器； 2. 型号：S9-30； 3. 容量（kV·A）：30； 4. 电压（kV）：10； 5. 支架材质、规格：按设计要求； 6. 网门、保护门材质、规格：按设计要求； 7. 油过滤要求：按设计要求； 8. 干燥要求：按设计要求	台	1			
2	040801008001	杆上配电箱	1. 名称：低压配电箱； 2. 型号：XRM-305； 3. 规格：1000＋600（高＋宽）； 4. 安装方式：杆上； 5. 支架材质、规格：角钢 L63×6； 6. 接线端子材质、规格：按设计要求； 7. 端子板外部接线材质、规格：按设计要求	台	1			
3	040806001001	接地极	1. 名称：接地极； 2. 材质：角钢； 3. 规格：L50×5	根	6			
4	040806003001	避雷引下线	1. 名称：接地引下线； 2. 材质：钢绞线； 3. 规格：GJ-50； 4. 安装高度：； 5. 安装形式：杆内引线	m	8			
5	040806002001	接地母线	1. 名称：接地母线； 2. 材质：镀锌扁钢； 3. 规格：—40×4	m	16			

（4）双臂路灯安装 150 套，热镀锌灯杆，灯杆高度 11m，双臂悬挑对称式成套灯架，左右挑臂长各为 2m，采用成套密闭型灯具，功率分别为 250W。

（5）灯杆基础采用预制钢筋混凝土基础，基础宽 1.0m，长 1.0m，深 1.6m；每个基础中的 HPB300 级 φ8 钢筋为 10.98kg；每个基础中预埋 4 根地脚螺栓 φ30×1200，重量为 0.45kg。

（6）灯杆均需接地，接地极采用 1 根 L50×5 角钢，长度为 12.5m。

2. 问题

根据以上背景资料及现行国家标准《建设工程工程量清单计价规范》GB 50500—2013、《市政工程工程量计算规范》GB 50857—2013，试根据以下要求列出该路灯工程要求计算项目的分部分项工程量清单。

（1）不考虑管道挖、填土石方，基础及送配电系统、防雷接地系统调试。

（2）仅计算落地式配电箱、电缆、电缆保护管、电缆终端头、常规照明灯、接地极、预制构件钢筋、预埋铁件的工程量。

（3）计算结果保留三位小数。

3. 参考答案（表 6-24 和表 6-25）

清单工程量计算表   表 6-24

工程名称：某工程

序号	项目编码	项目名称	计算式	工程量合计	计量单位
1	04080101001	落地式配电箱	落地式成套型照明配电箱 AL，尺寸为 650mm×920mm×300mm； 10 台	10	台
2	040803001001	电缆	铜芯电缆 YJV-4×25+1×16mm²，含预留长度	3600	m
3	040803001002	电缆	铜芯电缆 1×2.5mm²，含预留长度	3600	m
4	040803002001	电缆保护管	CPVC63 埋地敷设	3600	m
5	040803005001	电缆终端头	户内热缩式钢芯终端头；铜芯电缆 YJV-4×25+1×16mm²	300	个
6	040805001001	常规照明灯	热镀锌灯杆，灯杆高度 11m，双臂悬挑对称式成套灯架，左右挑臂长各为 1.2m，采用成套密闭型灯具，功率分别为 250W。	150	套
7	040806001001	接地极	接地极采用 1 根 L50×5 角钢。	12.5	m
8	040901002001	预制构件钢筋	10.98×150/1000＝1.647（t）	1.647	t
9	040901009001	预埋铁件	0.45×150/1000＝0.068（t）	0.068	t

分部分项工程和单价措施项目清单与计价表   表 6-25

工程名称：某工程

序号	项目编码	项目名称	项目特征描述	计量单位	工程量	综合单价	合价	其中暂估价
							金额（元）	
						综合单价	合价	其中暂估价
			路灯工程					
1	04080101001	落地式配电箱	1. 名称：落地式成套型照明配电箱； 2. 规格：650mm×920mm×300mm； 3. 基础形式、材质、规格：按设计要求； 4. 接线端子材质、规格：按设计要求； 5. 端子板外部接线材质、规格：按设计要求	台	10			

续表

序号	项目编码	项目名称	项目特征描述	计量单位	工程量	金额（元）		
						综合单价	合价	其中 暂估价
			路灯工程					
2	040803001001	电缆	1. 名称：聚乙烯绝缘聚氯乙烯护套铜芯电力电缆； 2. 型号：YJV； 3. 规格：4×25+1×16mm²； 4. 材质：铜芯； 5. 敷设方式、部位：埋地敷设、线管内； 6. 电压（kV）：0.6	m	3600			
3	040803001002	电缆	铜芯电缆1×2.5mm²，含预留长度 1. 名称：聚乙烯绝缘聚氯乙烯护套铜芯电力电缆； 2. 型号：YJV； 3. 规格：1×2.5mm²； 4. 材质：铜芯； 5. 敷设方式、部位：灯杆内； 6. 电压（kV）：0.6	m	3600			
4	040803002001	电缆保护管	1. 名称：电缆保护管； 2. 规格：φ63； 3. 材质：CPVC； 4. 敷设方式：埋地敷设	m	3600			
5	040803005001	电缆终端头	1. 名称：户内热缩式钢芯终端头； 2. 型号：YJV； 3. 规格：4×25+1×16mm²； 4. 材质、类型：铜芯电缆； 5. 安装部位：埋地敷设； 6. 电压（kV）：0.6	个	300			
6	040805001001	常规照明灯	1. 名称：路灯； 2. 灯杆材质、高度：热镀锌灯杆，灯杆高度11m； 3. 灯架形式及臂长：双臂悬挑对称式成套灯架，左右挑臂长各为1.2m； 4. 光源数量：2×250W； 5. 接线端子材质、规格：焊铜接线端子、规格详见设计	套	150			
7	040806001001	接地极	1. 名称：接地极； 2. 材质：角钢； 3. 规格：L50×5	m	12.5			

续表

序号	项目编码	项目名称	项目特征描述	计量单位	工程量	金额（元）		
						综合单价	合价	其中
								暂估价
措施项目								
8	040901002001	预制构件钢筋	1. 钢筋种类：HPB300； 2. 钢筋规格：$\phi 8$	t	1.647			
9	040901009001	预埋铁件	1. 材料种类：地脚螺栓； 2. 材料规格：$\phi 30 \times 1200$	t	0.068			

7 钢筋工程、拆除工程与措施项目

《市政工程工程量计算规范》GB 50857—2013（以下简称"13规范"）、《建设工程工程量清单计价规范》GB 50500—2008（以下简称"08规范"）。"13规范"在项目编码、项目名称、项目特征、计量单位、工程量计算规则、工作内容等方面，均有变化。

1. 钢筋工程

（1）清单项目变化

"13规范"在"08规范"的基础上，钢筋工程将原"非预应力钢筋"调整为"现浇构件钢筋"。增加"预制构件钢筋"、"钢筋网片"、"钢筋笼"、"植筋"和"高强螺栓"5个项目。

（2）应注意的问题

"13规范"明确有关钢筋搭接和支撑的工程量计算规则。

2. 拆除工程

（1）清单项目变化

"13规范"在"08规范"的基础上，拆除工程增加"铣刨路面"、"拆除井"、"拆除电杆"和"拆除电杆"4个项目、删除"伐树、挖树兜"1个项目。

（2）应注意的问题

1）发生"伐树、挖树兜"项目时，按《园林绿化工程工程量计算规范》GB 50858—2013相应项目编码列项。

2）删除"08规范"工程量计算规则中有关"施工组织设计计算"的内容。

3. 措施项目

（1）清单项目变化

"13规范"在"08规范"的基础上，措施项目新增66个项目，具体如下：

1）脚手架工程：包括墙面脚手架、柱面脚手架、仓面脚手、沉井脚手架和井字架共5个项目。

2）混凝土模板及支架：包括垫层模板、基础模板、承台模板、墩（台）帽模板、墩（台）身模板等现浇混凝土模板37个项目；设备螺栓套1个项目；水上桩基础支架平台和桥涵支架2个项目，共计40个项目。

3）围堰：包括围堰、筑岛2个项目。

4）便道及便桥：包括便道、便桥2个项目。

5）洞内临时设施：包括洞内通风设施、洞内供水设施、洞内供电及照明设施、洞内通信设施和洞内外轨道铺设共5个项目。

6）大型机械设备进出场及安拆：包括大型机械设备进出场及安拆1个项目。

7）施工排水、降水：包括成井和排水、降水2个项目。

8）处理、监测、监控项目：包括地下管线交叉处理和施工监测、监控2个项目。

9）安全文明施工及其他措施项目：包括安全文明施工、夜间施工、二次搬运、冬雨期施工等 7 个项目。

10）删除"08 规范"中"驳岸块石清理"的措施项目。

（2）应注意的问题

1）"13 规范"明确规定了现浇混凝土模板根据混凝土与模板接触面积或混凝土的实体积分别以"m²"或"m³"为计量单位计算相应的工程量。

2）以"m³"为计量单位，模板工程不再单列，按混凝土及钢筋混凝土实体项目执行，综合单价中应包含模板费用。

3）以"m²"计量单位，模板工程量按模板与现浇混凝土构件的接触面积计算，按措施项目清单列项。

4）编制工程量清单时，应注明模板的计量方式，在同一个混凝土工程中的模板项目不得同时使用两种计量方式。

5）"13 规范"在其他有关问题的说明中规定了措施项目若无相关设计方案，其工程数量可为暂估量，在办理结算时，按经批准的施工组织设计方案计算。

7.1 钢筋工程

钢筋工程工程量清单项目设置、项目特征描述的内容、计量单位及工程量计算规则等的变化对照情况，见表 7-1。

钢筋工程（编码：040901）　　　　　　　　　　　　　表 7-1

序号	版别	项目编码	项目名称	项目特征	工程量计算规则	工作内容
1	13 规范	040901001	现浇构件钢筋	1. 钢筋种类； 2. 钢筋规格	按设计图示尺寸以质量计算（计量单位：t）	1. 制作； 2. 运输； 3. 安装
	08 规范	040701002	非预应力钢筋	1. 材质； 2. 部位		1. 张拉台座制作、安装、拆除； 2. 钢筋及钢丝束制作、张拉
	说明：项目名称修改为"现浇构件钢筋"。项目特征描述新增"钢筋种类"和"钢筋规格"，删除原来的"材质"和"部位"。工作内容新增"运输"，将原来的"张拉台座制作、安装、拆除"修改为"制作"和"安装"，删除原来的"钢筋及钢丝束制作、张拉"						
2	13 规范	040901002	预制构件钢筋	1. 钢筋种类； 2. 钢筋规格	按设计图示尺寸以质量计算（计量单位：t）	1. 制作； 2. 运输； 3. 安装
	08 规范	—				
	说明：各项目内容未做修改						
3	13 规范	040901003	钢筋网片	1. 钢筋种类； 2. 钢筋规格	按设计图示尺寸以质量计算（计量单位：t）	1. 制作； 2. 运输； 3. 安装
	08 规范	—				
	说明：各项目内容未做修改						

续表

序号	版别	项目编码	项目名称	项目特征	工程量计算规则	工作内容
4	13规范	040901004	钢筋笼	1. 钢筋种类； 2. 钢筋规格	按设计图示尺寸以质量计算（计量单位：t）	1. 制作； 2. 运输； 3. 安装
	08规范	—	—	—	—	—
	说明：各项目内容未做修改					
5	13规范	040901005	先张法预应力钢筋（钢丝、钢绞线）	1. 部位； 2. 预应力筋种类； 3. 预应力筋规格	按设计图示尺寸以质量计算（计量单位：t）	1. 张拉台座制作、安装、拆除； 2. 预应力筋制作、张拉
	08规范	040701003	先张法预应力钢筋	1. 材质； 2. 直径； 3. 部位		1. 钢丝束孔道制作、安装； 2. 锚具安装； 3. 钢筋、钢丝束制作、张拉； 4. 孔道压浆
	说明：项目名称扩展为"先张法预应力钢筋（钢丝、钢绞线）"。项目特征描述新增"预应力筋种类"和"预应力筋规格"，删除原来的"材质"和"直径"。工作内容新增"张拉台座制作、安装、拆除"和"预应力筋制作、张拉"，删除原来的"钢丝束孔道制作、安装"、"锚具安装"、"钢筋、钢丝束制作、张拉"和"孔道压浆"					
6	13规范	040901006	后张法预应力钢筋（钢丝束、钢绞线）	1. 部位； 2. 预应力筋种类； 3. 预应力筋规格； 4. 锚具种类、规格； 5. 砂浆强度等级； 6. 压浆管材质、规格	按设计图示尺寸以质量计算（计量单位：t）	1. 预应力筋孔道制作、安装； 2. 锚具安装； 3. 预应力筋制作、张拉； 4. 安装压浆管道； 5. 孔道压浆
	08规范	040701004	后张法预应力钢筋	1. 材质； 2. 直径； 3. 部位		1. 钢丝束孔道制作、安装； 2. 锚具安装； 3. 钢筋、钢丝束制作、张拉； 4. 孔道压浆
	说明：项目名称扩展为"后张法预应力钢筋（钢丝束、钢绞线）"。项目特征描述新增"预应力筋种类"、"预应力筋规格"、"锚具种类、规格"、"砂浆强度等级"和"压浆管材质、规格"，删除原来的"材质"和"直径"。工作内容新增"预应力筋孔道制作、安装"、"预应力筋制作、张拉"和"安装压浆管道"，删除原来的"钢丝束孔道制作、安装"和"钢筋、钢丝束制作、张拉"					
7	13规范	040901007	型钢	1. 材料种类； 2. 材料规格	按设计图示尺寸以质量计算（计量单位：t）	1. 制作； 2. 运输； 3. 安装、定位
	08规范	040701005	型钢	1. 材质； 2. 规格； 3. 部位		
	说明：项目特征描述新增"材料种类"，将原来的"规格"扩展为"材料规格"，删除原来的"材质"和"部位"					

续表

序号	版别	项目编码	项目名称	项目特征	工程量计算规则	工作内容
8	13规范	040901008	植筋	1. 材料种类； 2. 材料规格； 3. 植入深度； 4. 植筋胶品种	按设计图示数量计算（计量单位：根）	1. 定位、钻孔、清孔； 2. 钢筋加工成型； 3. 注胶、植筋； 4. 抗拔试验； 5. 养护
	08规范	—	—	—	—	—
	说明：新增项目内容					
9	13规范	040901009	预埋铁件	1. 材料种类； 2. 材料规格	按设计图示尺寸以质量计算（计量单位：t）	1. 制作； 2. 运输； 3. 安装
	08规范	040701001	预埋铁件	1. 材质； 2. 规格	按设计图示尺寸以质量计算（计量单位：kg）	制作、安装
	说明：项目特征描述新增"材料种类"，将原来的"规格"扩展为"材料规格"，删除原来的"材质"。工程量计算规则将原来的"kg"修改为"t"。工作内容新增"运输"，将原来的"制作、安装"拆分为"制作"和"安装"					
10	13规范	040901010	高强螺栓	1. 材料种类； 2. 材料规格	1. 按设计图示尺寸以质量计算（计量单位：t）； 2. 按设计图示数量计算（计量单位：套）	1. 制作； 2. 运输； 3. 安装
	08规范	—	—	—	—	—
	说明：新增项目内容					

注：1. 现浇构件中伸出构件的锚固钢筋、预制构件的吊钩和固定位置的支撑钢筋等，应并入钢筋工程量内。除设计标明的搭接外，其他施工搭接不计算工程量，由投标人在报价中综合考虑。
2. 钢筋工程所列"型钢"是指劲性骨架的型钢部分。
3. 凡型钢与钢筋组合（除预埋铁件外）的钢格栅，应分别列项。

7.2 拆除工程

拆除工程工程量清单项目设置、项目特征描述的内容、计量单位及工程量计算规则等的变化对照情况，见表7-2。

拆除工程（编码：041001） 表7-2

序号	版别	项目编码	项目名称	项目特征	工程量计算规则	工作内容
1	13规范	041001001	拆除路面	1. 材质； 2. 厚度	按拆除部位以面积计算（计量单位：m²）	1. 拆除、清理； 2. 运输
	08规范	040801001	拆除路面		按施工组织设计或设计图示尺寸以面积计算（计量单位：m²）	
	说明：工程量计算规则将原来的"按施工组织设计或设计图示尺寸以面积计算"简化为"按拆除部位以面积计算"					

序号	版别	项目编码	项目名称	项目特征	工程量计算规则	工作内容
2	13规范	041001002	拆除人行道	1. 材质；2. 厚度	按拆除部位以面积计算（计量单位：m²）	1. 拆除、清理；2. 运输
	08规范	040801003	拆除人行道		按施工组织设计或设计图示尺寸以面积计算（计量单位：m²）	
	说明：工程量计算规则将原来的"按施工组织设计或设计图示尺寸以面积计算"简化为"按拆除部位以面积计算"						
3	13规范	041001003	拆除基层	1. 材质；2. 厚度；3. 部位	按拆除部位以面积计算（计量单位：m²）	1. 拆除、清理；2. 运输
	08规范	040801002	拆除基层	1. 材质；2. 厚度	按施工组织设计或设计图示尺寸以面积计算（计量单位：m²）	1. 拆除；2. 运输
	说明：项目特征描述新增"部位"。工程量计算规则将原来的"按施工组织设计或设计图示尺寸以面积计算"简化为"按拆除部位以面积计算"。工作内容将原来的"拆除"扩展为"拆除、清理"						
4	13规范	041001004	铣刨路面	1. 材质；2. 结构形式；3. 厚度	按拆除部位以面积计算（计量单位：m²）	1. 拆除、清理；2. 运输
	08规范	—				
	说明：新增项目内容						
5	13规范	041001005	拆除侧、平（缘）石	材质	按拆除部位以延长米计算（计量单位：m）	1. 拆除、清理；2. 运输
	08规范	040801004	拆除侧缘石		按施工组织设计或设计图示尺寸以延长米计算（计量单位：m）	1. 拆除；2. 运输
	说明：项目名称扩展为"拆除侧、平（缘）石"。工程量计算规则将原来的"按施工组织设计或设计图示尺寸以延长米计算"简化为"按拆除部位以延长米计算"。工作内容将原来的"拆除"扩展为"拆除、清理"						
6	13规范	041001006	拆除管道	1. 材质；2. 管径	按拆除部位以延长米计算（计量单位：m）	1. 拆除、清理；2. 运输
	08规范	040801005	拆除管道		按施工组织设计或设计图示尺寸以延长米计算（计量单位：m）	1. 拆除；2. 运输
	说明：工程量计算规则将原来的"按施工组织设计或设计图示尺寸以延长米计算"简化为"按拆除部位以延长米计算"。工作内容将原来的"拆除"扩展为"拆除、清理"						

序号	版别	项目编码	项目名称	项目特征	工程量计算规则	工作内容
7	13 规范	041001007	拆除砖石结构	1. 结构形式; 2. 强度等级	按拆除部位以体积计算（计量单位：m³）	1. 拆除、清理; 2. 运输
	08 规范	040801006	拆除砖石结构	1. 结构形式; 2. 强度	按施工组织设计或设计图示尺寸以体积计算（计量单位：m³）	1. 拆除; 2. 运输
	说明：项目特征说明将原来的"强度"扩展为"强度等级"。工程量计算规则将原来的"按施工组织设计或设计图示尺寸以延长米计算"简化为"按拆除部位以延长米计算"。工作内容将原来的"拆除"扩展为"拆除、清理"						
8	13 规范	041001008	拆除混凝土结构	1. 结构形式; 2. 强度等级	按拆除部位以体积计算（计量单位：m³）	1. 拆除、清理; 2. 运输
	08 规范	040801007	拆除混凝土结构	1. 结构形式; 2. 强度	按施工组织设计或设计图示尺寸以体积计算（计量单位：m³）	1. 拆除; 2. 运输
	说明：项目特征说明将原来的"强度"扩展为"强度等级"。工程量计算规则将原来的"按施工组织设计或设计图示尺寸以延长米计算"简化为"按拆除部位以延长米计算"。工作内容将原来的"拆除"扩展为"拆除、清理"						
9	13 规范	041001009	拆除井	1. 结构形式; 2. 规格尺寸; 3. 强度等级	按拆除部位以数量计算（计量单位：座）	1. 拆除、清理; 2. 运输
	08 规范	—	—	—	—	—
	说明：新增项目内容						
10	13 规范	041001010	拆除电杆	1. 结构形式; 2. 规格尺寸	按拆除部位以数量计算（计量单位：根）	1. 拆除、清理; 2. 运输
	08 规范	—	—	—	—	—
	说明：新增项目内容						
11	13 规范	041001011	拆除管片	1. 材质; 2. 部位	按拆除部位以数量计算（计量单位：处）	1. 拆除、清理; 2. 运输
	08 规范	—	—	—	—	—
	说明：新增项目内容						

注：1. 拆除路面、人行道及管道清单项目的工作内容中均不包括基础及垫层拆除，发生时按本章相应清单项目编码列项。

2. 伐树、挖树苑应按现行国家标准《园林绿化工程工程量计算规范》GB 50858—2013 中相应清单项目编码列项。

7.3 措施项目

7.3.1 脚手架工程

脚手架工程工程量清单项目设置、项目特征描述的内容、计量单位及工程量计算规则等的变化对照情况，见表7-3。

脚手架工程（编码：041101）　　　　　　　　　　　　表7-3

序号	版别	项目编码	项目名称	项目特征	工程量计算规则	工作内容
1	13规范	041101001	墙面脚手架	墙高	按墙面水平边线长度乘以墙面砌筑高度计算（计量单位：m²）	1. 清理场地； 2. 搭设、拆除脚手架、安全网； 3. 材料场内外运输
2		041101002	柱面脚手架	1. 柱高； 2. 柱结构外围周长	按柱结构外围周长乘以柱砌筑高度计算（计量单位：m²）	
3		041101003	仓面脚手架	1. 搭设方式； 2. 搭设高度	按仓面水平面积计算（计量单位：m²）	
4		041101004	沉井脚手架	沉井高度	按井壁中心线周长乘以井高计算（计量单位：m²）	
5		041101005	井字架	井深	按设计图示数量计算（计量单位：座）	1. 清理场地； 2. 搭、拆井字架； 3. 材料场内外运输

注：各类井的井深按井底基础以上至井盖顶的高度计算。

7.3.2 混凝土模板及支架

混凝土模板及支架工程量清单项目设置、项目特征描述的内容、计量单位及工程量计算规则等的变化对照情况，见表7-4。

混凝土模板及支架（编码：041102）　　　　　　　　表7-4

序号	版别	项目编码	项目名称	项目特征	工程量计算规则	工作内容
1	13规范	041102001	垫层模板	构件类型	按混凝土与模板接触面的面积计算（计量单位：m²）	1. 模板制作、安装、拆除、整理、堆放； 2. 模板粘接物及模内杂物清理、刷隔离剂； 3. 模板场内外运输及维修
2		041102002	基础模板			
3		041102003	承台模板			
4		041102004	墩（台）帽模板	1. 构件类型； 2. 支模高度		
5		041102005	墩（台）身模板			

续表

序号	版别	项目编码	项目名称	项目特征	工程量计算规则	工作内容
6	13规范	041102006	支撑梁及横梁模板		按混凝土与模板接触面的面积计算（计量单位：m²）	
7		041102007	墩（台）盖梁模板			
8		041102008	拱桥拱座模板			
9		041102009	拱桥拱肋模板	1. 构件类型；2. 支模高度		
10		041102010	拱上构件模板			
11		041102011	箱梁模板			
12		041102012	柱模板			
13		041102013	梁模板			1. 模板制作、安装、拆除、整理、堆放；2. 模板粘接物及模内杂物清理、刷隔离剂；3. 模板场内外运输及维修
14		041102014	板模板			
15		041102015	板梁模板			
16		041102016	板拱模板			
17		041102017	挡墙模板			
18		041102018	压顶模板			
19		041102019	防撞护栏模板	构件类型	按混凝土与模板接触面的面积计算（计量单位：m²）	
20		041102020	楼梯模板			
21		041102021	小型构件模板			
22		041102022	箱涵滑（底）板模板			
23	13规范	041102023	箱涵侧墙模板	1. 构件类型；2. 支模高度		
24		041102024	箱涵顶板模板			
25		041102025	拱部衬砌模板	1. 构件类型；2. 衬砌厚度；3. 拱跨径		
26		041102026	边墙衬砌模板			
27		041102027	竖井衬砌模板	1. 构件类型；2. 壁厚		
28		041102028	沉井井壁（隔墙）模板	1. 构件类型；2. 支模高度	按混凝土与模板接触面的面积计算（计量单位：m²）	1. 模板制作、安装、拆除、整理、堆放；
29		041102029	沉井顶板模板			
30		041102030	沉井底板模板	构件类型		

续表

序号	版别	项目编码	项目名称	项目特征	工程量计算规则	工作内容
31	13规范	041102031	管(渠)道平基模板	构件类型	按混凝土与模板接触面的面积计算(计量单位：m²)	2.模板粘接物及模内杂物清理、刷隔离剂； 3.模板场内外运输及维修
32		041102032	管(渠)道管座模板			
33		041102033	井顶(盖)板模板			
34		041102034	池底模板			
35		041102035	池壁(隔墙)模板	1.构件类型； 2.支模高度		
36		041102036	池盖模板			
37		041102037	其他现浇构件模板	构件类型		
38		041102038	设备螺栓套	螺栓套孔深度	按设计图示数量计算(计量单位：个)	
39		041102039	水上桩基础支架、平台	1.位置； 2.材质； 3.桩类型	按支架、平台搭设的面积计算(计量单位：m²)	1.支架、平台基础处理； 2.支架、平台的搭设、使用及拆除； 3.材料场内外运输
40		041102040	桥涵支架	1.部位； 2.材质； 3.支架类型	按支架搭设的空间体积计算(计量单位：m³)	1.支架地基处理； 2.支架的搭设、使用及拆除； 3.支架预压； 4.材料场内外运输

注：原槽浇灌的混凝土基础、垫层不计算模板。

7.3.3 围堰

围堰工程量清单项目设置、项目特征描述的内容、计量单位及工程量计算规则等的变化对照情况，见7-5。

围堰（编码：041103） 表7-5

序号	版别	项目编码	项目名称	项目特征	工程量计算规则	工作内容
1	13规范	041103001	围堰	1.围堰类型； 2.围堰顶宽及底宽； 3.围堰高度； 4.填心材料	1.以立方米计量，按设计图示围堰体积计算(计量单位：m³)； 2.以米计量，按设计图示围堰中心线长度计算(计量单位：m)	1.清理基底； 2.打、拔工具桩； 3.堆筑、填心、夯实； 4.拆除清理； 5.材料场内外运输
2		041103002	筑岛	1.筑岛类型； 2.筑岛高度； 3.填心材料	按设计图示筑岛体积计算(计量单位：m³)	1.清理基底； 2.堆筑、填心、夯实； 3.拆除清理

7.3.4 便道及便桥

便道及便桥工程量清单项目设置、项目特征描述的内容、计量单位及工程量计算规则等的变化对照情况，见表 7-6。

便道及便桥（编码：041104） 表 7-6

序号	版别	项目编码	项目名称	项目特征	工程量计算规则	工作内容
1	13规范	041104001	便道	1. 结构类型； 2. 材料种类； 3. 宽度	按设计图示尺寸以面积计算（计量单位：m²）	1. 平整场地； 2. 材料运输、铺设、夯实； 3. 拆除、清理
2		041104002	便桥	1. 结构类型； 2. 材料种类； 3. 跨径； 4. 宽度	按设计图示数量计算（计量单位：座）	1. 清理基底； 2. 材料运输、便桥搭设； 3. 拆除、清理

7.3.5 洞内临时设施

洞内临时设施工程量清单项目设置、项目特征描述的内容、计量单位及工程量计算规则等的变化对照情况，见表 7-7。

洞内临时设施（编码：041105） 表 7-7

序号	版别	项目编码	项目名称	项目特征	工程量计算规则	工作内容
1	13规范	041105001	洞内通风设施	1. 单孔隧道长度； 2. 隧道断面尺寸； 3. 使用时间； 4. 设备要求	按设计图示隧道长度以延长米计算（计量单位：m）	1. 管道铺设； 2. 线路架设； 3. 设备安装； 4. 保养维护； 5. 拆除、清理； 6. 材料场内外运输
2		041105002	洞内供水设施			
3		041105003	洞内供电及照明设施			
4		041105004	洞内通信设施			
5		041105005	洞内外轨道铺设	1. 单孔隧道长度； 2. 隧道断面尺寸； 3. 使用时间； 4. 轨道要求	按设计图示轨道铺设长度以延长米计算（计量单位：m）	1. 轨道及基础铺设； 2. 保养维护； 3. 拆除、清理； 4. 材料场内外运输

注：设计注明轨道铺设长度的，按设计图示尺寸计算；设计未注明时可按设计图示隧道长度以延长米计算，并注明洞外轨道铺设长度由投标人根据施工组织设计自定。

7.3.6 大型机械设备进出场及安拆

大型机械设备进出场及安拆工程量清单项目设置、项目特征描述的内容、计量单位及工程量计算规则等的变化对照情况，见表 7-8。

大型机械设备进出场及安拆（编码：041106）　　　　　　表 7-8

序号	版别	项目编码	项目名称	项目特征	工程量计算规则	工作内容
1	13规范	041106001	大型机械设备进出场及安拆	1. 机械设备名称； 2. 机械设备规格型号	按使用机械设备的数量计算（计量单位：台·次）	1. 安拆费包括施工机械、设备在现场进行安装拆卸所需人工、材料、机械和试运转费用以及机械辅助设施的折旧、搭设、拆除等费用； 2. 进出场费包括施工机械、设备整体或分体自停放地点运至施工现场或由一施工地点运至另一施工地点所发生的运输、装卸、辅助材料等费用

7.3.7　施工排水、降水

施工排水、降水工程量清单项目设置、项目特征描述的内容、计量单位及工程量计算规则等的变化对照情况，见表 7-9。

施工排水、降水（编码：041107）　　　　　　表 7-9

序号	版别	项目编码	项目名称	项目特征	工程量计算规则	工作内容
1	13规范	041107001	成井	1. 成井方式； 2. 地层情况； 3. 成井直径； 4. 井（滤）管类型、直径	按设计图示尺寸以钻孔深度计算（计量单位：m）	1. 准备钻孔机械、埋设护筒、钻机就位；泥浆制作、固壁；成孔、出渣、清孔等； 2. 对接上、下井管（滤管），焊接，安放，下滤料，洗井，连接试抽等
2		041107002	排水、降水	1. 机械规格型号； 2. 降排水管规格	按排、降水日历天数计算（计量单位：昼夜）	1. 管道安装、拆除，场内搬运等； 2. 抽水、值班、降水设备维修等

注：相应专项设计不具备时，可按暂估量计算。

7.3.8　处理、监测、监控

处理、监测、监控工程量清单项目设置、工作内容及包含范围，应按表 7-10。

处理、监测、监控（编码：041108）　　　　　　表 7-10

序号	版别	项目编码	项目名称	工作内容及包含范围
1	13规范	041108001	地下管线交叉处理	1. 悬吊； 2. 加固； 3. 其他处理措施
2		041108002	施工监测、监控	1. 对隧道洞内施工时可能存在的危害因素进行检测； 2. 对明挖法、暗挖法、盾构法施工的区域等进行周边环境监测； 3. 对明挖基坑围护结构体系进行监测； 4. 对隧道的围岩和支护进行监测； 5. 盾构法施工进行监控测量

注：地下管线交叉处理指施工过程中对现有施工场地范围内各种地下交叉管线进行加固及处理所发生的费用，但不包括地下管线或设施改、移发生的费用。

7.3.9 安全文明施工及其他措施项目

安全文明施工及其他措施项目工程量清单项目设置、工作内容及包含范围，应按表 7-11 的规定执行。

安全文明施工及其他措施项目（041109） 表 7-11

序号	版别	项目编码	项目名称	工作内容及包含范围
1		041109001	安全文明施工	1. 环境保护：施工现场为达到环保部门要求所需要的各项措施。包括施工现场为保持工地清洁、控制扬尘、废弃物与材料运输的防护、保证排水设施通畅、设置密闭式垃圾站、实现施工垃圾与生活垃圾分类存放等环保措施；其他环境保护措施； 2. 文明施工：根据相关规定在施工现场设置企业标志、工程项目简介牌、工程项目责任人员姓名牌、安全六大纪律牌、安全生产记录牌、十项安全技术措施牌、防火须知牌、卫生须知牌及工地施工总平面布置图、安全警示标志牌，施工现场围挡以及为符合场容场貌、材料堆放、现场防火等要求采取的相应措施；其他文明施工措施； 3. 安全施工：根据相关规定设置安全防护设施、现场物料提升架与卸料平台的安全防护设施、垂直交叉作业与高空作业安全防护设施、现场设置安防监控系统设施、现场机械设备（包括电动工具）的安全保护与作业场所和临时安全疏散通道的安全照明与警示设施等；其他安全防护措施； 4. 临时设施：施工现场临时宿舍、文化福利及公用事业房屋与构筑物、仓库、办公室、加工厂、工地实验室以及规定范围内的道路、水、电、管线等临时设施和小型临时设施等的搭设、维修、拆除、周转；其他临时设施搭设、维修、拆除
2	13规范	041109002	夜间施工	1. 夜间固定照明灯具和临时可移动照明灯具的设置、拆除； 2. 夜间施工时，施工现场交通标志、安全标牌、警示灯等的设置、移动、拆除； 3. 夜间照明设备及照明用电、施工人员夜班补助、夜间施工劳动效率降低等
3		041109003	二次搬运	由于施工场地条件限制而发生的材料、成品、半成品一次运输不能到达堆积地点，必须进行的二次或多次搬运
4		041109004	冬雨季施工	1. 冬雨季施工时增加的临时设施（防寒保温、防雨设施）的搭设、拆除； 2. 冬雨季施工时对砌体、混凝土等采用的特殊加温、保温和养护措施； 3. 冬雨季施工时施工现场的防滑处理、对影响施工的雨雪的清除； 4. 冬雨季施工时增加的临时设施、施工人员的劳动保护用品、冬雨季施工劳动效率降低等
5		041109005	行车、行人干扰	1. 由于施工受行车、行人干扰的影响，导致人工、机械效率降低而增加的措施； 2. 为保证行车、行人的安全，现场增设维护交通与疏导人员而增加的措施
6		041109006	地上、地下设施、建筑物的临时保护设施	在工程施工过程中，对已建成的地上、地下设施和建筑物进行的遮盖、封闭、隔离等必要保护措施所发生的人工和材料
7		041109007	已完工程及设备保护	对已完工程及设备采取的覆盖、包裹、封闭、隔离等必要保护措施所发生的人工和材料

注：本表所列项目应根据工程实际情况计算措施项目费用，需分摊的应合理计算摊销费用。

7.3.10　相关问题及说明

编制工程量清单时，若设计图纸中有措施项目的专项设计方案时，应按措施项目清单中有关规定描述其项目特征，并根据工程量计算规则计算工程量；若无相关设计方案，其工程数量可为暂估量，在办理结算时，按经批准的施工组织设计方案计算。

7.4　工程量清单编制实例

7.4.1　实例 7-1

1. 背景资料

某市政道路水泥路面设有平箅式雨水口 100 处，其面层配筋如图 7-1 和图 7-2 所示。钢筋采用 HPB235 级钢筋，间距为 100mm。钢筋之间绑扎固定，需满足相关规范要求。单个雨水口所用钢筋数量，如表 7-12 所示。

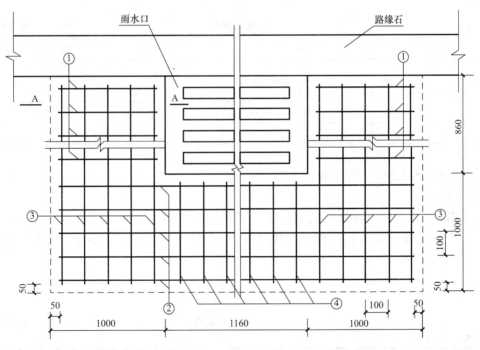

图 7-1　水泥路面平箅式雨水口处面层配筋平面布置图

计算说明：

（1）图中面层厚度为 200mm（即水泥混凝土板厚）采用 C30 现浇混凝土。

（2）图中虚线仅示意配筋范围，不设接缝。

（3）钢筋末端采用 180°弯钩形式，弯后平直段长度不小于 3d（d 为钢筋直径，单位 mm）。

（4）不计钢筋搭接长、弯折延伸率。钢筋重量计算数据：ϕ12 为 0.888kg/m。

（5）仅计算该道路雨水口处面层配筋工程量。

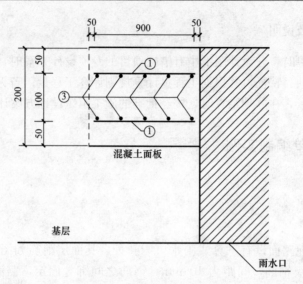

图 7-2　水泥路面平算式雨水口处面层配筋 A—A 断面图

钢筋数量表　　　　　　　　　　　表 7-12

钢筋编号	直径	根数	单根长度（mm）
①	$\phi 12$	36	1001
②	$\phi 12$	20	3161
③	$\phi 12$	40	1861
④	$\phi 12$	22	1001

（6）计算结果保留三位小数。

2. 问题

根据以上背景资料及现行国家标准《建设工程工程量清单计价规范》GB 50500—2013、《市政工程工程量计算规范》GB 50857—2013，试列出该道路雨水口处面层钢筋分部分项工程量清单。

3. 参考答案（表 7-13 和表 7-14）

清单工程量计算表　　　　　　　　　　　表 7-13

工程名称：某工程

序号	项目编码	清单项目名称	计算式	工程量合计	计量单位
1	040901001001	现浇构件钢筋	单个雨水口面层配筋工程量： ① 号钢筋：$36 \times 1.001 \times 0.888/1000 = 0.032$（t） ② 号钢筋：$20 \times 3.161 \times 0.888/1000 = 0.0561$（t） ③ 号钢筋：$40 \times 1.861 \times 0.888/1000 = 0.0661$（t） ④ 号钢筋：$22 \times 1.001 \times 0.888/1000 = 0.0196$（t） 小计：$0.032 + 0.0561 + 0.0661 + 0.0196 = 0.1738$（t） 100 个雨水口面层配筋工程量： $0.1738 \times 100 = 17.38$（t）	17.38	t

分部分项工程和单价措施项目清单与计价表　　　　表 7-14

工程名称：某工程

序号	项目编码	项目名称	项目特征描述	计量单位	工程量	金额（元）		
						综合单价	合价	其中
								暂估价
1	040901001001	现浇构件钢筋	1. 钢筋种类：HPB235； 2. 钢筋规格：$\phi12$	t	17.38			

7.4.2 实例 7-2

1. 背景资料

某市政道路水泥路面排水工程设有砖砌圆形检查井 130 座，该检查井处面层配筋如图 7-3 和图 7-4 所示。钢筋采用 HPB235 级 $\phi12$ 钢筋，间距为 100mm。钢筋之间绑扎固定，需满足相关规范要求。单个雨水口所用钢筋数量，如表 7-15 所示。

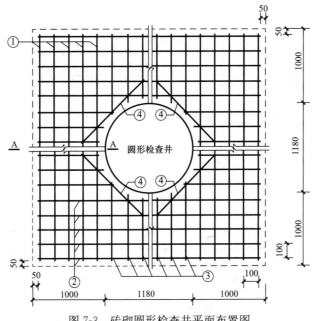

图 7-3　砖砌圆形检查井平面布置图

2. 问题

根据以上背景资料及现行国家标准《建设工程工程量清单计价规范》GB 50500—2013、《市政工程工程量计算规范》GB 50857—2013，试按以下要求列出要求计算项目的分部分项工程量清单。

（1）图中面层厚度为 210mm（即水泥混凝土板厚）采用 C30 现浇混凝土。

（2）图中虚线仅示意配筋范围，不设接缝。

（3）钢筋末端采用 180°弯钩形式，弯后平直段长度不小于 3d（d 为钢筋直径）。

（4）不计钢筋搭接长、弯折延伸率。钢筋重量计算数据：$\phi12$ 为 0.888kg/m。

（5）仅计算该道路雨水口处面层配筋工程量。

（6）计算结果保留两位小数。

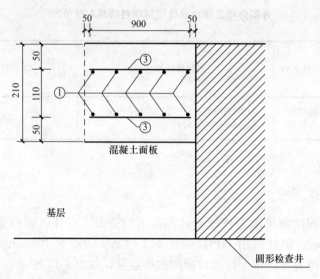

图 7-4　砖砌圆形检查井 A—A 断面图

钢筋数量表　　　　　　　　　　　　　　　　表 7-15

钢筋编号	直径	根数	单根长度（mm）	备注
①	$\phi 12$	40	3181	
②	$\phi 12$	40	3181	
③	$\phi 12$	88	1296	平均长度
④	$\phi 12$	8	1381	

3. 参考答案（表 7-16 和表 7-17）

清单工程量计算表　　　　　　　　　　　　　表 7-16

工程名称：某工程

序号	项目编码	清单项目名称	计算式	工程量合计	计量单位
		基础数据	单个检查井井口处面层配筋工程量： ① 号钢筋：40×3.181×0.888/1000＝0.113（t） ② 号钢筋：40×3.181×0.888/1000＝0.113（t） ③ 号钢筋：88×1.296×0.888/1000＝0.101（t） ④ 号钢筋：8×1.381×0.888/1000＝0.010（t） 小计：0.113×2＋0.101＋0.010＝0.337（t）		
1	040901001001	现浇构件钢筋	130 个检查井井口处面层配筋工程量： 0.337×130＝43.81（t）	43.81	t

分部分项工程和单价措施项目清单与计价表　　　　表 7-17

工程名称：某工程

序号	项目编码	项目名称	项目特征描述	计量单位	工程量	金额（元）		
						综合单价	合价	其中 暂估价
1	040901001001	现浇构件钢筋	1. 钢筋种类：HPB235； 2. 钢筋规格：$\phi 12$	t	43.81			

7.4.3 实例 7-3

1. 背景资料

某隧道洞口水泥混凝土路面面层配筋，如图 7-5～图 7-7 所示。钢筋采用 HPB235 级 ϕ12 钢筋，钢筋之间绑扎固定，需满足相关规范要求。

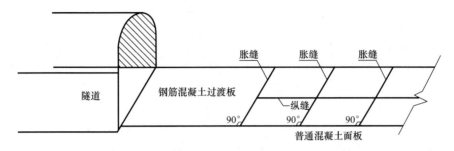

图 7-5　混凝土板与隧道相接处理示意图

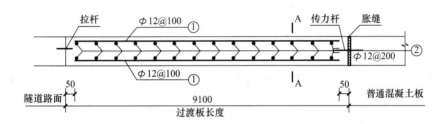

图 7-6　隧道洞口水泥混凝土路面面层过渡板钢筋图

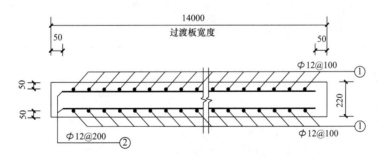

图 7-7　隧道洞口水泥混凝土路面面层配筋 A—A 断面图

计算说明：

（1）单位，除注明外均以毫米计。

（2）图中面层厚度为 220mm（即水泥混凝土板厚）。

（3）钢筋混凝土过渡板与隧道洞口路面间的横缝采用设拉杆的平缝，与混凝土面板间的横缝采用设传力杆的胀缝形式，膨胀量大时，应连续设置 2～3 条设传力杆胀缝。

（4）钢筋末端采用 180°弯钩形式，弯后平直段长度不小于 $3d$（d 为钢筋直径）。

（5）不计钢筋搭接长、弯折延伸率。钢筋重量计算数据：ϕ12 为 0.888kg/m。

（6）仅计算该隧道洞口钢筋混凝土过渡板配筋工程量。

（7）计算结果保留三位小数。

2. 问题

根据以上背景资料及现行国家标准《建设工程工程量清单计价规范》GB 50500—2013、《市政工程工程量计算规范》GB 50857—2013，试列出隧道洞口钢筋混凝土过渡板配筋分部分项工程量清单。

3. 参考答案（表7-18和表7-19）

清单工程量计算表 表7-18

工程名称：某工程

序号	项目编码	清单项目名称	计算式	工程量合计	计量单位
1	040901001001	现浇构件钢筋	钢筋混凝土过渡板长度9.1m，宽度14m。 1. ①号钢筋： $(14-0.05\times2)/0.1\times2\times(9.1-0.05\times2)$ $\times0.888/1000$ $=2.222$（t） 2. ②号钢筋： $(9.1-0.05\times2)/0.2\times2\times(14-0.05\times2)$ $\times0.888/1000$ $=1.111$（t） 3. 小计：$2.222+1.111=3.333$（t）	3.333	t

分部分项工程和单价措施项目清单与计价表 表7-19

工程名称：某工程

序号	项目编码	项目名称	项目特征描述	计量单位	工程量	金额（元）		
						综合单价	合价	其中 暂估价
1	040901001001	现浇构件钢筋	1. 钢筋种类：HPB235； 2. 钢筋规格：$\phi12$	t	3.333			

7.4.4 实例7-4

1. 背景资料

某市政道路水泥路面的刚柔搭接处板块板角及胀缝处板角在距混凝土顶面50mm处设一层角隅钢筋。其配筋布置图，如图7-8和图7-9所示。

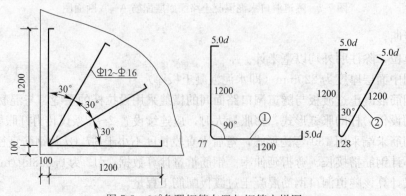

图7-8 90°角隅钢筋布置与钢筋大样图

钢筋采用的 HPB235 级 $\phi12$ 钢筋。钢筋之间绑扎固定，需满足相关规范要求。

计算说明：

（1）图中面层厚度为 200mm（即水泥混凝土板厚）。

（2）图中虚线仅示意配筋范围，不设接缝。

（3）钢筋末端采用 90° 弯钩形式，弯钩长度计为 $5d$（d 为钢筋直径）。

（4）不计钢筋搭接长、弯折延伸率。钢筋重量计算数据：$\phi12$ 为 0.888kg/m。

（5）仅计算 100 处水泥混凝土路面角隅钢配筋工程量。

（6）计算结果保留三位小数。

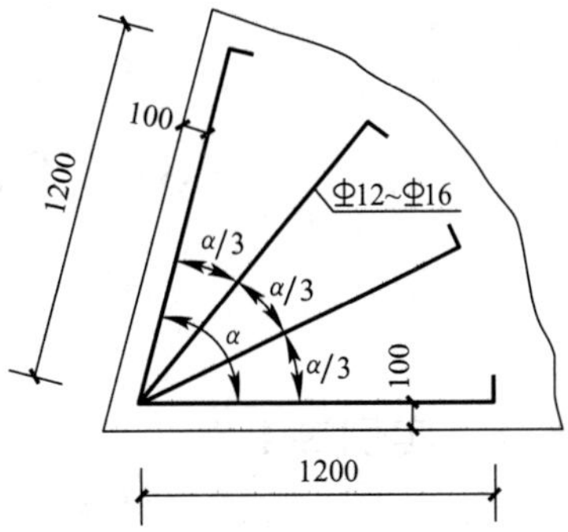

2. 问题

根据以上背景资料及现行国家标准《建设工程工程量清单计价规范》GB 50500—2013、《市政工程工程量计算规范》GB 50857—2013，试列出该水泥混凝土路面角隅的钢筋分部分项工程量清单。

3. 参考答案（表 7-20 和表 7-21）

图 7-9 任意角度（α）角隅钢筋布置
注：任意角度角隅钢筋的钢筋
大样参见 90° 角隅钢筋。

清单工程量计算表　　　　　　　　　　　　　　　　　　表 7-20

工程名称：某工程

序号	项目编码	清单项目名称	计算式	工程量合计	计量单位
1	040901001001	现浇构件钢筋	1. ①号钢筋： $(1.2\times2+0.77+2\times5\times0.012)\times100\times0.888/1000=0.292$（t） 2. ②号钢筋： $(1.2\times2+0.128+2\times5\times0.012)\times100\times0.888/1000=0.235$（t） 3. 小计：$0.292+0.235=0.527$（t）	0.527	t

分部分项工程和单价措施项目清单与计价表　　　　　　　表 7-21

工程名称：某工程

序号	项目编码	项目名称	项目特征描述	计量单位	工程量	金额（元）		
						综合单价	合价	其中 暂估价
1	040901001001	现浇构件钢筋	1. 钢筋种类：HPB235 2. 钢筋规格：$\phi12$	t	0.527			

8 工程量清单编制综合实例

8.1 实例 8-1

1. 背景资料

某市政道路工程起点桩号 K0+000～K0+720，路面修筑路宽度为 14m，路肩各宽 1m，土质为三类，余方运至 3km 处弃置点，填方要求密实度达到 95%。道路工程土方计算表如表 8-1 所示。

该路 K0+000～K0+360 为沥青混凝土结构，K0+360～K0+720 为混凝土路面结构，其结构示意图，如图 8-1 所示。

道路工程土方计算表　　　　　　　　　　　　表 8-1

工程名称：某市政道路工程

桩号	距离（m）	挖土			填土		
		断面积（m²）	平均断面积（m²）	体积（m³）	断面积（m²）	平均断面积（m²）	体积（m³）
0+000	60	0	1.40	84	3.50	3.65	219
0+060	60	2.80	3.15	189	3.80	3.95	237
0+120	60	3.50	3.60	216	4.10	4.25	255
0+180	60	3.70	3.45	207	4.40	4.10	246
0+240	60	3.20	3.40	204	3.80	4.30	258
0+300	60	3.60	3.90	234	4.80	5.50	330
0+360	60	4.20	4.50	270	6.20	4.70	282
0+420	60	4.80	4.95	297	3.20	4.10	246
0+480	60	5.10	5.45	327	5.00	4.80	288
0+540	60	5.80	5.30	318	4.60	4.70	282
0+600	60	4.80	5.05	303	4.80	5.50	330
0+660	60	5.30	4.95	297	6.20	5.35	321
0+720		4.60			4.50		
合　计				2946			3294

注：相邻断面间土体按棱柱计算。

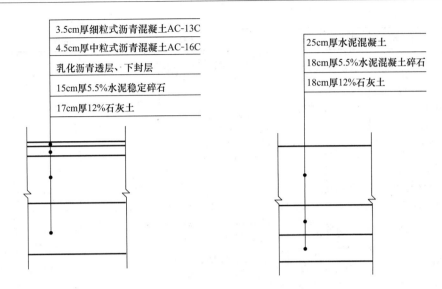

图 8-1 某市政道路结构图示意图

2. 问题

根据以上背景资料及现行国家标准《建设工程工程量清单计价规范》GB 50500—2013、《市政工程工程量计算规范》GB 50857—2013，试按以下要求列出要求计算项目的分部分项工程量清单。

（1）仅计算土方、路槽整形、石灰稳定土、石灰稳定碎石、透层、封层、沥青混凝土、水泥混凝土的工程量。

（2）沥青面层的透层、封层，采用乳化沥青。

（3）石灰稳定碎石基层的碎石粒径为 5～40mm。

（4）计算结果保留两位小数。

3. 参考答案（表 8-2 和表 8-3）

清单工程量计算表   表 8-2

工程名称：某道路工程（K0+000～K0+720）

序号	项目编码	项目名称	计算式	工程量合计	计量单位
1	040101001001	挖一般土方	三类土，平均挖土深度：2946/[720×(14+1×2)]=0.256（m）。2946m³	2946	m³
2	040103001001	回填方	密实度95%：3294m³	3294	m³
3	040103001002	回填方	外方内运，运距5km：3294—2946=348（m³）	348	m³
4	040202001001	路槽整形	360×14=5040（m²）	5040	m²
5	040202002001	石灰稳定土	12%石灰稳定土，厚17cm：360×14=5040（m²）	5040	m²
6	040202002002	石灰稳定土	12%石灰稳定土，厚18cm：360×14=5040（m²）	5040	m²

续表

序号	项目编码	清单项目名称	计算式	工程量合计	计量单位
7	040202015001	石灰稳定碎石	5.5%水泥稳定碎石，15cm厚： 360×14＝5040（m²）	5040	m²
8	040202015002	石灰稳定碎石	5.5%水泥稳定碎石，18cm厚： 360×14＝5040m²	5040	m²
9	040203003001	透层	乳化沥青，喷油量1.12kg/m²： 360×14＝5040（m²）	5040	m²
10	040203004001	封层	乳化沥青，喷油量1.12kg/m²： 360×14＝5040（m²）	5040	m²
11	040203006001	沥青混凝土	厚4cm，最大公称粒径16mm： 360×14＝5040（m²）	5040	m²
12	040203006002	沥青混凝土	厚2cm，最大公称粒径13mm： 360×14＝5040（m²）	5040	m²
13	040203007001	水泥混凝土	4.5MPa厚22cm： 360×14＝5040（m²）	5040	m²

分部分项工程和单价措施项目清单与计价表　　　　表8-3

工程名称：某市政道路工程

序号	项目编码	项目名称	项目特征描述	计量单位	工程量	金额（元）		
						综合单价	合价	其中 暂估价
				土方工程				
1	040101001001	挖一般土方	1. 土壤类别：三类土； 2. 挖土深度：0.256m	m³	2946			
2	040103001001	回填方	1. 密实度要求：95%； 2. 填方材料品种：原土； 3. 填方来源、运距：原土回填	m³	3294			
3	040103001002	回填方	1. 密实度要求：95%； 2. 填方材料品种：外方； 3. 填方来源、运距：外方、3km	m³	348			
				道路工程				
4	040202001001	路槽整形	范围：行车道	m²	5040			
5	040202002001	石灰稳定土	1. 含灰量：12%； 2. 厚度：17cm	m²	5040			
6	040202002002	石灰稳定土	1. 含灰量：12%； 2. 厚度：18cm	m²	5040			
7	040202015001	石灰稳定碎石	1. 水泥含量：5.5%； 2. 石料规格：碎石粒径为5～40mm； 3. 厚度：15cm	m²	5040			
8	040202015002	石灰稳定碎石	1. 水泥含量：5.5%； 2. 石料规格：碎石5～40mm； 3. 厚度：18cm	m²	5040			

续表

序号	项目编码	项目名称	项目特征描述	计量单位	工程量	金额（元）		
						综合单价	合价	其中
								暂估价
9	040203003001	透层	1. 材料品种：乳化沥青； 2. 喷油量：油量为 1.12kg/m²	m²	5040			
10	040203004001	封层	1. 材料品种：乳化沥青； 2. 喷油量：喷油量为 1.12kg/m²	m²	5040			
11	040203006001	沥青混凝土	1. 沥青品种：AC-16C； 2. 沥青混凝土种类：粗型密级配热拌沥青混合料； 3. 石料粒径：最大公称粒径16mm； 4. 掺合料：无； 5. 厚度：4.5cm	m²	5040			
12	040203006002	沥青混凝土	1. 沥青品种：AC-13C； 2. 沥青混凝土种类：细粒式改性沥青混凝土； 3. 石料粒径：最大公称粒径13mm； 4. 掺合料：无； 5. 厚度：3.5cm	m²	5040			
13	040203007001	水泥混凝土	1. 混凝土强度等级：4.5MPa； 2. 掺合料：无； 3. 厚度：22cm； 4. 嵌缝材料：	m²	5040			

8.2 实例 8-2

1. 背景资料

某道路工程施工图，如图 8-2～图 8-4 所示。

路面混凝土 18cm 厚 C30 水泥混凝土，沥青玛琋现脂嵌缝；采用 C30 预制混凝土侧石，规格为 80cm×34cm×12cm；树池 125cm×125cm 共计 200 个，采用 C30 预制混凝土边框规格为 20cm×10cm×125cm。

计算说明：

（1）不计算砂垫层工程量。

（2）正交路口转角面积公式：

$$A_1 = R^2 - \frac{\pi R^2}{4} = 0.2146R^2$$

式中　A_1——正交时路口转角面积（m²）；

　　　R——路口曲线半径（m）。

（3）路床碾压、人行道整形碾压附加宽度不计算。

（4）π 取 3.1416，计算结果保留两位小数。

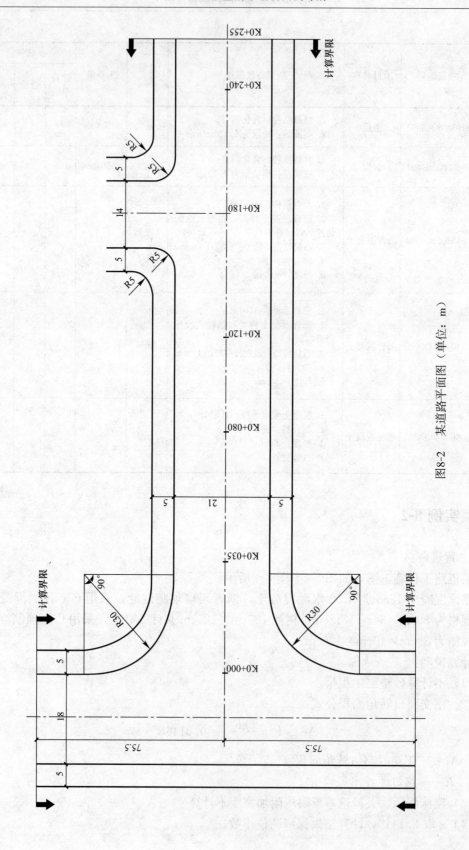

图8-2 某道路平面图 (单位: m)

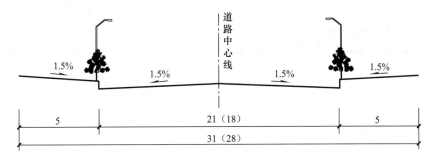

图 8-3　某道路横断面（单位：m）

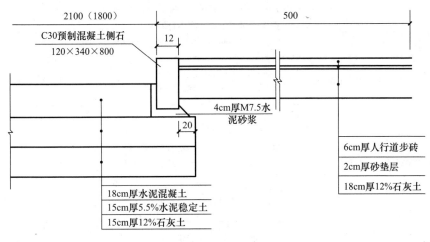

图 8-4　行车道、人行道剖面图（单位 cm）

2. 问题

根据以上背景资料及现行国家标准《建设工程工程量清单计价规范》GB 50500—2013、《市政工程工程量计算规范》GB 50857—2013，试列出该道路工程桩号 K0＋000～K0＋255 段要求计算的分部分项工程量清单。

3. 参考答案（表 8-4 和表 8-5）

清单工程量计算表

表 8-4

工程名称：

序号	项目编码	清单项目名称	计算式	工程量合计	计量单位
		基础数据	21m 主路长度：255—0＝255（m） 18m 次路长度：75.5×2＝151（m） 人行道宽度：5m 树池所占面积：1.1×1.1×200＝242（m²）		
		道路面积	1. 宽度 21m 主路面积（0～255，含 14m 宽支路 5m）： （1）方法一： 255×21＋（30×30—3.1416×30×30/4）×2＋（5×5—3.1416×5×5/4）×2＋14×5＝5822.01（m²）	8540.01	m²

序号	项目编码	清单项目名称	计算式	工程量合计	计量单位
		道路面积	（2）方法二： 255×21+0.2146×30×30×2+0.2146×5×5 ×2+14×5=5822.01（m²） 2. 宽度18m次路面积： 18×75.5×2=2718（m²） 3. 小计： 5822.01+2718=8540.01（m²）	8540.01	m²
1	040202001001	路床整形	路床碾压，附加宽度不计算： 8540.01+756.77×（0.12+0.2）=8782.17（m²）	8782.17	m²
2	040202002001	石灰稳定土	15cm厚12%石灰土： 8540.01+756.77×（0.12+0.2）=8782.17（m²）	8782.17	m²
3	040202002002	石灰稳定土	18cm厚12%石灰土： 75.5×2×5+（75.5—30）×2×5+3.1416×（30 ×30—25×25）/4×2+（255—30）×2×5—（14+5 ×2）×5+3.1416×5×5—756.77×0.12=3759.70 （m²）	3759.70	m²
4	040202003001	水泥稳定土	15cm厚5.5%水泥稳定土： 同石灰稳定土	8782.17	m²
5	040203007001	水泥混凝土	18cm厚C30水泥混凝土，沥青玛琋脂嵌缝： 同道路面积	8540.01	m²
6	040204001001	人行道整形碾压	人行道碾压附加宽度，不计算： 方法一： 75.5×2×5+（75.5—30）×2×5+3.1416×（30 ×30—25×25）/4×2+（255—30）×2×5—（14+5 ×2）×5+3.1416×5×5/2=3811.24（m²） 方法二： 75.5×2×5+（75.5—30）×2×5+3.1416×（30 ×30—25×25）/4×2+（255—30）×2×5—14× 5—0.2146×5×5×2=3811.24（m²）	3811.24	m²
7	040204002001	人行道块料铺设	6cm人行道步砖，2cm厚砂垫层，18cm厚12% 石灰土： 75.5×2×5+（75.5—30）×2×5+3.1416×（30 ×30—25×25）/4×2+（255—30）×2×5—（14+5 ×2）×5+3.1416×5×5—756.77×0.12—1.25× 1.25×200=3447.20（m²）	3447.20	m²

续表

序号	项目编码	清单项目名称	计算式	工程量合计	计量单位
8	040204004001	安砌侧石	C30 预制混凝土侧石，12cm×34cm×80cm。π取 3.1416，侧石，按图示中心线长度计算，0.12/2=0.06： 75.5×2×2−30×2−21+255×2−30×2+2×3.1416×（30−0.06）/4×2−（14+5×2）+2×3.1416×5/4×2=756.77（m²）	756.77	m²
9	040204007001	树池砌筑	树池：125cm×125cm；200 个	200	个

分部分项工程和单价措施项目清单与计价表　　　　　表 8-5

工程名称：

序号	项目编码	项目名称	项目特征描述	计量单位	工程量	金额（元）		
						综合单价	合价	其中 暂估价
1	040202001001	路床整形	范围：行车道	m²	8782.17			
2	040202002001	石灰稳定土	1. 含灰量：12%； 2. 厚度：15cm	m²	8782.17			
3	040202002002	石灰稳定土	1. 含灰量：12%； 2. 厚度：18cm	m²	3759.70			
4	040202003001	水泥稳定土	1. 水泥含量：5.5%； 2. 厚度：15cm	m²	8782.17			
5	040203007001	水泥混凝土	1. 混凝土强度等级：C30； 2. 掺加料：无； 3. 厚度：18cm； 4. 嵌缝材料：沥青玛琋	m²	8540.01			
6	040204001001	人行道整形碾压	范围：人行道	m²	3811.24			
7	040204002001	人行道块料铺设	1. 块料品种、规格：6cm 人行道步砖 2. 基础、垫层：2cm 厚砂垫层，18cm 厚 12% 石灰土； 3. 图形：无要求	m²	3447.20			
8	040204004001	安砌侧石	1. 材料品种、规格：C30 预制混凝土侧石，80cm×34cm×12cm； 2. 基础、垫层：4cm 厚 M7.5 水泥砂浆	m	800			

265

续表

序号	项目编码	项目名称	项目特征描述	计量单位	工程量	金额（元）		
						综合单价	合价	其中
								暂估价
9	040204007001	树池砌筑	1. 材料品种、规格：C30 预制混凝土边框，20cm×10cm×117cm； 2. 树池尺寸：125cm×125cm	个	200			

8.3 实例 8-3

1. 背景资料

某市政道路工程的一段（计算起止桩号为 K0＋050 至 K0＋160），其平面及结构图，如图 8-5～图 8-7 所示。

（1）施工说明

1）该设计路段土路基已填筑至设计路基标高。

2）基层、面层材料均采用厂拌，采用载重 8t 汽车运输，沥青混凝土摊铺机摊铺；石灰稳定土平地机摊铺，洒水车洒水养生；水泥稳定碎石（碎石粒径 5～40mm）摊铺机摊铺，采用塑料布养生。

3）人行道砖采用 6cm 透水砖，不考虑绿化回填土。

4）树池尺寸为 150cm×130cm，采用预制 C20 混凝土侧石（规格为 10cm×25cm×120cm）。

（2）计算说明

1）不考虑立沿石、平沿石的垫层工程量。

2）路床（槽）整形、人行道整形碾压，附加宽度按 0.25m 计算，重叠部分不扣除。

图 8-5 道路平面图（单位：m）

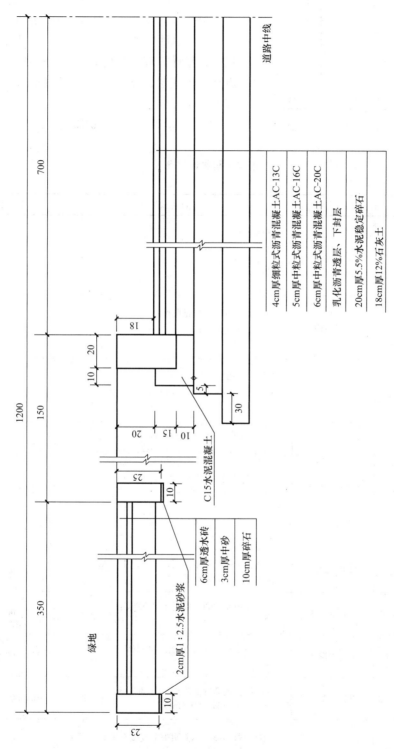

图8-6 路面结构图（单位：cm）

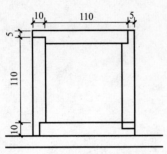

图 8-7　树池平面图（单位：cm）

3）计算结果保留两位小数。

2. 问题

根据以上背景资料及现行国家标准《建设工程工程量清单计价规范》GB 50500—2013、《市政工程工程量计算规范》GB 50857—2013，试列出该道路工程基层、面层、人行道的分部分项工程量清单。

3. 参考答案（表 8-6 和表 8-7）

清单工程量计算表　　　　　　　　　　　　　　　表 8-6

工程名称：

序号	项目编码	项目名称	计算式	工程量合计	计量单位
		基础数据	道路长度：1600—50＝110（m） 路面宽度：14m 人行道宽5.0m 树池 1.15m×1.25m，30 个		
1	040202001001	路床碾压检验	路床碾压每侧附加宽度按 0.25m： 1540＋(0.2＋0.1＋0.05＋0.3＋0.25)×110×2 ＝1738（m²）	1738.00	m²
2	040202002001	石灰稳定土	18cm厚12％石灰土： 1540＋(0.2＋0.1＋0.05＋0.3)×110×2 ＝1683（m²）	1683.00	m²
3	040202015001	水泥稳定碎石	18cm厚5.5％水泥稳定碎石： (0.2＋0.1＋0.05)×110×2＝77.00（m²）	77.00	m²
4	040202015002	水泥稳定碎石	20cm厚5.5％水泥稳定碎石： 14×110＝1540.00（m²）	1540.00	m²
5	040203003001	透层	乳化沥青，喷油量 1.15kg/m²： 同上	1540.00	m²
6	040203004001	沥青封层	乳化沥青透层、下封层，喷油量 1.15kg/m²： 同上	1540.00	m²
7	040203006001	沥青混凝土	6cm厚中粒式沥青混凝土 AC-20C： 同上	1540.00	m²
8	040203006002	沥青混凝土	5cm厚中粒式沥青混凝土 AC-16C： 同上	1540.00	m²
9	040203006003	沥青混凝土	4cm细粒式沥青混凝土 AC-13C： 14×110＝1540.00（m²）	1540.00	m²
10	040204001001	人行道整形碾压	人行道整形碾压每侧附加宽度按 0.25m 计算： (5.0＋0.25)×110×2－(0.2＋0.1)×110×2＝ 1089.00（m²）	1089.00	m²

续表

序号	项目编码	清单项目名称	计算式	工程量合计	计量单位
11	040204002001	人行道块料铺设	6cm 厚透水砖铺设，3cm 厚中砂，10cm 厚碎石： 5.0×110×2—1.5×1.3×24—(0.2＋0.1)110×2＝987.20（m²）	987.20	m²
12	040204004001	安砌侧石	有基座路沿石（立缘石）截面半周长（50cm 以外）(A 型道牙)，20cm×35cm×100cm： 110×2＝220（m）	220.00	m
13	040204004002	安砌侧石	无基座路沿石（立缘石）截面半周长（50cm 以内）(B 型道牙)，10cm×23cm×100cm： 110×2＝220（m）	220.00	m
14	040204007001	树池砌筑	树池规格 150cm×130cm，石质块规格为 10cm×25cm×120cm： 30	30	个

分部分项工程和单价措施项目清单与计价表　　　　　表 8-7

工程名称：

序号	项目编码	项目名称	项目特征描述	计量单位	工程量	金额（元）		
						综合单价	合价	其中
								暂估价
1	040202001001	路床碾压检验	范围：行车道	m²	1738.00			
2	040202002001	石灰稳定土	1. 含灰量：12%； 2. 厚度：18cm	m²	1683.00			
3	040202015001	水泥稳定碎石	1. 水泥含量：5.5%； 2. 石料规格：碎石粒径 5～40mm； 3. 厚度：18cm	m²	77.00			
4	040202015002	水泥稳定碎石	1. 水泥含量：5.5%； 2. 石料规格：碎石粒径 5～40mm； 3. 厚度：20cm	m²	1540.00			
5	040203003001	透层	1. 材料品种：乳化沥青； 2. 喷油量：1.15kg/m²	m²	1540.00			
6	040203004001	沥青封层	1. 材料品种：乳化沥青； 2. 喷油量：1.15kg/m²	m²	1540.00			
7	040203006001	沥青混凝土	1. 沥青品种：AC-20C； 2. 沥青混凝土种类：粗型密级配热拌沥青混合料； 3. 石料粒径：最大公称粒径20mm； 4. 掺合料：无； 5. 厚度：6cm	m²	1540.00			

续表

| 序号 | 项目编码 | 项目名称 | 项目特征描述 | 计量单位 | 工程量 | 金额（元） | | |
						综合单价	合价	其中 暂估价
8	040203006002	沥青混凝土	1. 沥青品种：AC-16C； 2. 沥青混凝土种类：粗型密级配热拌沥青混合料； 3. 石料粒径：最大公称粒径16mm； 4. 掺合料：无； 5. 厚度：5cm	m²	1540.00			
9	040203006003	沥青混凝土	1. 沥青品种：AC-13C； 2. 沥青混凝土种类：细粒式改性沥青混凝土； 3. 石料粒径：最大公称粒径13mm； 4. 掺合料：无； 5. 厚度：4cm	m²	1540.00			
10	040204001001	人行道整形碾压	范围：人行道	m²	1089.00			
11	040204002001	人行道块料铺设	1. 块料品种、规格：6cm 厚透水砖； 2. 基础、垫层：3cm厚中砂＋10cm厚碎石； 3. 图形：无要求	m²	987.20			
12	040204004001	安砌侧石	1. 材料品种、规格：C30 预制混凝土侧石，20cm×35cm×100cm； 2. 基础、垫层：10cm 厚 C15 水泥混凝土	m	220.00			
13	040204004002	安砌侧石	1. 材料品种、规格：C30 预制混凝土侧石，10cm×23cm×100cm； 2. 基础、垫层：1：2.5 水泥砂浆，2cm	m	220.00			
14	040204007001	树池砌筑	1. 材料品种、规格：预制 C20 混凝土侧石，10cm×25cm×120cm； 2. 树池尺寸：150cm×130cm	个	30			

8.4　实例 8-4

1. 背景资料

某市政排水管道工程，采用 $D700$ 钢筋混凝土承插管（O 形胶圈接口），单节管长 3m，人机配合下管，C15 现浇混凝土管道基础（120°），其中道路桩号 K0＋150.00～K0＋342.50 段管道纵断面和管道基础如图 8-8 和图 8-9 所示，管道基础基本数据如表 8-8 所示。

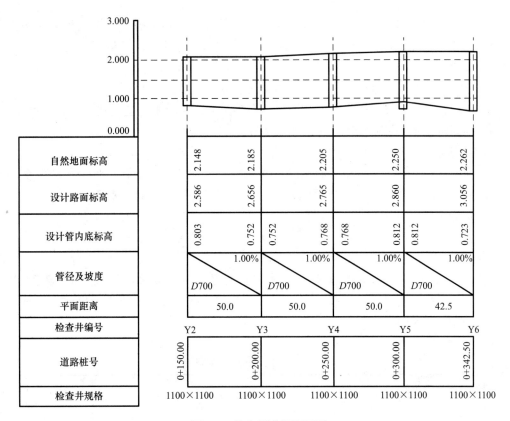

图 8-8 排水管道纵断面图

说明：标高单位为 m；其他单位为 mm。

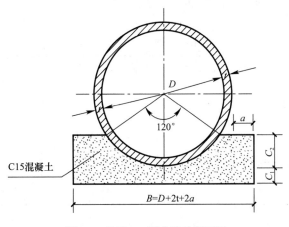

图 8-9 DN400 管道基础断面图

（1）施工说明

1）检查井为 1100mm×1100mm 定型砖砌矩形雨水检查井。

2）土方在道路施工时已挖至设计基底标高，道路结构层厚 80cm（设计路面标高至设计路基底标高）。

3) 沟槽土方为三类干土，采用人工开挖就近堆放，管道铺设后人工回填夯实至设计路基底标高（土方压实度 97%），余方采用人工装汽车土方外运，运距 1.5km。

（2）计算说明

1) 土方需回填至原地面，虚方土方与天然土方换算系数为 1.15。

2) 仅计算管道沟槽挖土方、土方回填、混凝土管、混凝土管道基础模板的工程量。

3) 挖掘机反铲沟槽侧挖土，放坡系数为 0.33。

4) 管沟每侧所需工作面宽度为 0.5m。

5) 为简便计算，工程量清单编制时，井室所需增加开挖的土方工程量按沟槽全部土方工程量的 2.5% 计算。计算土方回填时，每座非定型井体积按 3m³ 扣除。

6) π 取值为 3.1416。

7) 计算结果保留两位小数。

2. 问题

根据以上背景资料及现行国家标准《建设工程工程量清单计价规范》GB 50500—2013、《市政工程工程量计算规范》GB 50857—2013，试列按以上要求列出要求计算项目的分部分项工程量清单。

管道（Ⅱ级管）基础基本数据（mm）　　　　表 8-8

管内径	管壁厚	管基尺寸				基础混凝土量 (m^3/m)
D	t	a	B	C_1	C_2	
700	70	105	1050	105	210	0.222

3. 参考答案（表 8-10 和表 8-11）

根据题意，计算该管道的基本数据，如表 8-9 所示。

管道基本数据（单位：m）　　　　表 8-9

序号	井间号	自然地面平均标高	设计路面平均标高	平均管内底标高	管内底到沟底深	沟槽平均挖深	回填深度	长度	扣井长度
1	Y2—Y3	2.167	2.621	0.778	0.175	1.564	2.018	50	1.1
2	Y3—Y4	2.195	2.711	0.760	0.175	1.612	2.126	50	1.1
3	Y4—Y5	2.228	2.713	0.790	0.175	1.613	2.098	50	1.1
4	Y5—Y6	2.256	2.958	0.768	0.175	1.663	2.365	50	1.1
合计								200	4.4

清单工程量计算表　　　　表 8-10

工程名称：某市政排水管道工程

序号	项目编码	项目名称	计算式	工程量合计	计量单位
		基础数据	$B=1.05$，管沟每侧所需工作面宽度为 0.5m，放坡系数 0.33； 管道外径：$700+70×2=840$（mm）		

续表

序号	项目编码	清单项目名称	计算式	工程量合计	计量单位
1	040101002001	沟槽挖方	总挖方量，天然土方与虚方换算系数1.15； 平均挖土深度： $(1.564+1.612+1.613+1.663)/4=1.613$（m） $V_{2-3}=(2.05+0.33\times1.564)\times1.564\times50$ $=200.67$（m³） $V_{3-4}=(2.05+0.33\times1.612)\times1.612\times50$ $=208.11$（m³） $V_{4-5}=(2.05+0.33\times1.613)\times1.613\times50$ $=208.26$（m³） $V_{4-5}=(2.05+0.33\times1.663)\times1.663\times50$ $=216.09$（m³） $V_总=(200.67+208.11+208.26+216.09)\times1.15$ $=958.10$（m³）	958.10	m³
2	040103001001	土方回填	扣除检查井中管道长度$1.1\times4=4.4$m；虚方与天然土方换算系数1.15。 1. 回填至自然地面所需土方体积同挖方体积：958.10m³ 2. 扣除管道和管道基础所占体积： $0.222\times(200-1.1\times4)+3.1416\times0.42\times0.42\times(200-1.1\times4)=151.82$（m³） 3. 土方回填 $958.10-151.82=806.28$（m³）	806.28	m³
3	040103002001	余土弃置	人工装汽车运土方，天然土方与虚方换算系数1.15； $958.10-806.28\times1.15=30.88$（m³） $V_外=30.88$（m³）	174.59	m³
4	040501001001	混凝土管	$200-1.1\times4=195.60$（m）	195.60	m
5	041102002001	混凝土管道基础模板	$(0.105+0.210)\times2\times195.6=123.23$（m²）	123.23	m²

分部分项工程和单价措施项目清单与计价表　　　　　表8-11

工程名称：某市政排水管道工程

序号	项目编码	项目名称	项目特征描述	计量单位	工程量	金额（元）		
						综合单价	合价	其中暂估价
			土方工程					
1	040101002001	沟槽挖方	1. 土壤类别：三类土； 2. 挖土深度：1.613m	m³	958.10			
2	040103001001	土方回填	1. 密实度要求：97%； 2. 填方材料品种：原土回填； 3. 填方来源、运距：就地回填	m³	806.28			
3	040103002001	余土弃置	1. 废弃料品种：原土； 2. 运距：1.5km	m³	174.59			

续表

序号	项目编码	项目名称	项目特征描述	计量单位	工程量	金额（元）		
						综合单价	合价	其中
								暂估价
管网工程								
4	040501001001	混凝土管	1. 管座材质：C15 混凝土； 2. 规格：D700； 3. 接口方式：O 形胶圈接口； 4. 铺设深度：1.613m	m	195.60			
措施项目								
5	041102002001	混凝土管道基础模板	构件类型：混凝土管道基础	m²	123.23			

8.5 实例 8-5

1. 背景资料

某市政道路工程，如图 8-10 和图 8-11 所示。

（1）施工说明

1）混凝土采用现场拌制，混凝土半成品场内运输采用机动翻斗距离按 50m 考虑；水泥稳定砾石（碎石粒径 5～40mm）、混凝土垫层的混凝土半成品由搅拌站供应至施工现场，不考虑其场内运输。

2）沥青混凝土、沥青材料均按直接运输至现场施工点考虑。

3）机动车道基层采用人机配合施工，面层采用机械摊铺。

4）树池尺寸为 135cm×135cm，采用 C20 预制混凝土侧石规格 15cm×28cm×120cm。

（2）计算说明

1）人行道仅计算面层工程量。

2）路床碾压、人行道整形碾压，附加宽度按 0.25m 计算，重叠部分不扣除。

3）计算结果保留两位小数。

图 8-10　道路平面图（单位：m）

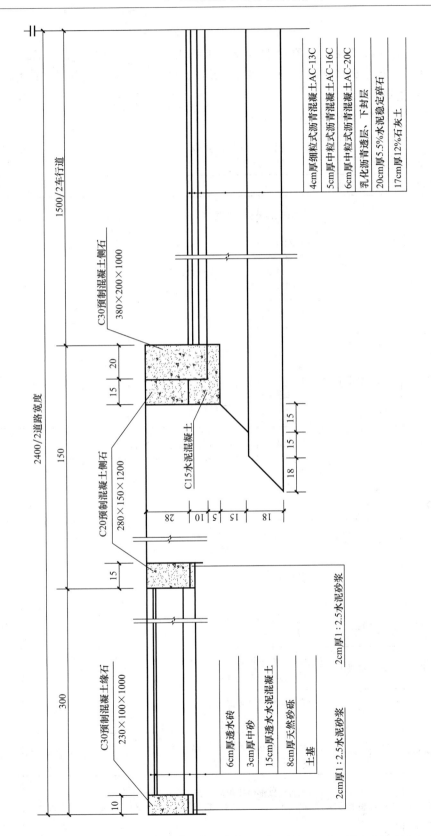

图 8-11 路面结构图（单位：cm）

2. 问题

根据以上背景资料及现行国家标准《建设工程工程量清单计价规范》GB 50500—2013、《市政工程工程量计算规范》GB 50857—2013，试列出该道路工程要求计算项目的分部分项工程量清单。

3. 参考答案（表 8-12 和表 8-13）

清单工程量计算表

表 8-12

工程名称：某市政道路工程

序号	项目编码	项目名称	计算式	工程量合计	计量单位
1	040202001001	路床整形	路床碾压外侧附加宽度，按 0.25m 计算： $(15+0.2+0.15+0.20+0.15+0.2+0.25) \times 120$ $=1938$（m^2） 1. 碾压宽度： $15+(0.20+0.15+0.15+0.15+0.15+0.18+0.25)$ $\times 2=17.46$（m） 2. 碾压面积： $17.46 \times 120=2095.2$（m^2）	2095.20	m^2
2	040202002001	石灰稳定土	1. 宽度： $(0.20+0.15 \times 3+0.20+0.15 \times 3+0.18)/2 \times 2+15$ $=16.48$（m） 2. 面积： $16.48 \times 120=1977.6$（m^2）	1977.60	m^2
3	040202015001	水泥稳定砾石	1. 侧石下 15cm 厚 5.5% 水泥稳定碎石： $(0.20+0.15+0.20+0.15+0.15)/2 \times 2 \times 120=$ 102（m^2） 2. 折算为 20cm 厚： $102 \times 0.15/0.20=76.5$（$m^2$）	76.50	m^2
4	040202015002	水泥稳定砾石	20cm 厚 5.5% 水泥稳定碎石： $15 \times 120=1800$（m^2）	1800	m^2
5	040203003001	透层	乳化沥青，喷油量 1.15kg/m^2： $15 \times 120=1800$（m^2）	1800	m^2
6	040203004001	下封层	乳化沥青透层、下封层： $15 \times 120=1800$（m^2）	1800	m^2
7	040203006001	沥青混凝土	6cm 中粒式沥青混凝土 AC-20C： $15 \times 120=1800$（m^2）	1800	m^2
8	040203006002	沥青混凝土	5cm 中粒式沥青混凝土 AC-16C： $15 \times 120=1800$（m^2）	1800	m^2
9	040203006003	沥青混凝土	4cm 细粒式沥青混凝土 AC-13C： $15 \times 120=1800$（m^2）	1800	m^2
10	040204001001	人行道整形碾压	人行道整形碾压附加宽度，按 0.25m 计算： $(4.5+0.25) \times 120 \times 2-30 \times 1.3 \times 1.3=1089.30$ （m^2）	1089.30	m^2

续表

序号	项目编码	项目名称	计算式	工程量合计	计量单位
11	040204002001	人行道块料铺设	6cm 厚透水砖，2～3cm 厚中砂，15cm 厚透水水泥混凝土，8cm 厚天然砂砾，土基： (4.5—0.1—0.2)×120×2—30×1.35×1.35＝953.33（m²）	953.33	m²
12	040204004001	安砌侧石	C30 预制混凝土侧石，规格为 28cm×20cm×100cm。 120×2＝240（m）	240	m
13	040204004002	安砌侧石	C30 预制混凝土侧石，规格为 23cm×10cm×100cm； 120×2＝240（m）	240	m
14	040204007001	砌筑树池	C20 预制混凝土侧石，规格 15cm×28cm×120cm； 30 个	30	个

分部分项工程和单价措施项目清单与计价表　　　　表 8-13

工程名称：某市政道路工程

序号	项目编码	项目名称	项目特征描述	计量单位	工程量	金额（元）		
						综合单价	合价	其中 暂估价
1	040202001001	路床整形	范围：行车道	m²	2095.20			
2	040202002001	石灰稳定土	1. 含灰量：12%； 2. 厚度：18cm	m²	1977.60			
3	040202015001	水泥稳定砾石	1. 水泥含量：5.5%； 2. 石料规格：碎石粒径 5～40mm； 3. 厚度：15cm	m²	76.50			
4	040202015002	水泥稳定砾石	1. 水泥含量：5.5%； 2. 石料规格：碎石粒径 5～40mm； 3. 厚度：20cm	m²	1800			
5	040203003001	透层	1. 材料品种：乳化沥青； 2. 喷油量：1.15kg/m²	m²	1800			
6	040203004001	下封层	1. 材料品种：乳化沥青； 2. 喷油量：1.15kg/m²	m²	1800			
7	040203006001	沥青混凝土	1. 沥青品种：AC-20C； 2. 沥青混凝土种类：粗型密级配热拌沥青混合料； 3. 石料粒径：最大公称粒径20mm； 4. 掺合料：无； 5. 厚度：6cm	m²	1800			
8	040203006002	沥青混凝土	1. 沥青品种：AC-16C； 2. 沥青混凝土种类：粗型密级配热拌沥青混合料； 3. 石料粒径：最大公称粒径16mm； 4. 掺合料：无； 5. 厚度：5cm	m²	1800			

续表

序号	项目编码	项目名称	项目特征描述	计量单位	工程量	金额（元）		
						综合单价	合价	其中 暂估价
9	040203006003	沥青混凝土	1. 沥青品种：AC-13C； 2. 沥青混凝土种类：细粒式改性沥青混凝土； 3. 石料粒径：最大公称粒径13mm； 4. 掺合料：无； 5. 厚度：4cm	m²	1800			
10	040204001001	人行道整形碾压	范围：人行道	m²	1089.30			
11	040204002001	人行道块料铺设	1. 块料品种、规格：6cm厚透水砖； 2. 基础、垫层：2～3cm厚中砂，15cm厚透水水泥混凝土，8cm厚天然砂砾，土基； 3. 图形：无要求	m²	953.33			
12	040204004001	安砌侧石	1. 材料品种、规格：C30预制混凝土侧石，规格为28cm×20cm×100cm； 2. 基础、垫层：C15水泥混凝土	m	240			
13	040204004002	安砌侧石	1. 材料品种、规格：C30预制混凝土侧石，规格为23cm×10cm×100cm； 2. 基础、垫层：2cm厚1：2.5水泥砂浆	m	240			
14	040204007001	砌筑树池	1. 材料品种、规格：C20预制混凝土侧石，规格15cm×28cm×120cm； 2. 树池尺寸：135cm×135cm	个	30			

8.6 实例8-6

1. 背景资料

某市政道路工程，其道路平面图、1/2路面结构图，如图8-12和图8-13所示。

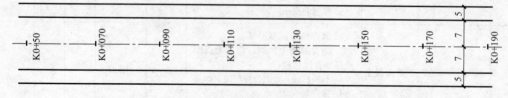

图8-12 道路平面图（单位：m）

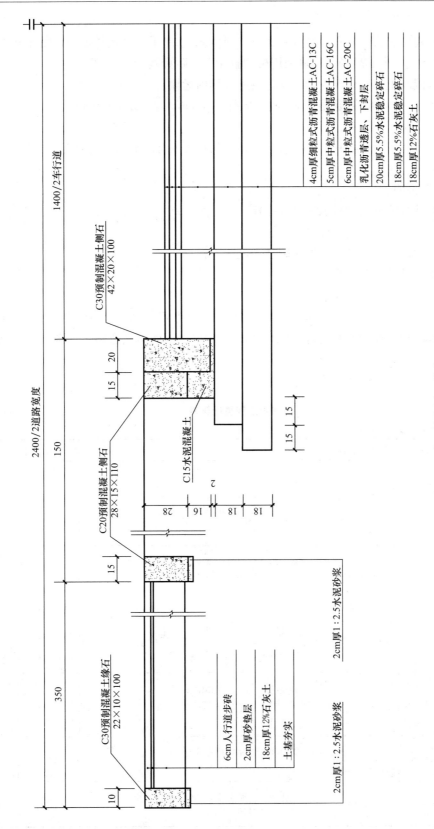

图 8-13 路面结构图（单位：cm）

（1）施工说明

1）水泥稳定碎石（砾石粒径 5～4mm）、混凝土基座采用现场拌制，混凝土垫层采用泵送商品混凝土，半成品场内运输采用机动翻斗车，距离按 50m 考虑。

2）沥青混凝土、乳化沥青均不考虑场外及场内运输。

3）侧石为 C30 预制混凝土，规格分别为 42cm×20cm×100cm、22cm×10cm×100cm。

4）树池 52 个，尺寸为 1.25m×1.25m，采用 C20 预制混凝土侧石，规格 28cm×15cm×110cm。

（2）计算说明

1）道路计算范围为桩号 K0＋050～K0＋190。

2）人行道仅计算面层工程量。

3）路床碾压、人行道整形碾压附加宽度，不计算。

4）计算结果保留两位小数。

2. 问题

根据以上背景资料及现行国家标准《建设工程工程量清单计价规范》GB 50500—2013、《市政工程工程量计算规范》GB 50857—2013，试列出该道路工程各分部分项工程量清单。

3. 参考答案（表 8-14 和表 8-15）

清单工程量计算表

表 8-14

工程名称：某市政道路工程

序号	项目编码	项目名称	计算式	工程量合计	计量单位
		基础数据	道路长度：190—50＝140m 路面宽度：7×2＝14m 人行道宽度：5.0m 树池：52 个		
1	040202001001	路床碾压	碾压附加宽度，不计算： [14＋(0.2＋0.15＋0.15＋0.15)×2]×140 ＝2142（m^2）	2142	m^2
2	040202002001	石灰稳定土	18cm 厚 12％石灰土： [14＋(0.2＋0.15＋0.15＋0.15)×2]×140 ＝2142（m^2）	2142	m^2
3	040202015001	水泥稳定碎石	18cm 厚 5.5％水泥稳定碎石： [14＋(0.15＋0.15＋0.2)×2]×140 ＝2100（m^2）	2100	m^2
4	040202015002	水泥稳定碎石	20cm 厚 5％水泥稳定砾石层： 14×140＝1960（m^2）	1960	m^2
5	040203003001	透层	乳化沥青。喷油量 1.20kg/m^2： 14×140＝1960（m^2）	2100	m^2

续表

序号	项目编码	项目名称	计算式	工程量合计	计量单位
6	040203003002	下封层	乳化沥青稀浆下封层： 14×140＝1960（m²）	1960	m²
7	040203006001	沥青混凝土	6cm 厚中粒式沥青混凝土 AC-20C： 14×140＝1960（m²）	1960	m²
8	040203006002	沥青混凝土	5cm 厚中粒式沥青混凝土 AC-16C： 14×140＝1960（m²）	1960	m²
9	040203006003	沥青混凝土	4cm 细粒式沥青混凝土 AC-13C： 14×140＝1960（m²）	1960	m²
10	040204001001	人行道路床 整形碾压	整形碾压，附加宽度不计算： (3.5+1.5)×2×140＝1400（m²）	1400	m²
11	040204002001	人行道块料铺设	6cm 人行道步砖，2cm 厚砂垫层，18cm 厚 12% 石灰土： (3.5+1.5—0.1—0.2)×2×140—(1.25×1.25)×52＝1234.75（m²）	1234.75	m²
12	040204004001	安砌侧石	C30 预制混凝土侧石，规格为 42cm×20cm×100cm，2cm 厚 C15 混凝土基座： 2×140＝280（m）	280	m
13	040204004002	安砌侧石	C30 预制混凝土侧石，规格为 22cm×10cm×100cm： 2×140＝280（m）	280	m
14	040204007001	树池砌筑	树池尺寸为 1.25m×1.25m，采用 C20 预制混凝土侧石，规格 28cm×15cm×110cm： 52 个	52	个

分部分项工程和单价措施项目清单与计价表

表 8-15

工程名称：某市政道路工程

序号	项目编码	项目名称	项目特征描述	计量单位	工程量	综合单价	合价	其中暂估价
1	040202001001	路床碾压	范围：行车道	m²	2142			
2	040202002001	石灰稳定土	1. 含灰量：12%； 2. 厚度：18cm	m²	2142			
3	040202015001	水泥稳定碎石	1. 水泥含量：5.5%； 2. 石料规格：砾石粒径 5～40mm； 3. 厚度：18cm	m²	2100			
4	040202015002	水泥稳定碎石	1. 水泥含量：5%； 2. 石料规格：砾石粒径 5～40mm； 3. 厚度：20cm	m²	1960			

续表

序号	项目编码	项目名称	项目特征描述	计量单位	工程量	金额（元）		
						综合单价	合价	其中暂估价
5	040203003001	透层	1. 材料品种：乳化沥青； 2. 喷油量：1.20kg/m²	m²	1960			
6	040203003002	下封层	1. 材料品种：乳化沥青； 2. 喷油量：1.20kg/m²	m²	1960			
7	040203006001	沥青混凝土	1. 沥青品种：AC-20C； 2. 沥青混凝土种类：粗型密级配热拌沥青混合料； 3. 石料粒径：最大公称粒径 20mm； 4. 掺合料：无； 5. 厚度：6cm	m²	1960			
8	040203006002	沥青混凝土	1. 沥青品种：AC-16C； 2. 沥青混凝土种类：粗型密级配热拌沥青混合料； 3. 石料粒径：最大公称粒径 16mm； 4. 掺合料：无； 5. 厚度：5cm	m²	1960			
9	040203006003	沥青混凝土	1. 沥青品种：AC-13C； 2. 沥青混凝土种类：细粒式改性沥青混凝土； 3. 石料粒径：最大公称粒径 13mm； 4. 掺合料：无； 5. 厚度：4cm	m²	1960			
10	040204001001	人行道碾压整形	范围：人行道	m²	1400			
11	040204002001	人行道块料铺设	1. 块料品种、规格：30cm×30cm×6cm 人行步道砖； 2. 基础、垫层：2cm 厚砂垫层；18cm 厚 12%石灰土； 3. 图形：无要求	m²	1234.75			
12	040204004001	安砌侧石	1. 材料品种、规格：C30 预制混凝土侧石，规格为 42cm×20cm×100cm； 2. 基础、垫层：2cmC15 混凝土	m	280			
13	040204004002	安砌侧石	1. 材料品种、规格：C30 预制混凝土侧石，规格为 22cm×10cm×100cm； 2. 基础、垫层：2cm 厚 1：2.5 水泥砂浆	m	280			

续表

序号	项目编码	项目名称	项目特征描述	计量单位	工程量	金额（元）			
						综合单价	合价	其中	
								暂估价	
14	040204007001	树池砌筑	1. 材料品种、规格：C20 预制混凝土侧石，规格 28cm×15cm×110cm； 2. 树池尺寸：125cm×125cm	个	52				

8.7   实例 8-7

1. 背景资料

某市政道路工程，其道路平面图、1/2 路面结构图，如图 8-14 和图 8-15 所示。

（1）施工说明

1）混凝土基座混凝土采用现场拌制，混凝土半成品场内运输采用机动翻斗车；水泥稳定砾石（砾石粒径 5～40mm）、混凝土垫层的混凝土半成品由搅拌站供应至施工现场。

2）乳化沥青透层、封层的喷油量为 1.12kg/m²。

3）机动车道的面层、基层均采用人机配合施工。

4）树池尺寸为 1.25m×1.25m，采用 C20 预制混凝土侧石砌筑，规格为 28cm×15cm×110cm。

（2）计算说明

1）不计算混凝土基座的工程量。

2）人行道仅计算面层工程量。

3）路床碾压、人行道整形碾压，附加宽度按 0.25m 计算，重叠部分不扣除。

4）计算结果保留两位小数。

2. 问题

根据以上背景资料及现行国家标准《建设工程工程量清单计价规范》GB 50500—2013、《市政工程工程量计算规范》GB 50857—2013，试列出 K0＋050～K0＋150 路段的分部分项工程量清单。

3. 参考答案（表 8-16 和表 8-17）

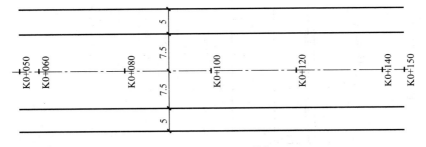

图 8-14   道路平面图（单位：m）

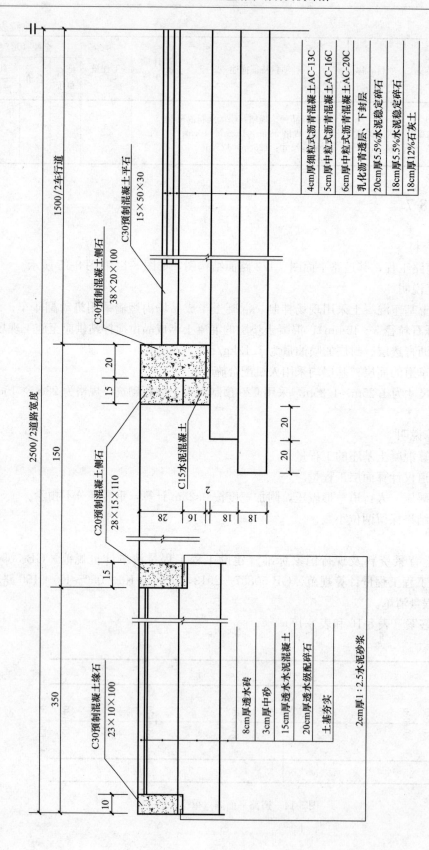

图 8-15 道路结构图（单位：cm）

清单工程量计算表

表 8-16

工程名称：某市政道路工程

序号	项目编码	项目名称	计算式	工程量合计	计量单位
		基础数据	道路长度：150—50＝100（m） 路面宽度：7.5×2＝15（m） 人行道宽度：5m 树池：16×2＝32（个）		
1	040202001001	路床整形	路床碾压附加宽度，按 0.25m 计算： (7.5＋0.2＋0.15＋0.2＋0.2＋0.25)×2×100＝ 1700（m²）	1700	m²
2	040202002001	石灰稳定土	18cm 厚 12％石灰土： (7.5＋0.2＋0.15＋0.2＋0.2)×2×100＝1650（m²）	1650	m²
3	040202015001	水泥稳定碎石	18cm 厚 5.5％水泥稳定碎石，砾石粒径 5～ 40mm： (7.5＋0.2＋0.15＋0.2)×2×100＝1610（m²）	1610	m²
4	040202015002	水泥稳定碎石	20cm 厚 5.5％水泥稳定碎石，砾石粒径 5～ 40mm： (7.5—0.5)×2×100＝1400（m²）	1400	m²
5	040203003001	透层	乳化沥青，喷油量 1.12kg/m²： (7.5—0.5)×100×2＝1400（m²）	1400	m²
6	040203004001	下封层	乳化沥青，喷油量 1.12kg/m²： (7.5—0.5)×100×2＝1400（m²）	1400	m²
7	040203006001	沥青混凝土	6cm 中粒式沥青混凝土 AC-20C： (7.5—0.5)×100×2＝1400（m²）	1400	m²
8	040203006002	沥青混凝土	5cm 中粒式沥青混凝土 AC-16C： (7.5—0.5)×100×2＝1400（m²）	1400	m²
9	040203006003	沥青混凝土	4cm 细粒式沥青混凝土 AC-13C： (7.5—0.5)×100×2＝1400（m²）	1400	m²
10	040204001001	人行道整形碾压	人行道碾压附加宽度，按 0.25m 计算。树池所占 面积，不扣除： (5.0＋0.25)×2×100＝1050（m²）	1050	m²
11	040204002001	人行道块料铺设	8cm 厚透水砖，3cm 厚中砂；15cm 厚透水水泥混 凝土；20cm 厚透水级配碎石： (5.0—0.2—0.1)×2×100—1.25×1.25×32＝ 890（m²）	890	m²
12	040204004001	安砌侧石	C30 预制混凝土侧石，规格 38cm×20cm× 100cm： 100×2＝200（m）	200	m
13	040204004002	安砌侧石	C30 预制混凝土侧石，规格 23cm×10cm× 100cm： 100×2＝200（m）	200	m
14	040204004003	安砌平石	C30 预制混凝土平石，规格为 12cm×50cm× 30cm： 0.5×2×100＝100（m）	100	m
15	040204007001	树池砌筑	树池尺寸为 1.25m×1.25m，采用 C20 预制混凝 土侧石砌筑，规格为 28cm×15cm×110cm： 32 个	32	个

分部分项工程和单价措施项目清单与计价表　　表 8-17

工程名称：某市政道路工程

序号	项目编码	项目名称	项目特征描述	计量单位	工程量	金额（元）		
						综合单价	合价	其中 暂估价
1	040202001001	路床整形	范围：行车道	m^2	1700			
2	040202002001	石灰稳定土	1. 含灰量：12%； 2. 厚度：18cm	m^2	1650			
3	040202015001	水泥稳定碎石	1. 水泥含量：5.5%； 2. 石料规格：碎石粒径 5～40mm； 3. 厚度：18cm	m^2	1610			
4	040202015002	水泥稳定碎石	1. 水泥含量：5.5%； 2. 石料规格：碎石粒径 5～40mm； 3. 厚度：20cm	m^2	1400			
5	040203003001	透层	1. 材料品种：乳化沥青； 2. 喷油量：1.12kg/m^2	m^2	1400			
6	040203004001	下封层	1. 材料品种：乳化沥青； 2. 喷油量：1.12kg/m^2	m^2	1400			
7	040203006001	沥青混凝土	1. 沥青品种：AC-20C； 2. 沥青混凝土种类：中粒式沥青混凝土； 3. 石料粒径：最大公称粒径 20mm； 4. 掺合料：无； 5. 厚度：6cm	m^2	1400			
8	040203006002	沥青混凝土	1. 沥青品种：AC-16C； 2. 沥青混凝土种类：中粒式沥青混凝土； 3. 石料粒径：最大公称粒径 16mm； 4. 掺合料：无； 5. 厚度：5cm	m^2	1400			
9	040203006003	沥青混凝土	1. 沥青品种：AC-13C； 2. 沥青混凝土种类：细粒式沥青混凝土； 3. 石料粒径：最大公称粒径 13mm； 4. 掺合料：无； 5. 厚度：4cm	m^2	1400			
10	040204001001	人行道碾压	范围：人行道	m^2	1050			
11	040204002001	人行道块料铺设	1. 块料品种、规格：8cm 厚透水砖； 2. 基础、垫层：2cm 厚中砂；15cm 厚透水水泥混凝土；20cm 厚透水级配碎石；； 3. 图形：无要求	m^2	890			
12	040204004001	安砌侧石	1. 材料品种、规格：C30 预制混凝土侧石，规格 38cm×20cm×100cm； 2. 基础、垫层：C15 水泥混凝土	m	200			

续表

序号	项目编码	项目名称	项目特征描述	计量单位	工程量	金额（元）		
						综合单价	合价	其中
								暂估价
13	040204004002	安砌侧石	1. 材料品种、规格：C30 预制混凝土侧石，规格 23cm × 10cm × 100cm； 2. 基础、垫层：2cm 厚 1：2.5 水泥砂浆	m	200			
14	040204004003	安砌平石	1. 材料品种、规格：C30 预制混凝土平石，规格为 12cm × 50cm × 30cm； 2. 基础、垫层：C15 水泥混凝土	m	100			
15	040204007001	树池砌筑	1. 材料品种、规格：C20 预制混凝土侧石，28cm×15cm×110cm； 2. 树池尺寸：1.25m×1.25m	个	32			

8.8 实例 8-8

1. 背景资料

某市政新建道路长为 1500m，结构组成及尺寸如图 8-16 和图 8-17 所示。

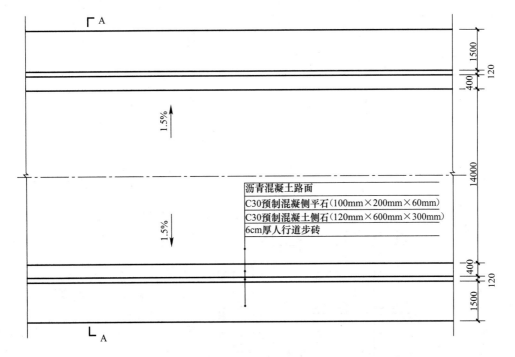

图 8-16 某道路平面图

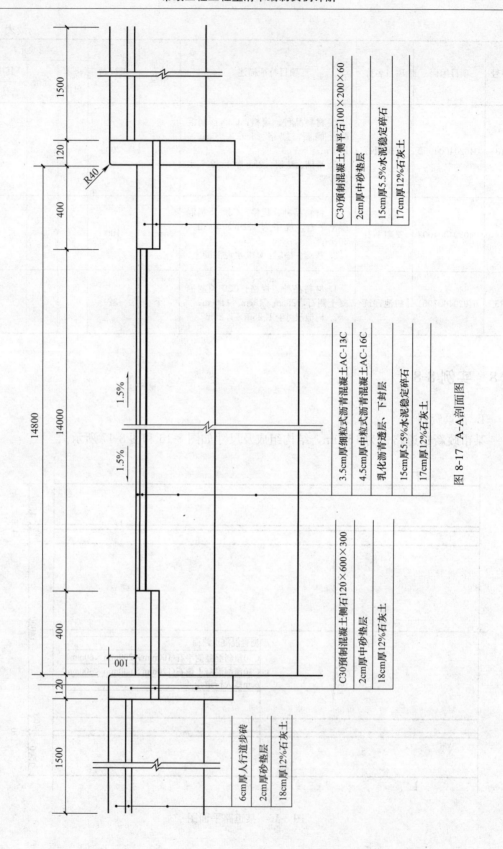

图 8-17 A—A剖面图

已知施工现场为三类土，施工拟采用机械挖土，平均挖土深度 0.58m。

计算说明：

（1）仅计算挖路槽土方、路槽整形、基层、沥青混凝土面层、人行道整形碾压、人行道块料、安砌侧（平/缘）石的工程量。

（2）水泥稳定碎石粒径为 5～40mm。

（3）乳化沥青透层和封层，喷油量为 1.15kg/m²。

（4）计算结果保留两位小数。

2. 问题

根据以上背景资料及现行国家标准《建设工程工程量清单计价规范》GB 50500—2013、《市政工程工程量计算规范》GB 50857—2013，试列出要求计算项目的分部分项工程量清单。

3. 参考答案（表 8-18 和表 8-19）

清单工程量计算表   表 8-18

工程名称：

序号	项目编码	项目名称	计算式	工程量合计	计量单位
1	040101001001	挖一般土方	挖路槽土方（含人行道）： $[(1.5+0.05)\times(0.04+0.03+0.15)\times2+0.12\times(0.16+0.03+0.15)\times2+14.8\times(0.02+0.04+0.06+0.16+0.18+0.2)]\times1500=15797.40\text{m}^3$	15797.40	m³
2	040202001001	路槽整形	含平石、侧石所占面积： $(14.8+0.12\times2)\times1500=22560\text{m}^2$	22560	m²
3	040202002001	石灰稳定土	17cm 厚 12％石灰土： $14.8\times1500=22200\text{m}^2$	22200	m²
4	040202002002	石灰稳定土	18cm 12％石灰稳定土： $(1.5+0.05+0.12)\times2\times1500=5010\text{m}^2$	5010	m²
5	040202015001	石灰稳定碎石	15cm 厚 5.5％石灰稳定碎石，碎石粒径为 5～40mm： $14.8\times1500=22200\text{m}^2$	22200	m²
6	040203003001	透层	乳化沥青透层，喷油量 1.15kg/m²： $14\times1500=21000\text{m}^2$	21000	m²
7	040203004001	封层	乳化沥青封层，喷油量 1.15kg/m²： $14\times1500=21000\text{m}^2$	21000	m²
8	040203006001	沥青混凝土	4.5cm 厚中粒式沥青混凝土 AC-16C，最大公称粒径 16mm： $14\times1500=21000\text{m}^2$	21000	m²
9	040203006002	沥青混凝土	3.5cm 厚细粒式沥青混凝土 AC-13C，最大公称粒径 13mm： $14\times1500=21000\text{m}^2$	21000	m²

续表

序号	项目编码	项目名称	计算式	工程量合计	计量单位
10	040204001001	人行道整形碾压	$(1.5+0.05)\times2\times1500=4650m^2$	4650	m^2
11	040204002001	人行道块料铺设	6cm厚人行道步砖： $1.5\times1500\times2=4500m^2$	4500	m^2
12	040204004001	安砌平石	$1500\times2=3000m$	3000	m
13	040204004002	安砌侧石	$1500\times2=3000m$	3000	m

分部分项工程和单价措施项目清单与计价表

表 8-19

工程名称：

序号	项目编码	项目名称	项目特征描述	计量单位	工程量	综合单价	合价	暂估价
						金额（元）		其中

序号	项目编码	项目名称	项目特征描述	计量单位	工程量	综合单价	合价	暂估价
土方工程								
1	040101001001	挖一般土方	1. 土壤类别：三类土； 2. 挖土深度：0.58m	m^3	15797.40			
道路工程								
2	040202001001	路槽整形	范围：行车道	m^2	22560			
3	040202002001	石灰稳定土	1. 水泥含量：12%； 2. 厚度：17cm	m^2	222000			
4	040202002002	石灰稳定土	1. 水泥含量：12%； 2. 厚度：18cm	m^2	5010			
5	040202015001	石灰稳定碎石	1. 水泥含量：5.5%； 2. 石料规格：碎石粒径为5～40mm； 3. 厚度：15cm	m^2	22200			
6	040203003001	透层	1. 材料品种：乳化沥青； 2. 喷油量：油量为1.15kg/m^2	m^2	21000			
7	040203004001	封层	1. 材料品种：乳化沥青； 2. 喷油量：油量为1.15kg/m^2	m^2	21000			
8	040203006001	沥青混凝土	1. 沥青品种：AC-16C； 2. 沥青混凝土种类：粗型密级配热拌沥青混合料； 3. 石料粒径：最大公称粒径16mm； 4. 掺合料：无； 5. 厚度：4.5cm	m^2	21000			
9	040203006002	沥青混凝土	1. 沥青品种：AC-13C； 2. 沥青混凝土种类：细粒式改性沥青混凝土； 3. 石料粒径：最大公称粒径13mm； 4. 掺合料：无； 5. 厚度：3.5cm	m^2	21000			

序号	项目编码	项目名称	项目特征描述	计量单位	工程量	金额（元）		
						综合单价	合价	其中暂估价
10	040204001001	人行道整形碾压	范围：人行道	m²	4650			
11	040204002001	人行道块料铺设	1. 块料品种、规格：6cm 厚人行道步砖； 2. 基础、垫层：2cm 厚砂垫层，18cm 厚 12% 石灰土	m²	4500			
12	040204004001	安砌平石	1. 材料品种、规格：C30 预制混凝平石，100mm×200mm×60mm； 2. 基础、垫层：15cm 厚 5.5% 水泥稳定碎石，17cm 厚 12% 石灰土	m	3000			
13	040204004002	安砌侧石	1. 材料品种、规格：C30 预制混凝土侧石，规格为 120mm×600mm×300mm； 2. 基础、垫层：2cm 厚砂垫层，18cm 厚 12% 石灰土	m	3000			

8.9　实例 8-9

1. 背景资料

某市政混凝土桥的 1/2 桥台立面、1/2 桥台平面图、A-A 和 B-B 剖面，如图 8-18～图 8-20 所示。

（1）施工说明

1）全桥共设两座桥台，每座长 59.42m，桥中设沥青木板沉降缝，缝宽 2cm，沉降缝处不设模板。

2）承台、台身、台帽为 C30 混凝土。

（2）计算说明

1）仅计算承台、台身、台帽及三者的模板工程量；支模高度自承台下表面算至台身（帽）上表面。

2）不考虑混凝土挡块、垫块、桩基、台帽后浇混凝土。

3）π 取值为 3.1416。

4）计算结果保留三位小数。

2. 问题

根据以上背景资料及现行国家标准《建设工程工程量清单计价规范》GB 50500—2013、《市政工程工程量计算规范》GB 50857—2013，试列出该桥梁承台、台身、台帽混凝土结构及模板的分部分项工程量清单。

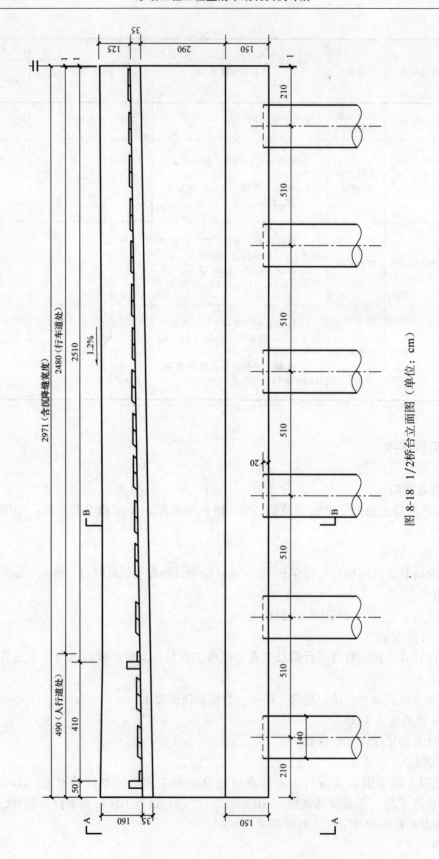

图 8-18 1/2桥台立面图（单位：cm）

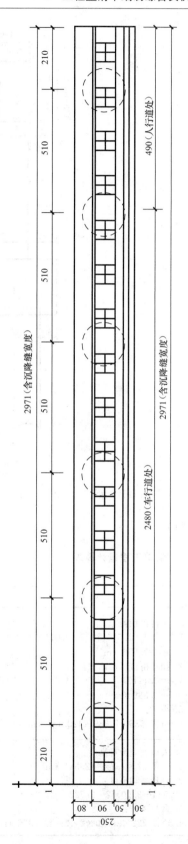

图 8-19 1/2桥台立面图（单位：cm）

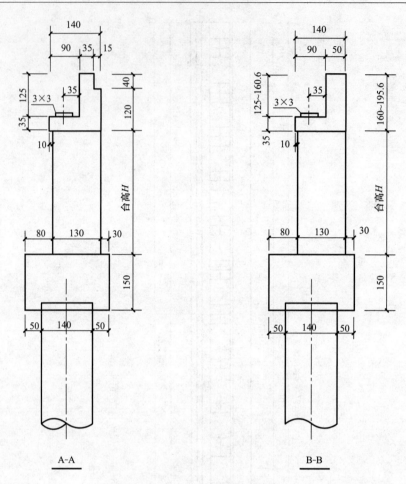

图 8-20　A-A 和 B-B 剖面图（单位：cm）

3. 参考答案（表 8-20 和表 8-21）

清单工程量计算表

表 8-20

工程名称：某市政混凝土桥

序号	项目编码	清单项目名称	计算式	工程量合计	计量单位
1	040303003001	混凝土承台	1. 承台体积： $V_1 = 2.4 \times 1.5 \times (29.7-0.01) \times 2 \times 2$ $= 427.536$ （m³） 2. 扣除桥桩所占体积： $V_2 = 3.1416 \times 1.4/2 \times 1.4/2 \times 0.2 \times 6 \times 2 \times 2$ $= 7.389$ （m³） 3. 小计： $V = 427.536 - 7.389 = 420.147$ （m³）	420.147	m³
2	040303005001	混凝土台身	1. 人行道侧台身高度： $2.9 - 29.7 \times 1.2\% = 2.544$ （m） 2. 台身平均高度： $(2.544 + 2.90)/2 = 2.722$ （m） 3. 台身体积： $1.3 \times 2.722 \times 29.70 \times 2 \times 2 = 420.356$ （m³）	420.356	m³

续表

序号	项目编码	清单项目名称	计算式	工程量合计	计量单位
3	040303004001	混凝土台帽	1. 人行道处台帽背墙平均高度： $(1.25＋1.606)/2＝1.428$ (m) 2. 半幅人行道处台帽体积： $V_1＝(1.4×0.35＋0.5×1.428)×4.9＝5.90$ (m³) 3. 半幅车行道台帽体积： $V_2＝(1.4×0.35＋0.5×1.25－0.15×0.4)$ $×24.80＝26.164$ (m³) 4. 台帽体积： $V＝(5.90＋26.164)×2×2＝128.256$ (m³)	128.256	m³
4	041102003001	承台模板	1. 承台侧面模板： $S_1＝29.7×2×1.5×2×2＝356.40$ (m²) 2. 承台断面模板： $S_2＝2.4×1.5×2×2＝14.40$ (m²) 3. 扣除桥桩所占面积： $S_3＝3.1416×1.4/2×1.4/2×5×2×2$ $＝35.325$ (m²) 4. 小计： $S＝356.4＋14.4－35.325＝335.475$ (m²)	335.475	m²
5	041102005001	台身模板	支模高度自承台下表面算至台身上表面，即1.5 ＋2.722＝4.222 (m)。 $(2.722×29.7×2＋1.3×2.544)×2×2$ $＝659.976$ (m²)	659.976	m²
6	041102004001	台帽模板	支模高度自承台下表面算至台帽上表面，即 4.222＋1.778＝6 (m) 1. 人行道处台帽平均高度： $(1.6＋1.956)/2＝1.778$ (m) 2. 半幅人行道处台帽侧模： $S_1＝(0.1＋1.778×2)×4.9＝17.914$ (m²) 3. 半幅行车道处台帽侧模： $S_2＝(0.1＋1.6×2)×24.80＝81.840$ (m²) 4. 半幅人行道处台帽端模： $S_3＝(1.4×0.35＋0.5×1.428)＋0.4×0.15$ $＝1.264$ (m²) 5. 小计： $S＝(17.914＋81.840＋1.264×2)×2×2$ $＝409.128$ (m²)	409.128	m²

分部分项工程和单价措施项目清单与计价表　　　　表 8-21

工程名称：某市政混凝土桥

序号	项目编码	项目名称	项目特征描述	计量单位	工程量	综合单价	合价	其中暂估价
						金额（元）		
			桥涵工程					
1	040303003001	混凝土承台	混凝土强度等级：C30	m³	420.147			
2	040303005001	混凝土台身	1. 部位：混凝土台身； 2. 混凝土强度等级：C30	m³	420.356			

续表

序号	项目编码	项目名称	项目特征描述	计量单位	工程量	金额（元）		
						综合单价	合价	其中 暂估价
3	040303004001	混凝台帽	1. 部位：混凝台帽； 2. 混凝土强度等级：C30	m³	128.256			
措施项目								
4	041102003001	承台模板	构件类型：承台	m²	335.475			
5	041102005001	台身模板	1. 构件类型：台身； 2. 支模高度：4.222m	m²	659.976			
6	041102004001	台帽模板	1. 构件类型：台帽 2. 支模高度：6m	m²	409.128			

8.10　实例 8-10

1. 背景资料

某市政雨水管道工程，管道基础为 120°C10 混凝土基础，如图 8-21 和图 8-22 所示。

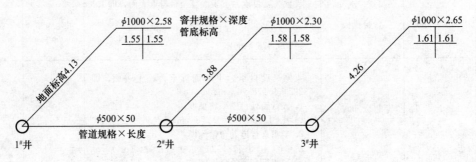

图 8-21　雨水管道平面图

说明：标高、深度、长度的单位为 m。

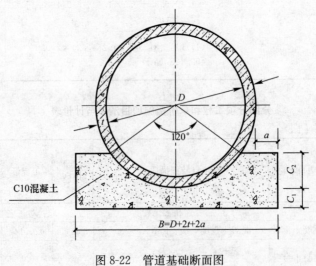

图 8-22　管道基础断面图

（1）施工说明

1）C35 钢筋混凝土管为平接口，接口为水泥砂浆抹带。

2）采用 1m³ 反铲挖掘机挖三类土（不装车）和明排水施工及人机配合下管，挖深 1m 以下为湿土。挖、填土方场内调运 40m（55kW 推土机推土）。管道基础基本数据，如表 8-22 所示。

管道基本数据（mm）   表 8-22

| 管径 D | 管壁厚 t | 管肩宽 a | 管基宽 B | 管基厚 | | 基础混凝土 m³/m |
				C₁	C₂	
500	42	80	744	100	146	0.1307

3）每座圆形雨水检查井体积暂定 3.2m³，井底混凝土基础直径 1.58m、C10 混凝土厚 10cm。

4）缺方内运按 8t 自卸汽车、运距 3km，填方密实度为 90%，机械回填。

（2）计算说明：

1）三类土放坡系数为 0.67；管沟施工每侧所需工作面宽度为 0.5m。

2）每座检查井（ϕ1000，M7.5 水泥砂浆砌圆形雨水检查井，页岩标砖 MU10，原浆勾缝，不抹面）扣除的管道长度为 0.7m。

3）沟槽填土扣除构筑物及管道所占体积，土方需回填至原地面。

4）推土机推土按天然密实方计算，换算系数为 115%。

5）仅计算管道沟槽挖土方、土方回填、混凝土管、砌筑井、管道混凝土基础、检查井井底基础垫层模板。

6）π 取值为 3.1416。

7）计算结果保留三位小数。

2. 问题

根据以上背景资料及现行国家标准《建设工程工程量清单计价规范》GB 50500—2013、《市政工程工程量计算规范》GB 50857—2013，试列出该雨水管道工程要求计算项目的分部分项工程量清单。

3. 参考答案（表 8-23 和表 8-24）

清单工程量计算表   表 8-23

工程名称：某雨水管道工程

序号	项目编码	项目名称	计算式	工程量合计	计量单位
		基础数据	沟槽挖土平均深度： (2.58+2.3+2.65)/3+0.1+0.042=2.652（m）； 沟槽挖干土深度：1m； 沟槽挖湿土深度：2.652—1=1.652（m）； 沟槽长度：50×2=100（m）		

续表

序号	项目编码	项目名称	计算式	工程量合计	计量单位
1	040101002001	挖沟槽土方	反铲挖掘机（斗容量 1.0m³）不装车挖三类湿土；三类土放坡系数为 0.67；管沟施工每侧所需工作面宽度为 0.5m。 1. 沟槽断面面积： $1.652 \times [(0.744 + 0.5 \times 2) + (0.744 + 0.5 \times 2 + 1.652 \times 0.67 \times 2)]/2 = 4.710$（m²） 2. 挖沟槽土方体积： $100 \times 4.710 = 471$（m³）	471	m³
2	040101002002	挖沟槽土方	反铲挖掘机（斗容量 1.0m³）不装车挖三类土。 1. 沟槽挖土体积： $V1 = 100 \times 2.652 \times [(0.744 + 0.5 \times 2) + (0.744 + 0.5 \times 2 + 2.652 \times 0.67 \times 2)]/2 = 933.727$（m³） 2. 扣除湿土体积：470.959m³ 3. 干土体积：933.727—471 = 462.727（m³）	462.727	m³
3	040103001001	回填方	填土方量按压实后体积计算，压实度 90%；沟槽填土扣除构筑物及管道所占体积。 1. 填土体积：933.727/0.9 = 1037.474（m³） 2. 扣管道、管道基础所占体积： $(0.1307 + 0.292 \times 0.292 \times 3.1416) \times 98.6 = 39.299$（m³） 3. 扣除检查井所占体积： $3.2 \times 2 = 6.40$（m³） 4. 小计： $1037.474 - 39.699 - 6.40 = 991.375$（m³）	991.375	m³
4	040103001002	回填方	1. 体积换算：75kW 推土机推土 40m，按天然密实方计算，换算系数为 115%。 $991.375 \times 1.15 = 1140.081$（m³） 2. 缺方内运： $1140.081 - 933.727 = 206.354$（m³）	206.354	m³
5	040501001001	混凝土管	平接（企口）式人机配合下管，钢筋混凝土管管径 500mm。 $\phi 1000$ 的每座检查井扣除的长度 0.7m。 $100 - 0.7 \times 2 = 98.60$（m）	98.60	m
6	040504001001	砌筑井	M7.5 水泥砂浆砖砌圆形雨水检查井井径（1000mm），适用管径（200～600mm），井深（2.5m 以内）。	3	座
7	041102002001	基础模板	现浇混凝土模板工程混凝土基础木模（管座）：模板工程为混凝土接触面积以 m² 计算。 1. $\phi 1000$ 的每座检查井扣除的长度 0.7m，管道基础长度 100—0.7×2 = 98.6（m） 2. 基础模板：$(0.1 + 0.146) \times 2 \times 98.6 = 48.511$（m²）	48.511	m²
8	041102001001	垫层模板	现浇混凝土模板工程混凝土基础垫层木模（井底平基）： $1.58 \times 3.1416 \times 0.1 \times 3 = 1.489$（m²）	1.489	m²

分部分项工程和单价措施项目清单与计价表 表 8-24

工程名称：某雨水管道工程

序号	项目编码	项目名称	项目特征描述	计量单位	工程量	综合单价	合价	其中暂估价
土方工程								
1	040101002001	挖沟槽土方	1. 土壤类别：三类土； 2. 挖土深度：湿土1.652m	m³	471			
2	040101002002	挖沟槽土方	1. 土壤类别：三类土； 2. 挖土深度：干土1m	m³	462.727			
3	040103001001	回填方	1. 密实度要求：90%； 2. 填方材料品种：原土回填； 3. 填方来源、运距：就地回填	m³	991.375			
4	040103001002	回填方	1. 密实度要求：90%； 2. 填方材料品种：缺方内运； 3. 填方来源、运距：3km	m³	206.354			
管网工程								
5	040501001001	混凝土管	1. 材质：混凝土； 2. 规格：φ500； 3. 接口方式：水泥砂浆抹带； 4. 铺设深度：平均2.652m； 5. 混凝土强度等级：C35	m	98.60			
6	040504001001	砌筑井	1. 垫层、基础材质及厚度：C10混凝土厚10cm； 2. 砌筑材料品种、规格、强度等级：页岩标砖MU10； 3. 勾缝、抹面要求：原浆勾缝，不抹面； 4. 砂浆强度等级、配合比：M7.5	座	3			
措施项目								
7	041102002001	基础模板	构件类型：混凝土到基础	m²	48.511			
8	041102001001	垫层模板	构件类型：检查井井底平基	m²	1.489			

8.11 实例 8-11

1. 背景资料

某市政道路排水工程，其雨水管道布置平面图和管道基础断面图，如图 8-23 和图 8-24 所示。

(1) 施工说明

1) 采用 $DN500 \times 4000mm$ 钢筋混凝土承插管（O形胶圈接口），C20 混凝土管道基础（120°）。雨水检查井为 1100mm×1100mm 非定型砖砌落底方井。管道（Ⅰ级管）基础基本数据，如表 8-25 所示。

2) 该排水工程设计井盖平均标高 0.8m，原地面平均标高 0.6m，平均地下水位标高—0.300m，土方为三类土。

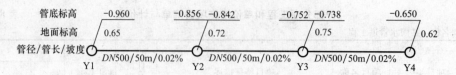

图 8-23 管道布置平面图（标高单位：m）

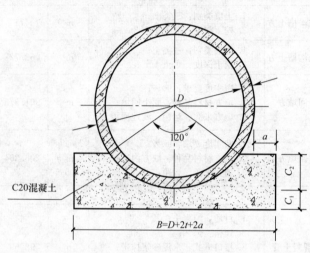

图 8-24 管道基础断面图

3）土方开挖采用人工开挖，开挖后的土方堆放于沟槽边，待人工回填后剩余土方采用人工装汽车土方外运（人工装汽车土方不计湿土系数），运距 5km。

（2）计算说明

1）土方需回填至原地面，回填密实度 90%，虚方土方与压实土方换算系数为 1.15。

2）仅计算管道沟槽挖土方、土方回填、混凝土管、混凝土管道基础模板的工程量。

3）挖掘机反铲沟槽侧挖土，放坡系数为 0.33。

4）管沟每侧所需工作面宽度为 0.5m。

5）π 取值为 3.1416。

6）计算结果保留两位小数。

2. 问题

根据以上背景资料及现行国家标准《建设工程工程量清单计价规范》GB 50500—2013、《市政工程工程量计算规范》GB 50857—2013，试列按以下要求列出要求计算的分部分项工程量清单。

3. 参考答案（表 8-26～表 8-28）

计算管道基本数据，如表 8-26 所示。

管道（Ⅰ级管）基础基本数据（mm）　　　　　表 8-25

管内径	管壁厚	管基尺寸				基础混凝土量 (m³/m)
D	t	a	B	C_1	C_2	
600	55	100	910	100	178	0.175

管道基本数据（单位：m）　　　　　　　　　　表 8-26

序号	井间号	平均管内底标高	管内底到沟底深	沟槽挖深	湿土深	长度	扣井长度
1	Y1—Y2	−0.908	0.1	1.593	0.985	50	1.1
2	Y2—Y3	−0.797	0.1	1.532	1.035	50	1.1
3	Y3—Y4	−0.694	0.1	1.379	0.985	50	1.1
小计						150	3.3

注：地面标高按管段两端地面标高的平均值计算。

清单工程量计算表　　　　　　　　　　表 8-27

工程名称：某市政道路排水工程

序号	项目编码	清单项目名称	计算式	工程量合计	计量单位
		基础数据	管沟每侧所需工作面宽度为 0.5m，放坡系数 0.33。 管道外径：600＋55×2＝710（mm）		
1	040101002001	沟槽挖方	总挖方量，天然土方与虚方换算系数 1.15。 平均挖土深度 $(1.593＋1.532＋1.379)/3$ $=1.501$（m） $V_{1-2}=(1.91+0.33×1.593)×1.593×50$ $=194.00$（m³） $V_{2-3}=(1.91+0.33×1.532)×1.532×50$ $=185.03$（m³） $V_{3-4}=1.91×1.379×50=131.69$（m³） 总土方量： $(194.00＋185.03＋131.69)×1.15=587.33$（m³）	587.33	m³
2	040101002002	沟槽挖方	天然土方与虚方换算系数 1.15。 平均挖湿土深度 $(0.985＋1.035＋0.985)/3=$ 1.002（m） $V_{1-2}=(1.91+0.33×0.985)×0.985×50$ $=110.08$（m³） $V_{2-3}=(1.91+0.33×1.035)×1.035×50$ $=116.52$（m³） $V_{3-4}=1.91×0.985×50=94.07$（m³） 湿土方量： $(110.08＋116.52＋94.07)×1.15=368.77$（m³）	368.77	m³
3	040101002003	沟槽挖方	干土方量： $V_总－V_湿=587.33－368.77=218.56$（m³）	218.56	m³
4	040103001001	土方回填	扣除检查井中管道长度 1.1×3＝3.3（m）；天然土方与虚方换算系数 1.15。 1. 扣除管道、管道基础所占体积： $0.175×(150－1.1×3)＋3.1416×0.355×0.355$ $×(150－1.1×3)＝83.75$（m³） 2. 回填土方体积： $587.33－83.75×1.15＝491.02$（m³）	491.02	m³
5	040103002001	余土弃置	人工装汽车运土方： $587.33－491.02＝96.31$（m³）	96.31	m³

序号	项目编码	清单项目名称	计算式	工程量合计	计量单位
6	040501001001	混凝土管	150—1.1×3＝146.70（m）	146.70	m
7	041102002001	混凝土管道基础模板	(0.1＋0.178)×2×(150—1.1×3)＝81.57（m²）	81.57	m²

分部分项工程和单价措施项目清单与计价表　　　　表 8-28

工程名称：某市政道路排水工程

序号	项目编码	项目名称	项目特征描述	计量单位	工程量	金额（元）		
						综合单价	合价	其中 暂估价
			土方工程					
1	040101002001	沟槽挖方	1. 土壤类别：三类土； 2. 挖土深度：平均 1.501m	m³	587.33			
2	040101002002	沟槽挖方	1. 土壤类别：三类土； 2. 挖土深度：平均 1.002m	m³	368.77			
3	040101002003	沟槽挖方	1. 土壤类别：三类土； 2. 挖土深度：1.501m	m³	218.56			
4	040103001001	土方回填	1. 密实度要求：90％； 2. 填方材料品种：原土回填； 3. 填方来源、运距：就地回填	m³	491.02			
5	040103002001	余土弃置	1. 废弃料品种：90％； 2. 运距：5km	m³	96.31			
			管网工程					
6	040501001001	混凝土管	1. 管座材质：C20 混凝土； 2. 规格：D600； 3. 接口方式：O 形胶圈接口； 4. 铺设深度：平均 1.501m	m	146.70			
			措施项目					
7	041102002001	混凝土管道基础模板	构件类型：管道基础	m²	81.57			

8.12　实例 8-12

1. 背景资料

图 8-25 和图 8-26 所示为某市给水管道工程施工图。

（1）施工说明

1）管道采用 DN500 壁厚 9mm 球墨铸铁给水管，胶圈接口；阀门、盲板采用法兰连接。

2）管沟土方为三类土，采用人工挖土方式。

（2）计算说明

1）仅计算桩号 K0＋150～K0＋350 段的挖沟槽土方、管道敷设、节点①②③的管件、阀门工程量。

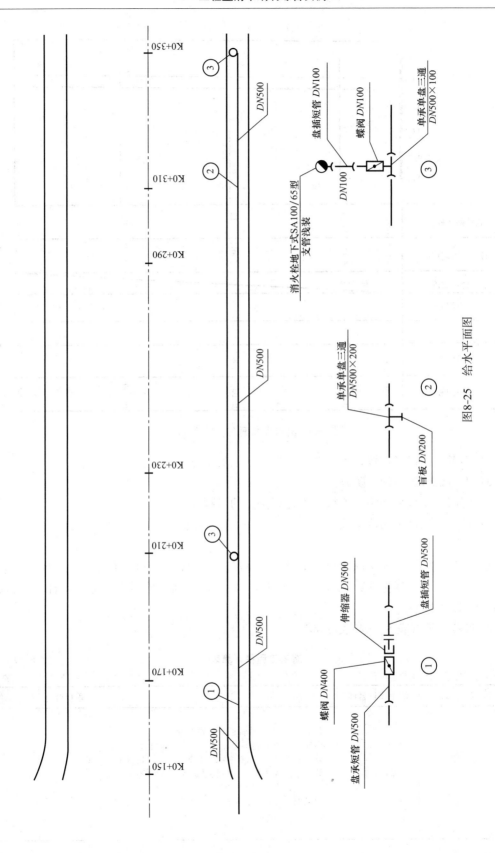

图8-25 给水平面图

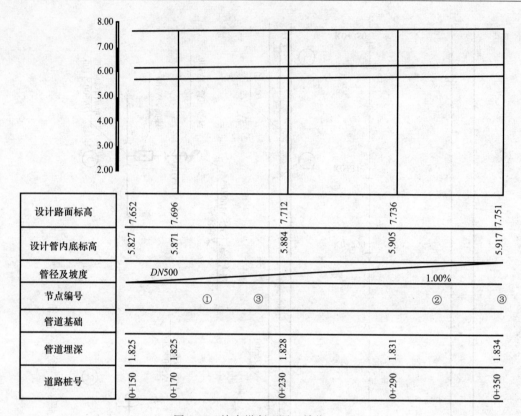

图 8-26 给水纵断面图（单位：m）

2）不考虑接口工作坑、各种井室所增加开挖的土方工程量。

3）不考虑管道刷油、防腐。

4）阀门、盲板采用法兰连接，不计算法兰的工程量。

5）计算结果保留两位小数。

2. 问题

根据以上背景资料及现行国家标准《建设工程工程量清单计价规范》GB 50500—2013、《市政工程工程量计算规范》GB 50857—2013，试列出该给水管道要求计算项目的分部分项工程量清单。

3. 参考答案（表 8-29 和表 8-30）

清单工程量计算表   表 8-29

工程名称：某市给水管道工程

序号	项目编码	清单项目名称	计算式	工程量合计	计量单位
		基础数据	$DN500$ 球墨铸铁管道，壁厚 9mm； 金属管道管沟施工每侧所需工作面宽度为 0.3m； 管沟底宽 $0.5+0.009\times2+0.3\times2=1.118$（m）； 管沟采用人工挖土，放坡系数为 0.33；不考虑接口工作坑；平均挖土深度： $(1.825\times2+1.828+1.831+1.834)/5=1.829$（m）		

续表

序号	项目编码	清单项目名称	计算式	工程量合计	计量单位
1	040101002001	挖沟槽土方	1. 桩号 0+150～0+170 工程量： $\{1.118+[(1.825+1.825)/2+0.009]\times0.33\}$ $\times[(1.825+1.825)/2+0.009]\times(170-150)=$ 63.21（m³） 　2. 桩号 0+170～0+230 工程量： $\{1.118+[(1.825+1.828)/2+0.009]\times0.33\}$ $\times[(1.825+1.828)/2+0.009]\times(230-170)=$ 189.83（m³） 　3. 桩号 0+230～0+290 工程量： $\{1.118+[(1.831+1.828)/2+0.009]\times0.33\}$ $\times[(1.831+1.828)/2+0.009]\times(290-230)=$ 190.25（m³） 　4. 桩号 0+290～0+350 工程量： $\{1.118+[(1.831+1.834)/2+0.009]\times0.33\}$ $\times[(1.831+1.834)/2+0.009]\times(350-290)=$ 190.67（m³） 　5. 小计： 63.21+189.83+190.25+190.67=633.96（m³）	633.96	m³
2	040501003001	铸铁管	球墨铸铁管，DN500，壁厚9mm： 350-150=200（m）	200	m
3	040502001001	铸铁管件	球墨铸铁单承单盘三通 DN500×200： 1个	1	个
4	040502001002	铸铁管件	球磨铸铁单承单盘三通 DN500×100： 2个	2	个
5	040502001003	铸铁管件	球墨铸铁盘插短管 DN100： 1×2（个）	2	个
6	040502001004	铸铁管件	球墨铸铁盘插短管 DN500： 1个	1	个
7	040502001005	铸铁管件	球墨铸铁盘承短管 DN500： 1个	1	个
8	040502005001	阀门	蝶阀安装 DN500： 1个	1	个
9	040502005002	阀门	蝶阀安装 DN100： 1×2（个）	1	个
10	040502007001	盲板	盲板 DN200： 1个	1	个
11	040502010001	消火栓	消火栓，地下式 SA100/65 型支管浅装： 1×2（个）	2	个
12	040502011001	补偿器	伸缩器 DN500： 1个	1	个

分部分项工程和单价措施项目清单与计价表

表 8-30

工程名称：某市给水管道工程

序号	项目编码	项目名称	项目特征描述	计量单位	工程量	综合单价	合价	其中 暂估价
						金额（元）		
土方工程								
1	040101002001	挖沟槽土方	1. 土壤类别：三类土； 2. 挖土深度：1.829m	m³	633.96			
管网工程								
2	040501003001	铸铁管	1. 种类：给水管道； 2. 材质及规格：球墨铸、DN500，壁厚 9mm； 3. 接口形式：胶圈接口	m	200			
3	040502001001	铸铁管件	1. 种类：单承单盘三通； 2. 材质及规格：球墨铸铁、DN500×200； 3. 接口形式：胶圈接口	个	1			
4	040502001002	铸铁管件	1. 种类：单承单盘三通； 2. 材质及规格：球磨铸铁、DN500×100； 3. 接口形式：胶圈接口	个	2			
5	040502001003	铸铁管件	1. 种类：盘插短管； 2. 材质及规格：球墨铸铁、DN100； 3. 接口形式：	个	2			
6	040502001004	铸铁管件	1. 种类：盘插短管； 2. 材质及规格：球墨铸铁、DN500； 3. 接口形式：胶圈接口	个	1			
7	040502001005	铸铁管件	1. 种类：盘承短管； 2. 材质及规格：球墨铸铁、DN500； 3. 接口形式：胶圈接口	个	1			
8	040502005001	阀门	1. 种类：蝶阀； 2. 材质及规格：碳钢、DN500； 3. 连接方式：法兰连接	个	1			
9	040502005002	阀门	1. 种类：蝶阀； 2. 材质及规格：碳钢、DN100； 3. 连接方式：法兰连接	个	2			
10	040502007001	盲板	1. 材质及规格：碳钢、DN200； 2. 连接方式：法兰	个	1			
11	040502010001	消火栓	1. 规格：SA100/65； 2. 安装部位、方式：地下式消火栓支管浅装	个	2			
12	040502011001	补偿器	1. 规格：DN500； 2. 安装方式：井内安装	个	1			

参 考 文 献

[1] 中华人民共和国国家标准. 建设工程工程量清单计价规范 GB 50500—2013 [S]. 北京：中国计划出版社，2013.

[2] 中华人民共和国国家标准. 建设工程工程量清单计价规范 GB 50500—2008 [S]. 北京：中国计划出版社，2008.

[3] 中华人民共和国国家标准. 市政工程工程量计算规范 GB 50857—2013 [S]. 北京：中国计划出版社，2013.

[4] 规范编制组编. 2013 建设工程计价计量规范辅导 [M]. 北京：中国计划出版社，2013.